普通高等教育信息技术类系列教材

数 字 逻 辑

主 编　张鹏举　戚桂美　萍　萍

副主编　俞宗佐　包萨仁娜　郭改枝　王海龙

科学出版社

北　京

内 容 简 介

本书全面、系统地介绍了数字逻辑的基础知识。全书共 9 章，包括数字逻辑基础、逻辑代数基础、逻辑门电路、组合逻辑电路、半导体存储电路、时序逻辑电路、脉冲波形的产生和整形电路、数模和模数转换、数字系统分析及设计；附录包括 EDA 工具 Quartus Ⅱ 9.0 简介、《电气简图用图形符号　第 12 部分：二进制逻辑元件》（GB/T 4728.12—2008）简介、常用逻辑符号对照表。

本书可供高等学校计算机类、电子信息类、电气类、自动化类、仪器仪表类等专业作为本科生教材使用，也可作为电子工程技术人员的参考资料或供广大社会学习者自学使用。

图书在版编目（CIP）数据

数字逻辑/张鹏举，戚桂美，萍萍主编. —北京：科学出版社，2022.6
（普通高等教育信息技术类系列教材）
ISBN 978-7-03-072401-4

Ⅰ. ①数… Ⅱ. ①张…②戚…③萍… Ⅲ. ①数字逻辑-高等学校-教材
Ⅳ. ①TP302.2

中国版本图书馆 CIP 数据核字（2022）第 090122 号

责任编辑：杨　昕　宋　丽 / 责任校对：赵丽杰
责任印制：吕春珉 / 封面设计：东方人华平面设计部

科 学 出 版 社 出版
北京东黄城根北街 16 号
邮政编码：100717
http://www.sciencep.com
北京九州迅驰传媒文化有限公司印刷
科学出版社发行　　各地新华书店经销
*
2022 年 6 月第 一 版　　开本：787×1092　1/16
2024 年 8 月第三次印刷　　印张：16 1/2
字数：391 000
定价：56.00 元
（如有印装质量问题，我社负责调换）
销售部电话 010-62136230　编辑部电话 010-62135397-2032

前　言

PREFACE

　　"数字逻辑"是计算机类、电子信息类、电气类、自动化类、仪器仪表类等专业和其他相关专业的专业核心课。本书依据《计算机类教学质量国家标准》编写，以布尔代数和逻辑门电路为基础，以组合逻辑电路、半导体存储器、时序逻辑电路为主要内容，以脉冲电路、数模和模数转换为扩展，以新的数字系统设计方法为引擎，全面介绍数字逻辑的基本理论、分析方法、综合方法和实际应用。

　　全书共9章，第1章介绍数字信号与数字电路、数制与常用编码；第2章介绍数字逻辑的表示方法、布尔代数及逻辑化简的基本方法；第3章介绍MOS场效晶体管和晶体管的开关特性、CMOS逻辑门电路和TTL门电路的电路结构和工作原理、逻辑功能和外部输入输出特性；第4、6章分别讨论典型集成电路的基本工作原理及外特性，组合逻辑电路和时序逻辑电路的分析、设计方法，以及各种中规模逻辑模块的应用；第5章介绍触发器、寄存器和存储器；第7、8章介绍脉冲波形产生和整形电路、数模和模数转换器；第9章介绍数字系统设计方法，并给出数字系统设计实例。

　　本节特点如下：

　　(1) 针对计算机专业的特点及课内学时较少的实际情况组织数字逻辑相关知识，以培养学生的计算思维为目标，突出计算机专业体系中对硬件及组成原理的掌握。

　　(2) 根据数字电子技术的发展和应用情况，强化CMOS器件及其接口内容，压缩TTL系列的内容，弱化中规模集成芯片的应用，将触发器和半导体存储器两部分内容合并，在附录A中简单介绍EDA工具Quartus II 9.0，以加强学生应用Verilog语言对组合逻辑电路及时序逻辑电路进行分析设计的能力。

　　本书由内蒙古师范大学数字逻辑课程教学团队集体编写，由张鹏举、戚桂美、萍萍任主编，由俞宗佐、包萨仁娜、郭改枝、王海龙任副主编。具体编写分工如下：第1、2章由郭改枝、张鹏举编写，第3章由张鹏举编写，第4章由萍萍编写，第5章和附录由俞宗佐编写，第6、9章由戚桂美编写，第7章由包萨仁娜编写，第8章由萍萍和郭改枝编写。全书由张鹏举和王海龙统稿。编者在编写本书的过程中得到了内蒙古师范大学和计算机科学技术学院领导的大力支持，并参考了一些文献，在此谨向他们表示衷心的感谢。

　　由于编者水平有限，书中难免存在不妥之处，恳请读者批评指正。

编　者

目 录

CONTENTS

第 1 章 数字逻辑基础

当今世界已经进入数字时代，数字技术在人们的日常生活中发挥着越来越重要的作用，并广泛地应用于通信、导航、航空航天、医疗、网络、工业控制、交通控制等领域，以及计算机、手机、数字照相机（俗称数码相机）、数字电视等设备中。数字技术的发展和计算机的应用正在改变着人类的生产方式、生活方式及思维方式，信息化浪潮已席卷全球。人们每天都要通过电视、广播、互联网等多种媒体获取大量的信息。现代信息的存储、处理和传输越来越趋于数字化。

1.1 数字信号与数字电路

数字系统是处理二进制离散信息的系统，离散信息可用数字信号表示，其物理量的变化在时间上和数值上都是离散的。工作在数字信号下的电子电路称为数字电路。自然界中绝大多数物理量为模拟量，数字技术不能直接接收模拟信号进行处理，也无法将处理后的数字信号直接送到外部物理世界。实际电子系统一般是模拟电路和数字电路的结合。

1.1.1 数字集成电路的分类及特点

数字电路经历了由电子管、半导体分立器件到集成电路的发展过程。1849 年，英国数学家乔治·布尔（George Boole）首先提出了进行逻辑运算的数学方法——布尔代数。1906 年，美国发明家李·德·福雷斯特（Lee de Forest）发明了真空管（vacuum tube），也称电子管。1938 年，美国数学家克劳德·艾尔伍德·香农（Claude Elwood Shannon）发表了论文《继电器与开关电路的符号分析》，把布尔代数、继电器、电子开关结合起来，诞生了数字电子学。1948 年，威廉·肖克利（William Shockley）等发明了晶体管，其性能在体积、质量方面明显优于电子管，但是当器件较多时，由分立元件组成的分立电路体积大、焊点多、电路的可靠性差。数字电路中的二极管、晶体管、场效应管工作在开关状态，称为电子开关。这些电子开关是组成逻辑门电路的基本器件。逻辑门电路又是数字电路的基本单元。将这些门电路集成在一片半导体芯片上，构成数字集成电路。1958 年，杰克·基尔比（Jack Kilby）发明了集成电路。集成电路的发展非常迅速，很快占据主导地位。从 20 世纪 60 年代开始，数字集成器件以双极型工艺制成了小规模逻辑器件，随后发展到中规模；20 世纪 70 年代末，微处理器的出现使数字集成电路的性能发生了质的飞跃；从 20 世纪 80 年代中期开始，专用集成电路（application specific integrated circuit，ASIC）制作技术日趋成熟，标志着数字集成电路发展到了新的阶段；20 世纪 90 年代中期，单片系统（system on a chip，SoC）（又称片上系统）问世，显示出强大的生命力。设计技术可以将复杂的电子系统全部集成在单一芯片上，使集成电路设计向集成系统设计转变，预示着集成电路出现了从量变到质变的突破。目前芯片中已可以集成上千万个等效门、数十亿个元件。

1. 数字集成电路的分类

数字集成电路按照结构和工艺分为双极型、金属–氧化物–半导体（metal-oxide-semiconductor，MOS）型和双极 MOS 型。晶体管–晶体管逻辑（transistor-transistor logic，TTL）门电路问世较早，其工艺经过不断改进，曾广泛应用于中小规模集成电路设计中，目前的使用范围大幅缩小。随着 MOS 工艺特别是互补金属氧化物半导体器件（complementary metal oxide semiconductor，CMOS）工艺的发展，电路的集成度和工作速度大幅提高，且功耗明显降低，TTL 的主导地位已被 CMOS 器件所取代。

根据数据集成电路中包含的门电路或元器件数量，可将数字集成电路分为 100 门以下的小规模集成电路（small scale integrated circuit，SSI）、10^3 门以下的中规模集成电路（medium scale integrated circuit，MSI）、10^4 门以下的大规模集成电路（large scale integrated circuit，LSI）、10^5 门以下的超大规模集成电路（very large scale integrated circuit，VLSI）和 10^6 门以上的特大规模集成电路（ultra large scale integration circuit，ULSI）五类。

从特征尺寸来说，在过去的几十年中，以硅为主要加工材料的微电子制造工艺从开始的微米级加工水平，经历亚微米级（0.8~0.35μm）、深亚微米级（0.25μm 以下）技术的发展，到现在的纳米级（0.05μm 以下）技术，集成电路芯片集成度越来越高，成本越来越低。

根据电路的结构特点及其对输入信号的响应规则的不同，数字集成电路可分为组合逻辑电路和时序逻辑电路，本书在第 4 章和第 6 章分别进行详细介绍。

2. 数字集成电路的特点

与模拟电路相比，数字集成电路主要有下列特点：
（1）数字信号传输可靠性高，抗干扰能力强；
（2）数字技术灵活性好，易于设计；
（3）便于集成，数字系统适合小型化，成本低廉；
（4）可编程性，在计算机上完成电路设计和仿真，并写入芯片；
（5）高速度，低功耗；
（6）信息以数字方式表示，易于存储、传输和处理；
（7）数字系统处理能力强，可以完成数据处理、虚拟仿真、算法实现、过程控制、信息显示等功能。

1.1.2 模拟信号与数字信号

模拟信号是指用连续变化的物理量所表达的信息，如温度、湿度、压力、长度、电流、电压等，通常又将模拟信号称为连续信号，它在一定的时间范围内可以有无限多个不同的取值。实际生产生活中的各种物理量，如摄像机拍摄的图像、录音机录下的声音、车间控制室记录的压力、流速、转速、湿度等都是模拟信号。模拟信号的特点是直观且容易实现，传播距离较短、传递容量小、保真性较差。

数字信号是指在取值上是离散的、不连续的信号。其物理量的变化在时间上和数量上都是离散的，也就是说，它们的变化在时间上是不连续的，总是发生在一系列离散的时间点上。而且，它们数值的大小和每次的增减变化都是某一个最小数量单位的整数倍，把这一类物理量称为数字量。

数字信号可以来源于自然界的离散数据，如十进制的数字 0～9、字母表的 26 个字母等，也可以是模拟信号经过采样、量化和编码形成的。具体地说，采样就是将输入的模拟信号按照适当的时间间隔得到各个时刻的样本值，量化是将经采样测得的各个时刻的值用二进制码来表示，编码则是将量化生成的二进制数排列在一起形成顺序脉冲序列。

数字信号的特点是传播距离长，可同时传递大容量的信号，抗干扰能力强，但是处理复杂。

1.1.3　数字信号的描述方法

数字信号常用数字 0 和 1 表示，即二值数字逻辑（binary digital logic）；或用高、低电平组成的数字波形［逻辑电平（logic level）］表示。

1. 二值数字逻辑

在数字电路中，可以用 0 和 1 组成的二进制数表示数量的大小，也可以用 0 和 1 表示两种不同的逻辑状态。当表示数量时，两个二进制数可以进行数值运算，常称为算术运算。当用 0 和 1 分别表示两种对立面的状态，如低电平和高电平、开关的闭合和断开、是与非、真与假等，这样的 0 和 1 没有大小之分，称为逻辑 0 和逻辑 1。这种只有两种对立逻辑状态的逻辑关系称为二值数字逻辑，简称数字逻辑。

2. 数字波形

数字波形是逻辑电平对时间的图形表示。数字信号有两种传输波形，一种是非归零型，另一种是归零型。一定的时间间隔 T，称为 1 位（1bit）或一拍。如果在一个时钟节拍内用高电平代表 1，低电平代表 0，则称为非归零型，如图 1.1（a）所示；如果在一个时钟节拍内用有脉冲代表 1、无脉冲代表 0，则称为归零型，如图 1.1（b）所示。两者的区别在于高电平的表示方法不同，在一个时间拍内，非归零型信号持续为高电平，而归零型信号的高电平持续一段时间后会归零。只有作为时序控制信号使用的时钟脉冲是归零型，除此之外的大多数数字信号是非归零型，非归零型信号的使用较广泛。

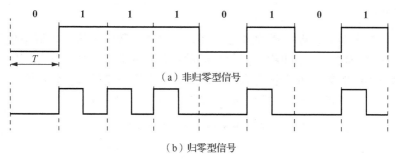

（a）非归零型信号

（b）归零型信号

图 1.1　数字信号的传输波形图

1.2 数　　制

数是用来表示物理量的多少，常用多位数表示。通常将数的组成和由低位向高位进位的规则称为数制。在数字系统中，常用的数制有十进制（decimal system）、二进制（binary system）、八进制（octal system）和十六进制（hexadecimal system）。

1.2.1　十进制

十进制是人们日常生活和工作中常使用的进位计数制。在十进制数中，每一位取值可能有 0～9 共 10 个数码，所以计数的基数是 10，低位和相邻高位之间的关系是"逢十进一"，故称为十进制。同一个数码在不同的数位所代表的值也不同。例如：
$$666.66 = 6 \times 10^2 + 6 \times 10^1 + 6 \times 10^0 + 6 \times 10^{-1} + 6 \times 10^{-2}$$

在这个数中，小数点左边的第 1 位代表个位，它的权值为 10^0，代表的数值是 $6 \times 10^0 = 6$；小数点左边的第 2 位代表十位，它的数值为 $6 \times 10^1 = 60$；小数点左边的第 3 位代表百位，它的数值为 $6 \times 10^2 = 600$；小数点右边第 1 位的权值为 10^{-1}，它的数值为 6×10^{-1}；小数点右边第 2 位的权值为 10^{-2}，它的数值为 6×10^{-2}。因此，任意一个十进制数 M_{10} 均可展开为

$$M_{10} = a_{n-1} \times 10^{n-1} + a_{n-2} \times 10^{n-2} + \cdots + a_1 \times 10^1 + a_0 \times 10^0$$
$$+ a_{-1} \times 10^{-1} + a_{-2} \times 10^{-2} + \cdots + a_{-m} \times 10^{-m}$$

即

$$M_{10} = \sum_{i=-m}^{n-1} a_i \times 10^i \tag{1.1}$$

式中，a_i 表示第 i 位的系数，它可以是 0～9 这 10 个数码中的任何一个。小数点左边的位数是 0～n-1，表示整数部分的位数为 n；小数点右边的位数是-1～-m，表示小数部分的位数为 m。M 的下角标为 10，表示 M 是一个十进制数，有时也用 D 代替。如果 M 是 R 进制数，则写成 M_R。以 R 为基数的 n 位整数、m 位小数的 R 进制数，R^i 为权值，其按权展开式可写为

$$M_R = \sum_{i=-m}^{n-1} a_i \times R^i \tag{1.2}$$

1.2.2　二进制

目前在数字电路中应用广泛的是二进制。在二进制数中，每一位取值仅可能是 **0** 和 **1**，所以计数基数为 2。低位和相邻高位之间的进位关系是"逢二进一"，故称为二进制。同一个数码在不同的数位所代表的值不同。任意一个二进制数 M_2 均可展开为

$$M_2 = a_{n-1} \times 2^{n-1} + a_{n-2} \times 2^{n-2} + \cdots + a_1 \times 2^1 + a_0 \times 2^0$$
$$+ a_{-1} \times 2^{-1} + a_{-2} \times 2^{-2} + \cdots + a_{-m} \times 2^{-m}$$

即

$$M_2 = \sum_{i=-m}^{n-1} a_i \times 2^i \tag{1.3}$$

式中的下角标 2 表示 M 是二进制数，有时也用 B 代替。

例 1.1 计算 $(11011.101)_2$ 所表示的十进制数。

解： $(11011.101)_2 = 1 \times 2^4 + 1 \times 2^3 + 0 \times 2^2 + 1 \times 2^1 + 1 \times 2^0 + 1 \times 2^{-1} + 0 \times 2^{-2} + 1 \times 2^{-3} = (27.625)_{10}$。

1.2.3 八进制和十六进制

1. 八进制

八进制数的每一位有 $0 \sim 7$ 共 8 个不同的数码，计数的基数为 8。低位和相邻高位之间的进位关系是"逢八进一"，故称为八进制。任意一个八进制数均可展开为

$$M_8 = a_{n-1} \times 8^{n-1} + a_{n-2} \times 8^{n-2} + \cdots + a_1 \times 8^1 + a_0 \times 8^0$$
$$+ a_{-1} \times 8^{-1} + a_{-2} \times 8^{-2} + \cdots + a_{-m} \times 8^{-m}$$

即

$$M_8 = \sum_{i=-m}^{n-1} a_i \times 8^i \qquad (1.4)$$

式中的下角标 8 表示 M 是八进制数，有时也用 O 代替。

例 1.2 计算 $(21.4)_8$ 所表示的十进制数。

解： $(21.4)_8 = 2 \times 8^1 + 1 \times 8^0 + 4 \times 8^{-1} = (17.5)_{10}$。

2. 十六进制

十六进制数的每一位有 16 个不同的数码，分别用 $0 \sim 9$、A、B、C、D、E、F 表示。低位和相邻高位之间的进位关系是"逢十六进一"，故称为十六进制。任意一个十六进制数均可展开为

$$M_{16} = a_{n-1} \times 16^{n-1} + a_{n-2} \times 16^{n-2} + \cdots + a_1 \times 16^1 + a_0 \times 16^0$$
$$+ a_{-1} \times 16^{-1} + a_{-2} \times 16^{-2} + \cdots + a_{-m} \times 16^{-m}$$

即

$$M_{16} = \sum_{i=-m}^{n-1} a_i \times 16^i \qquad (1.5)$$

式中的下角标 16 表示 M 是十六进制数，有时也用 H 代替。

例 1.3 计算 $(3C.7F)_{16}$ 所表示的十进制数。

解： $(3C.7F)_{16} = 3 \times 16^1 + 12 \times 16^0 + 7 \times 16^{-1} + 15 \times 16^{-2} = (60.49609375)_{10}$。

由于目前在计算机中普遍采用 8 位、16 位和 32 位二进制并行运算，而 8 位、16 位和 32 位的二进制数可以用 2 位、4 位和 8 位的十六进制数表示，因而用十六进制符号书写程序十分简便。

综上所述，4 种数制的特点类似，可以概括如下：

（1）每种数制都有一个固定的基数 R，它的每一位可取 R 个数码符号中的任意一个数码。

（2）它们是逢 R 进位的。因此，它的每一位固定的权值为 R^i，小数点左边各位的权依次是基数 R 的正 i 次幂，而小数点右边各位的权依次是基数 R 的负 i 次幂。显然，若将一个数中的小数点向左移一位，则等于将该数减小为原来的 $1/R$；若将小数点向右移一位，则等于将该数增大为原来的 R 倍。表 1.1 是十进制数 $0\sim15$ 与等值二进制数、八进制数、十六进制数的对照表。

表 1.1　十进制数 0～15 与等值二进制数、八进制数、十六进制数的对照表

十进制数	二进制数	八进制数	十六进制数
0	0000	0	0
1	0001	1	1
2	0010	2	2
3	0011	3	3
4	0100	4	4
5	0101	5	5
6	0110	6	6
7	0111	7	7
8	1000	10	8
9	1001	11	9
10	1010	12	A
11	1011	13	B
12	1100	14	C
13	1101	15	D
14	1110	16	E
15	1111	17	F

1.2.4　数制之间的转换

1. 其他进制数转换为十进制数

将其他进制数转换为等值的十进制数，转换时只要将其他进制数各位的数码与其权相乘，然后相加即可。

例 1.4　将 $(1011.01)_2$ 转换为十进制数。

解： $(1011.01)_2 = 1\times2^3 + 0\times2^2 + 1\times2^1 + 1\times2^0 + 0\times2^{-1} + 1\times2^{-2} = (11.25)_{10}$。

2. 十进制数转换为二进制数

将十进制数 M_{10} 转换为二进制数，一般将 M_{10} 的整数部分和小数部分分别转换，然后把其结果相加。

1）整数部分转换

设 M_{10} 的整数部分转换成的二进制数为 $a_{n-1}a_{n-2}\ldots a_1a_0$，可列成等式：$M_{10}=a_{n-1}2^{n-1}+$

$a_{n-2}2^{n-2}+\cdots+a_12^1+a_02^0$，将上式两边同除以 2，两边的商和余数相等。所得商为 $a_{n-1}2^{n-2}+a_{n-2}2^{n-3}+\cdots a_22^1+a_1$，余数为 a_0，经整理后有

$$(M_{10}-a_0)/2=2(a_{n-1}2^{n-3}+a_{n-2}2^{n-4}+\cdots+a_2)+a_1 \tag{1.6}$$

再将式（1.6）两边同时除以 2，可得余数 a_1。依此类推，便可求出二进制数的整数部分的每一位系数 a_{n-1}、a_{n-2}、$\cdots$、a_1、a_0。在转换中注意：除以 2 过程一直进行到商数为 0 为止。这就是除基取余法（radix divide method）。

2）小数部分转换

设 M_{10} 的小数部分转换成二进制数为 $a_{-1}a_{-2}\cdots a_{-m}$，可写成等式：$M_{10}=a_{-1}2^{-1}+a_{-2}2^{-2}+\cdots+a_{-m}2^{-m}$，将上式两边同时乘以 2 得 $2\times M_{10}=a_{-1}2^0+a_{-2}2^{-1}+\cdots+a_{-m}2^{-m+1}$，上式中乘积的整数部分就是系数 a_{-1}，而乘积的小数部分为 $2\times M_{10}-a_{-1}=a_{-2}2^{-1}+\cdots+a_{-m}2^{-m+1}$，对上式两边再同时乘以 2，则积的整数部分为系数 a_{-2}。依此类推，便可求出二进制数的小数部分的每一位系数。在转换中注意：乘以 2 过程一直进行到所需位数或达到小数部分为 0 为止。这就是乘基取整法（radix multiply method）。

例 1.5　将 $(25.625)_{10}$ 转换为二进制数。

解：将 25.625 的整数部分和小数部分分别转换，求解过程如图 1.2 所示。

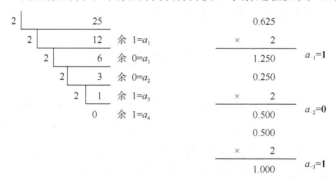

图 1.2　求解过程

所以，$(25.625)_{10}=(11001.101)_2$。

3. 二进制数与十六进制数的转换

（1）将二进制数转换为十六进制数，只需从小数点开始，将二进制数的整数和小数部分每 4 位分为一组，不足 4 位的分别在整数的最高位前和小数的最低位后加 0 补足，然后每组用等值的十六进制数码替代，即得等值的十六进制数。

例 1.6　将 $(1111010.10110110)_2$ 转换为十六进制数。

解：$(1111010.10110110)_2 =(0111\ 1010.\ 1011\ 0110)_2=(7A.B6)_{16}$。

（2）将十六进制数转换为等值的二进制数，只需将十六进制数的每一位用等值的 4 位二进制数代替即可。

例 1.7　将 $(8DF.C5)_{16}$ 转换为二进制数。

解：$(8DF.C5)_{16}=(1000\ 1101\ 1111.\ 1100\ 0101)_2$。

4. 二进制数与八进制数的转换

（1）将二进制数转换为八进制数，只需从小数点开始，将二进制数的整数和小数部分每 3 位分为一组，不足 3 位的分别在整数的最高位前和小数的最低位后加 0 补足，然后每组用等值的八进制数码替代，即得等值的八进制数。

例 1.8　将 $(11010111.0100111)_2$ 转换为八进制数。

解： $(11010111.0100111)_2 = (011\ 010\ 111.\ 010\ 011\ 100)_2 = (327.234\ )_8$。

（2）将八进制数转换为等值的二进制数，只需将八进制数的每一位用等值的 3 位二进制数代替即可。

例 1.9　将 $(61.53)_8$ 转换为二进制数。

解： $(61.53)_8 = (110\ 001.\ 101\ 011)_2$。

5. 八进制数、十六进制数与十进制数的转换

将八进制数、十六进制数转换为十进制数时，可根据加权系数展开后求得。

将十进制数转换为八进制数、十六进制数时，可以采用整数部分除以 8 或 16 取余，小数部分乘以 8 或 16 取整的方法，也可以先将十进制数转换为二进制数，然后将得到的二进制数转换为等值的八进制数、十六进制数。

1.3　常　用　编　码

编码是指用文字、符号、数码等表示某种信息的过程。数字系统中处理、存储、传输的都是二进制代码 0 和 1，因而对于来自数字系统外部的输入信息，如十进制数 0~9 或字符 A~Z、a~z 等，必须用二进制代码 0 和 1 表示。二进制编码是指给每个外部信息按照一定规律赋予二进制代码的过程。或者说，是用二进制代码表示有关对象（信号）的过程。因为二进制代码只有 0 和 1 两种数字，所以电路上实现起来最容易。

1.3.1　二-十进制编码

为了用二进制代码表示十进制数的 0~9 这 10 个状态，二进制代码至少应当有 4 位。4 位二进制代码一共有 16 个（0000~1111），取其中任意 10 个与 0~9 相对应，有许多种方案。表 1.2 中列出了常用的二-十进制编码，它们的编码规则各不相同。

1. 8421 码

8421 码又称 8421BCD 码，是二-十进制编码中常用的一种。在这种编码方式中，每一位二值代码的 1 都代表一个固定数值，将每一位的 1 代表的十进制数相加，得到的结果就是它所代表的十进制数码。由于代码中由高到低的权值分别为 8、4、2、1，所以将这种代码称为 8421 码。8421 码中每一位的权是固定不变的，它属于恒权代码。

表 1.2　常用的二-十进制编码

十进制数	8421 码	余 3 码	2421（A）码	2421（B）码	5421 码	余 3 循环码
0	0000	0011	0000	0000	0000	0010
1	0001	0100	0001	0001	0001	0110
2	0010	0101	0010	0010	0010	0111
3	0011	0110	0011	0011	0011	0101
4	0100	0111	0100	0100	0100	0100
5	0101	1000	0101	1011	1000	1100
6	0110	1001	0110	1100	1001	1101
7	0111	1010	0111	1101	1010	1111
8	1000	1011	1110	1110	1011	1110
9	1001	1100	1111	1111	1100	1010
权	8421	无权	2421	2421	5421	无权

2. 2421 码和 5421 码

2421 码是一种恒权代码，代码中由高到低的权值分别为 2、4、2、1，所以将这种代码称为 2421 码。每一位的 1 代表的十进制数称为这一位的权。与 2421（A）码的不同之处是 2421（B）码的 0 和 9、1 和 8、2 和 7、3 和 6、4 和 5 也互为反码，这个特点和余 3 码相似。

5421 码是另一种恒权代码，代码中由高到低的权值分别为 5、4、2、1。

3. 余 3 码

余 3 码的编码规则与 8421 码不同，它是无权码（权不固定）。如果把每一个余 3 码看作 4 位二进制数，则每一个编码的数值比对应的 8421BCD 码多 3，故称为余 3 码。如果将两个余 3 码相加，所得的和将比十进制数和所对应的二进制数多 6。因此，在用余 3 码做十进制加法运算时，若两数之和为 10，正好等于二进制数的 16，则从高位自动产生进位信号。此外，从表 1.2 中还可以看出，0 和 9、1 和 8、2 和 7、3 和 6、4 和 5 的余 3 码互为反码，这 5 对代码是互补的。例如，2 中的 0 变 1，1 变 0 就可得到 7；7 中的 0 变 1，1 变 0 就可得到 2。这对于求取对 10 的补码是很方便的。

余 3 循环码是一种变权码，每一位的 1 在不同代码中并不代表固定的数值。它的主要特点是相邻的两个代码之间仅有一位的状态不同。

1.3.2　格雷码

格雷（Gray）码又称循环码。表 1.3 是 4 位格雷码与十进制数和二进制数的比较，从中可以看出格雷码的特点，即每一位的状态变化都按照一定的顺序循环。如果从 **0000**开始，则最右边一位的状态按 **0110** 顺序循环变化，右边第二位的状态按 **00111100** 顺序循环变化，右边第三位按 **0000111111110000** 顺序循环变化。可见，自右向左，每一位状态循环中连续的 **0**、**1** 数目增加一倍。由于 4 位格雷码有 16 个，因此最左边一位的状态只有半个循环，即 **0000000011111111**。按照上述原则，很容易得到更多位数的格雷码。

与普通的二进制代码相比，格雷码的最大优点在于相邻两个代码之间只有一位发生变化。这样在代码转换的过程中就不会产生过渡"噪声"。在普通二进制代码的转换过程中，有时会产生过渡"噪声"。例如，第四行的二进制代码 **0011** 转换为第五行的 **0100** 过程中，如果最右边一位的变化比其他两位的变化慢，就会在一个极短的瞬间出现 **0101** 状态，这个状态将成为转换过程中出现的"噪声"。在第四行的格雷码 **0010** 向第五行的 **0110** 转换过程中则不会出现过渡"噪声"。

表 1.3　4 位格雷码与十进制数和二进制数的比较

十进制数	二进制数	格雷码	十进制数	二进制数	格雷码
0	**0000**	**0000**	8	**1000**	**1100**
1	**0001**	**0001**	9	**1001**	**1101**
2	**0010**	**0011**	10	**1010**	**1111**
3	**0011**	**0010**	11	**1011**	**1110**
4	**0100**	**0110**	12	**1100**	**1010**
5	**0101**	**0111**	13	**1101**	**1011**
6	**0110**	**0101**	14	**1110**	**1001**
7	**0111**	**0100**	15	**1111**	**1000**

格雷码和二进制数之间保持确定关系，即已知一组二进制数，便可求出一组对应的格雷码，反之亦然。将二进制数转换成格雷码时，先将二进制数最左端补 **0**，然后将二进制数从左向右连续将两个相邻数异或，所得结果就是格雷码。

将格雷码转换为二进制数时，先保留格雷码最高位，作为二进制数的最高位；然后将二进制数的最高位与格雷码的次高位异或，得到二进制数的次高位；再将二进制数的次高位与格雷码的下一位异或，得到二进制数的下一位，依次进行，直到最后。

设二进制数为 $B=B_3B_2B_1B_0$，对应的格雷码为 $G=G_3G_2G_1G_0$，则有

$$G_3=B_3 \qquad\qquad G_i=B_{i+1} \oplus B_i$$
$$B_3=G_3 \qquad\qquad B_i=B_{i+1} \oplus G_i$$

1.3.3　ASCII

ASCII 是由美国国家标准学会（American National Standards Institute，ANSI）制定的一种信息代码，广泛地应用于计算机和通信领域。ASCII 已经由国际标准化组织（International Organization for Standardization，ISO）认定为国际通用的标准代码。ASCII 是一组 7 位二进制代码，共 128 个，其中包括表示 0～9 的 10 个代码，表示大、小写英文字母的 52 个代码，表示各种符号的 32 个代码，以及 34 个控制码。表 1.4 是 ASCII 编码表。

表 1.4　ASCII 编码表

$b_4b_3b_2b_1$	$b_7b_6b_5$							
	000	001	010	011	100	101	110	111
0000	NUL	DLE	SP	0	@	P	`	p
0001	SOH	DC1	!	1	A	Q	a	q
0010	STX	DC2	"	2	B	R	b	r
0011	ETX	DC3	#	3	C	S	c	s
0100	EOT	DC4	$	4	D	T	d	t
0101	ENQ	NAK	%	5	E	U	e	u
0110	ACK	SYN	&	6	F	V	f	v
0111	BEL	ETB	'	7	G	W	g	w
1000	BS	CAN	(	8	H	X	h	x
1001	HT	EM	)	9	I	Y	i	y
1010	LF	SUB	*	:	J	Z	j	z
1011	VT	ESC	+	;	K	[	k	{
1100	FF	FS	,	<	L	\	l	|
1101	CR	GS	–	=	M	]	m	}
1110	SO	RS	.	>	N	↑	n	~
1111	SI	US	/	?	O	↓	o	DEL

本 章 小 结

本章首先介绍数字集成电路的分类及特点、模拟信号和数字信号，以及数字信号的描述方法；然后讨论几种常用的数制：二进制、八进制、十六进制和十进制，以及相互之间的转换；最后讨论二进制代码、常用的 BCD 码、格雷码和 ASCII 等常用的编码。

重点：常用的数制，常用的编码，如何把十进制数转换成二进制数、八进制数和十六进制数。

习 题

1-1　将下列二进制数转换为十进制数、八进制数和十六进制数。
（1）$(10011)_2$；（2）$(11011)_2$；（3）$(110110.11)_2$；（4）$(110100)_2$。

1-2　将下列十六进制数转换为二进制数、八进制数和十进制数。
（1）$(4AC)_{16}$；（2）$(ACB9)_{16}$；（3）$(111A)_{16}$；（4）$(675)_{16}$。

1-3　将下列十进制数转换为二进制数、八进制数和十六进制数。
（1）$(173)_{10}$；（2）$(0.8125)_{10}$；（3）$(900)_{10}$。

1-4　将下列十进制数转换为 8421BCD 码。

（1）$(75)_{10}$；（2）$(987)_{10}$；（3）$(200)_{10}$。

1-5　将下列 8421BCD 码转换为十进制数。

（1）$(010110001001)_{BCD}$；（2）$(100011101010.1100)_{BCD}$。

1-6　$(1001010)_2 =($ 　　　　$)_{Gray}$。

1-7　$(1001)_{余3码} + (1000)_{8421BCD码} = ($ 　　　　$)_{8421BCD码}$。

第 2 章 逻辑代数基础

1849 年，英国数学家乔治·布尔首先提出了进行逻辑运算的数学方法——布尔代数。布尔代数被广泛应用于解决开关电路和数字逻辑电路的分析与设计中，因此也将布尔代数称为开关代数或逻辑代数。逻辑代数表示的不是数量大小之间的关系，而是逻辑变量之间的逻辑关系，它是分析和设计数字电路的基本工具。

2.1　逻辑变量和逻辑函数

在数字逻辑电路中，用 1 位二进制数码的 0 和 1 表示一个事物的两种不同逻辑状态。例如，可以用 1 和 0 分别表示某件事情的是和非、真和伪、有和无、好和坏，或者表示电路的通和断、灯的亮和暗、门的开和关等。这种只有两种对立逻辑状态的逻辑关系，称为二值逻辑关系。所谓"逻辑"，是指事物之间的因果关系。当两个二进制数码表示不同的逻辑状态时，它们之间可以按照指定的某种因果关系进行推理运算，这种运算称为逻辑运算。数字电路研究输入和输出之间的因果关系，也是研究输入和输出之间的逻辑关系。为了对输入和输出之间的逻辑关系进行数学表达和演算，提出逻辑变量和逻辑函数两个术语。一个逻辑电路图如图 2.1 所示，A、B 为输入，F 为输出，输出和输入之间的逻辑关系可表示为 $F = f(A,B)$。具有逻辑属性的变量称为逻辑变量，A、B 称为逻辑自变量，F 称为逻辑因变量。当 A、B 的逻辑取值确定后，F 的逻辑值也就被唯一地确定，通常称 F 是 A、B 的逻辑函数，所以输出变量 F 又称为逻辑函数，$F = f(A,B)$ 称为逻辑函数表达式。

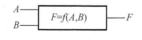

图 2.1　逻辑电路图

逻辑变量（自变量）和逻辑函数（因变量）的逻辑值，只取 0 和 1 两个值，通常称为逻辑 0 和逻辑 1。逻辑 0 和逻辑 1 表示两种对立的状态，表示信号的无或有、电平的低或高、电路的截止或导通。在逻辑电路中，用高电平表示逻辑 1，用低电平表示逻辑 0，称为正逻辑；用低电平表示逻辑 1，用高电平表示逻辑 0，称为负逻辑。本书如无特殊说明，一律采用正逻辑的逻辑体制。

在逻辑电路中，电位常用电平这一术语来描述。高、低电平表示的是两种不同的状态，所表示的是一定的电压范围，而不是一个固定不变的值。例如，在 TTL 门电路中，通常规定高电平的额定值为 3V，低电平的额定值为 0.3V，0～0.8V 都作为低电平，2～5V 都作为高电平。为了更好地理解，下面通过图 2.2 所示开关控制电路的例子加以说明。

图中，A、B 为单刀双掷开关，F 为电灯，开关 A、B 的上合或下合与灯 F 的亮与灭有何因果关系呢？设 A、B 向上合为 **1**，向下合为 **0**；灯 F 亮为 **1**，灭为 **0**。

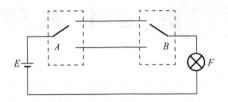

图 2.2　开关控制电路图

表 2.1 描述的是开关 A、B 与灯 F 之间的真实逻辑关系，这样的表称为真值表。

表 2.1　F 与 A、B 之间的逻辑关系

输入自变量 A、B	输出函数 F	逻辑关系
0　0	1	A、B 同时向下合，F 亮
0　1	0	A 向下合 B 向上合，F 灭
1　0	0	A 向上合 B 向下合，F 灭
1　1	1	A、B 同时向上合，F 亮

2.2　逻 辑 运 算

1. 基本逻辑运算

逻辑代数的基本运算有与（AND）、或（OR）、非（NOT）3 种。下面用一个实例说明。

在图 2.3（a）所示电路中，只有当两个开关同时闭合时，指示灯才会亮；在图 2.3（b）所示电路中，只要有任何一个开关闭合，指示灯就亮；在图 2.3（c）所示电路中，开关断开时灯亮，开关闭合时灯灭。

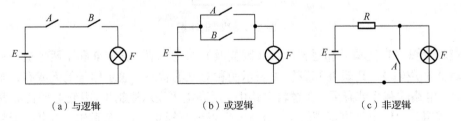

（a）与逻辑　　　　　　　　（b）或逻辑　　　　　　　　（c）非逻辑

图 2.3　与逻辑、或逻辑、非逻辑的电路图

如果把开关闭合作为条件或导致事物结果的原因，把灯亮作为结果，那么这 3 个电路代表了 3 种不同的因果关系。图 2.3（a）所示的电路表明，只有决定事物结果的全部条件同时具备时，结果才能发生。这种因果关系称为逻辑与，或称逻辑相乘。图 2.3（b）所示的电路表明，在决定事物结果的诸多条件中只要有任何一个满足，结果就会发生。

这种因果关系称为逻辑或，也称逻辑相加。图 2.3（c）所示的电路表明，只要条件具备，结果就不会发生；而条件不具备时，结果一定发生。这种因果关系称为逻辑非，也称逻辑求反。

若以 A、B 表示开关的状态，并以 **1** 表示开关闭合，以 **0** 表示开关断开；以 F 表示指示灯的状态，并以 **1** 表示灯亮，以 **0** 表示灯灭，则可以列出表示与、或、非逻辑关系的真值表，如表 2.2～表 2.4 所示。

表 2.2 与逻辑真值表

A	B	F
0	0	0
0	1	0
1	0	0
1	1	1

表 2.3 或逻辑真值表

A	B	F
0	0	0
0	1	1
1	0	1
1	1	1

表 2.4 非逻辑真值表

A	F
0	1
1	0

若用代数表达式来描述 3 种基本逻辑关系，则与逻辑表达式为 $F=A\cdot B$ 或 $F=AB$，由表 2.2 可得到：$0\cdot0=0$，$0\cdot1=0$，$1\cdot0=0$，$1\cdot1=1$，可以描述为"有 0 出 0，全 1 为 1"。

由此可推知一般与运算的运算规则为：$A\cdot0=0$；$A\cdot1=A$；$A\cdot A=A$。

或逻辑表达式为 $F=A+B$，由表 2.3 可得到：$0+0=0$；$0+1=1$；$1+0=1$；$1+1=1$，可以描述为"有 1 出 1，全 0 为 0"。一般或运算的运算规则为 $A+0=A$；$A+1=1$；$A+A=A$。

非逻辑表达式为 $F=\overline{A}$，由表 2.4 可得到：$\overline{0}=1$；$\overline{1}=0$。一般非运算的运算规则为 $A+\overline{A}=1$；$A\cdot\overline{A}=0$；$\overline{\overline{A}}=A$。

表示上述 3 种基本逻辑关系的逻辑元件图形符号，如表 2.5 所示。在数字逻辑电路中能够实现基本逻辑关系的单元电路称为逻辑门电路。将实现与逻辑运算的单元电路称为与门，将实现或逻辑运算的单元电路称为或门，将实现非逻辑运算的单元电路称为非门或反相器。

表2.5   基本逻辑元件图形符号

符号名称	国标符号	IEEE 推荐符号
与门	A — [&] — F (B)	A B — ⟹ — F
或门	A — [≥1] — F (B)	A B — ⟹ — F
非门（反相器）	A — [1]○ — F	A — ▷○ — F

2. 复合逻辑运算

实际的逻辑问题往往比与、或、非运算复杂得多，不过它们都可以用与、或、非的组合来实现。常见的复合逻辑运算有与非、或非、与或非、异或、同或等。复合逻辑元件图形符号如表2.6所示。

表2.6   复合逻辑元件图形符号

符号名称	国标符号	IEEE 推荐符号
与非门	A — [&]○ — F (B)	A B — ⟹○ — F
或非门	A — [≥1]○ — F (B)	A B — ⟹○ — F
异或门	A — [=1] — F (B)	A B — ⟹ — F
同或门	A — [=1]○ — F (B)	A B — ⟹○ — F
与或非门	A B C D — [& ≥1]○ — F	A B C D — (与或非门组合) — F

1）与非逻辑

与和非的复合逻辑称为与非逻辑，它可以看作与逻辑后面加了一个非逻辑，实现与非逻辑的电路称为与非门，实现的功能为"有 **0** 出 **1**，全 **1** 为 **0**"，表达式为

$$F = \overline{AB} \tag{2.1}$$

2）或非逻辑

或和非的复合逻辑称为或非逻辑，可以看作或逻辑后面加了一个非逻辑，实现或非逻辑的电路称为或非门，实现的功能为"有 **1** 出 **0**，全 **0** 为 **1**"，表达式为

$$F = \overline{A+B} \tag{2.2}$$

3）异或逻辑

异或逻辑是指当两个输入逻辑变量取值相同时，输出为 **0**；不同（相异）时，输出为 **1**。实现异或逻辑的电路称为异或门。异或逻辑真值表如表 2.7 所示，表达式为

$$F = A \oplus B = A\bar{B} + \bar{A}B \qquad (2.3)$$

表 2.7　异或逻辑真值表

A	B	F
0	0	0
0	1	1
1	0	1
1	1	0

从表 2.7 可以推导出异或逻辑的运算规则为

$$A \oplus A = 0 \qquad A \oplus \bar{A} = 1$$
$$A \oplus 0 = A \qquad A \oplus 1 = \bar{A}$$

进一步可证明异或逻辑具有下列性质：

$$A \oplus B = B \oplus A$$
$$A \oplus \bar{B} = \overline{A \oplus B} = A \oplus B \oplus 1$$
$$A \oplus (B \oplus C) = (A \oplus B) \oplus C$$
$$A(B \oplus C) = (AB) \oplus (AC)$$

异或逻辑的上述性质在实际应用时很有用处。例如，可以很方便地构成原码/反码输出、求和、数码比较等电路。

4）同或逻辑

同或逻辑又称异或非逻辑，是指当两个输入逻辑变量取值相同时，输出为 **1**；不同时输出为 **0**。实现同或逻辑的电路称为同或门。同或逻辑真值表如表 2.8 所示，表达式为

$$F = A \odot B = \overline{A \oplus B} = \bar{A}\bar{B} + AB \qquad (2.4)$$

表 2.8　同或逻辑真值表

A	B	F
0	0	1
0	1	0
1	0	0
1	1	1

从表 2.8 可以推出同或逻辑的运算规则为

$$A \odot \bar{A} = 0 \qquad A \odot A = 1$$
$$A \odot 0 = \bar{A} \qquad A \odot 1 = A$$

考虑有两个输入逻辑变量 A、B 的情况。根据异或逻辑和同或逻辑的定义可得

$$A \oplus B = \bar{A} \oplus \bar{B}$$
$$A \odot B = \bar{A} \odot \bar{B}$$

$$A \oplus B = \overline{A} \odot B = A \odot \overline{B}$$
$$A \odot B = \overline{A} \oplus B = A \oplus \overline{B}$$

5) 与或非逻辑

与或非逻辑是 3 种基本逻辑的组合，也可看作与逻辑和或非逻辑的组合，表达式为

$$F = \overline{AB + CD} \tag{2.5}$$

2.3 逻辑代数的基本公式和基本规则

2.3.1 逻辑代数的基本公式

表 2.9 所示是逻辑代数的基本公式。

表 2.9 逻辑代数的基本公式

基本定律	公式（一）	公式（二）
0-1 律	$A \cdot 0 = 0$	$A + 1 = 1$
自等律	$A \cdot 1 = A$	$A + 0 = A$
重叠律	$A \cdot A = A$	$A + A = A$
互补律	$A \cdot \overline{A} = 0$	$A + \overline{A} = 1$
交换律	$A \cdot B = B \cdot A$	$A + B = B + A$
结合律	$A \cdot (B \cdot C) = (A \cdot B) \cdot C$	$A + (B + C) = (A + B) + C$
分配律	$A \cdot (B + C) = AB + AC$	$A + B \cdot C = (A + B)(A + C)$
吸收律	$A(A + B) = A$	$A + AB = A$
反演律	$\overline{A \cdot B} = \overline{A} + \overline{B}$	$\overline{A + B} = \overline{A} \cdot \overline{B}$
还原律	$\overline{\overline{A}} = A$	

基本公式可用真值表证明。例如，证明反演律 $\overline{A \cdot B} = \overline{A} + \overline{B}$，可将变量 A、B 的各种取值组合分别代入等式，其结果如表 2.10 所示，等号两边的逻辑值完全对应相等，证明该公式成立。

表 2.10 反演律的验证

$A \quad B$	$\overline{A \cdot B}$	$\overline{A} + \overline{B}$	$\overline{A + B}$	$\overline{A} \cdot \overline{B}$
0 　 0	1	1	1	1
0 　 1	1	1	0	0
1 　 0	1	1	0	0
1 　 1	0	0	0	0

例 2.1 用真值表证明表 2.9 中分配律 $A + B \cdot C = (A + B)(A + C)$ 的正确性。

解：已知 $A + B \cdot C = (A + B)(A + C)$，把所有可能的取值组合逐一代入等式，算出相应的结果，即得到表 2.11 所示的真值表。可见，等式两边对应的真值表相同，故等式成立。

表 2.11 分配律证明

$A\,B\,C$	$B \cdot C$	$A + B \cdot C$	$A + B$	$A + C$	$(A+B) \cdot (A+C)$
0 0 0	0	0	0	0	0
0 0 1	0	0	0	1	0
0 1 0	0	0	1	0	0
0 1 1	1	1	1	1	1
1 0 0	0	1	1	1	1
1 0 1	0	1	1	1	1
1 1 0	0	1	1	1	1
1 1 1	1	1	1	1	1

2.3.2 常用公式

公式 1 $AB + A\overline{B} = A$

证明：$AB + A\overline{B} = A(B + \overline{B}) = A$

公式 2 $A + \overline{A}B = A + B$

证明：$A + \overline{A}B = (A + \overline{A})(A + B) = A + B$

公式 3 $AB + \overline{A}C + BC = AB + \overline{A}C$

证明：$AB + \overline{A}C + BC = AB + \overline{A}C + BC(A + \overline{A})$

$$= AB + \overline{A}C + ABC + \overline{A}BC = AB + \overline{A}C$$

推论 $AB + \overline{A}C + BCD = AB + \overline{A}C$

公式 4 $\overline{AB + \overline{A}C} = A\overline{B} + \overline{A}C$

证明：$\overline{AB + \overline{A}C} = \overline{AB} \cdot \overline{\overline{A}C} = (\overline{A} + \overline{B})(A + \overline{C}) = A\overline{A} + \overline{A}\,\overline{C} + A\overline{B} + \overline{B}\,\overline{C}$

$$= \overline{A}\,\overline{C} + A\overline{B} + \overline{B}\,\overline{C} = A\overline{B} + \overline{A}\,\overline{C}$$

公式 5 $\overline{A\overline{B} + \overline{A}B} = AB + \overline{A}\,\overline{B}$

证明：$\overline{A\overline{B} + \overline{A}B} = \overline{A\overline{B}} \cdot \overline{\overline{A}B} = (\overline{A} + B)(A + \overline{B}) = AB + \overline{A}\,\overline{B}$

同理 $\overline{A \odot B} = A \oplus B$

公式 6 $xf(x, \overline{x}, \cdots, z) = xf(1, 0, \cdots, z)$

例如：$A[AB + \overline{A}C + (A + D)(\overline{A} + E)]$

$$= A[\mathbf{1} \cdot B + \mathbf{0} \cdot C + (\mathbf{1} + D)(\mathbf{0} + E)]$$

$$= A(B + \mathbf{0} + \mathbf{1} \cdot E) = A(B + E)$$

公式 7 $f(x, \overline{x}, \cdots, z) = x f(1, 0, \cdots, z) + \overline{x} f(0, 1, \cdots, z)$

例如：$F = AB + \overline{A}C + (A + D)E + (\overline{A} + H)G$

$$= A[1 \cdot B + 0 \cdot C + (1 + D)E + (0 + H)G]$$

$$+ \overline{A}[0 \cdot B + 1 \cdot C + (0 + D)E + (1 + H)G]$$

$$= A(B + E + HG) + \overline{A}(C + DE + G)$$

2.3.3　逻辑代数的基本规则

1. 代入规则

在任何一个逻辑函数式中，如果将等式两边的某一变量用另外一个逻辑函数式代入式中所有该变量的位置，则等式仍然成立。这就是代入规则。利用代入规则很容易将基本公式和常用公式推广为多变量的形式。例如，将 $Y = BC$ 代入等式 $\overline{A \cdot B} = \overline{A} + \overline{B}$ 中的变量 B，则等式仍然成立，即 $\overline{A \cdot BC} = \overline{A} + \overline{BC} = \overline{A} + \overline{B} + \overline{C}$。在三变量表达式中，每个变量有 0 和 1 两种可能的状态，把所有的状态代入等式两边，都能使等式两边相等。而任何一个逻辑等函数式的取值也不例外，由表 2.12 可以证明。

表 2.12　代入规则的证明

$A\,B\,C$	$\overline{A \cdot BC}$	$\overline{A}$	$\overline{BC}$	$\overline{A} + \overline{BC}$	$\overline{A} + \overline{B} + \overline{C}$
0 0 0	1	1	1	1	1
0 0 1	1	1	1	1	1
0 1 0	1	1	1	1	1
0 1 1	1	1	0	1	1
1 0 0	1	0	1	1	1
1 0 1	1	0	1	1	1
1 1 0	1	0	1	1	1
1 1 1	0	0	0	0	0

2. 反演规则

对任意一个逻辑函数式求反函数时，都可用反演规则。若将逻辑函数式中的"·"变为"+"，"+"变为"·"；0 变为 1，1 变为 0；原变量变为反变量，反变量变为原变量，则得到的新函数就称为原函数式的反函数式。这个规律称为反演规则。

在使用反演规则时，需要遵守以下两个原则：

（1）不改变原来的运算顺序，先与后或，必要时适当加括号。

（2）不属于单个变量上的反号应保留不变。

基本公式中的反演律（也称德·摩根定理）只不过是反演规则的一个特例。

例 2.2   已知 $F = A + B + \overline{C} + \overline{D + E}$，求反函数 $\overline{F}$。

解：根据反演规则可写出

$$\overline{F} = \overline{\overline{A} \cdot \overline{B} \cdot C \cdot \overline{D \cdot \overline{E}}}$$

如果利用基本公式和常用公式进行运算，也能得到同样的结果，但是要麻烦得多。

3. 对偶规则

若两个逻辑函数式相等，则它们的对偶式也相等，这就是对偶规则。

对偶式的定义如下：对于任何一个逻辑函数式 F，若将其中的 "+" 变为 "·"，"·" 变为 "+"；0 变为 1，1 变为 0，则得到一个新的逻辑函数式 F'，这个 F' 就称为 F 的对偶式，或者说 F 和 F' 互为对偶式。

例 2.3 已知 $F = \overline{A + B + \overline{\overline{C} + \overline{DE}}}$，求对偶式 F'。

解：根据对偶规则可写出

$$F' = \overline{A \cdot B \cdot \overline{\overline{C} \cdot \overline{D + E}}}$$

为了证明两个逻辑式相等，也可以通过证明它们的对偶式相等来完成。

例 2.4 试证明表达式 $A + BC = (A + B)(A + C)$。

解：首先写出等式两边的对偶式，得到 $A(B + C)$ 和 $AB + AC$，根据乘法分配律可知，这两个对偶式是相等的，由对偶规则即可确定原来的两式也一定相等。

在使用对偶规则时，需要遵守以下两个原则：

（1）求对偶式时运算顺序不变，且它只变换运算符和常量，其变量是不变的。

（2）运算符 "⊕" 换成 "⊙"，"⊙" 换成 "⊕"。

2.4 逻辑函数的表示方法

2.4.1 表示方法

逻辑函数的表示方法有真值表、逻辑函数式、逻辑图、波形图和卡诺图（在 2.5.2 节中进行介绍）等。

任何一个具体的因果关系都可以用一个逻辑函数来描述。下面以 3 个人表决一件事情，结果按"少数服从多数"的原则决定这一问题为例说明逻辑函数的建立及表示方法。

1. 逻辑真值表

三人表决问题中，将 3 个人的意见分别表示为逻辑变量 A、B、C，只有同意和不同意两种意见。将表决结果设置为逻辑函数 F，只有"通过"与"不通过"两种情况。

对于逻辑变量 A、B、C，设同意为逻辑 1，不同意为逻辑 0。对于逻辑函数 F，表决通过为逻辑 1，不通过为逻辑 0。按照少数服从多数的原则，将输入变量不同取值组合与函数值之间的对应关系列成表格得到函数的真值表，如表 2.13 所示。

表 2.13　三人表决真值表

A	B	C	F
0	0	0	0
0	0	1	0
0	1	0	0
0	1	1	1
1	0	0	0
1	0	1	1
1	1	0	1
1	1	1	1

2. 逻辑函数式

由真值表转换为逻辑函数式的方法是在真值表中依次找出函数值等于 **1** 对应的变量组合，写成一个乘积项，输入变量取值为 **1** 用原变量表示，取值为 **0** 用反变量表示，得到 $\overline{A}BC$、$A\overline{B}C$、$AB\overline{C}$、ABC。然后，把这些与项相或，就得到了所需的逻辑函数式。依据表 2.13 所示的真值表，写出三人表决函数的逻辑函数表达式为

$$F = \overline{A}BC + A\overline{B}C + AB\overline{C} + ABC$$

该函数表达式可以进一步化简为 $F = AB + BC + CA$，可见逻辑函数式不唯一。

一个逻辑函数可以有多种不同的表达方式。例如：

$$\begin{aligned}
F(A,B,C) &= AB + \overline{A}C & \text{与或表达式} \\
&= (A+C)(\overline{A}+B) & \text{或与表达式} \\
&= \overline{\overline{AB}\cdot\overline{\overline{A}C}} & \text{与非-与非表达式} \\
&= \overline{\overline{A+C}+\overline{\overline{A}+B}} & \text{或非-或非表达式} \\
&= \overline{\overline{A}\overline{C} + A\overline{B}} & \text{与或非表达式}
\end{aligned}$$

这些表达式之间可以相互转换。例如，与或表达式转换为或与表达式：

$$\begin{aligned}
F(A,B,C) &= AB + \overline{A}C \\
&= A\overline{A} + AB + \overline{A}C + BC \\
&= A(\overline{A}+B) + C(\overline{A}+B) \\
&= (A+C)(\overline{A}+B)
\end{aligned}$$

与或表达式转换为与非-与非表达式：

$$\begin{aligned}
F(A,B,C) &= AB + \overline{A}C \\
&= \overline{\overline{AB + \overline{A}C}} \\
&= \overline{\overline{AB}\cdot\overline{\overline{A}C}}
\end{aligned}$$

或与表达式转换为或非-或非表达式和与或非表达式：

$$F(A,B,C) = \overline{\overline{(A+C)(\overline{A}+B)}}$$
$$= \overline{\overline{(A+C)}\,\overline{(\overline{A}+B)}}$$
$$= \overline{\overline{A}\,\overline{C} + \overline{\overline{A}}\,\overline{B}}$$
$$= \overline{\overline{A}\,\overline{C} + A\overline{B}}$$

与或表达式是常用的一种逻辑函数式。最简与或表达式的标准是式中与项最少，每个与项中变量数最少。前者即表达式中"+"号最少，代表实现电路的与门少，下级或门输入端个数少；后者即表达式中"·"号最少，代表与门的输入端个数少。

3．逻辑图

将逻辑函数式中各变量之间的与、或、非等逻辑关系用图形符号表示出来，就可以画出表示函数关系的逻辑图，如图 2.4 所示。

4．波形图

将逻辑函数输入变量每一种可能出现的取值与对应的输出值按照时间顺序依次排列，即可得到表示该逻辑函数的波形图。如果用波形图来描述三人表决的逻辑函数，则只需将表 2.13 给出的输入变量与对应的输出变量取值依时间顺序排列起来，所得结果如图 2.5 所示。

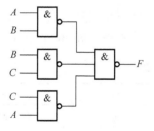

图 2.4　三人表决逻辑图

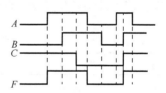

图 2.5　三人表决波形图

5．各种表示方法之间的相互转换

既然同一个逻辑函数可以用多种不同的方法描述，那么这几种方法之间必能相互转换。

1）真值表与逻辑函数式的相互转换

首先讨论从真值表得到逻辑函数式的方法。先来讨论下面一个具体的例子。

例 2.5　已知一个奇偶判别函数的真值表如表 2.14 所示，试写出它的逻辑函数式。

表 2.14　例 2.5 的函数真值表

A	B	C	Y
0	0	0	0
0	0	1	0
0	1	0	0
0	1	1	1

续表

A	B	C	Y
1	0	0	0
1	0	1	1
1	1	0	1
1	1	1	0

解：由真值表可见，在输入变量取值为 $A=0$、$B=1$、$C=1$，$A=1$、$B=0$、$C=1$ 和 $A=1$、$B=1$、$C=0$ 时，$Y=1$；其中取值为 1 的写原变量，取值为 0 的写反变量，对应写出一个乘积项，逻辑函数 Y 应当等于这 3 个乘积项之和，即 $Y = \overline{A}BC + A\overline{B}C + AB\overline{C}$。

通过例 2.5 可以总结出由真值表写出逻辑函数式的一般方法，具体如下：

（1）找出真值表中使逻辑函数 $Y=1$ 的那些输入变量取值的组合。

（2）每组输入变量取值的组合对应一个乘积项，其中取值为 1 的写原变量，取值为 0 的写反变量。

（3）将这些乘积项相加，即得 Y 的逻辑函数式。

由逻辑函数式列出真值表，只需将输入变量取值的所有组合状态逐一代入逻辑函数式求出函数值列成表，即可得到真值表。

例 2.6 已知逻辑函数 $Y = A+BC$，求它对应的真值表。

解：将 A、B、C 的各种取值逐一代入 Y 式中，将计算结果列成表，如表 2.15 所示的真值表。初学时为避免差错，可先将 BC 两项算出，然后将 A 和 BC 相加求出 Y 的值。

表 2.15　例 2.6 的真值表

A	B	C	BC	Y
0	0	0	0	0
0	0	1	0	0
0	1	0	0	0
0	1	1	1	1
1	0	0	0	1
1	0	1	0	1
1	1	0	0	1
1	1	1	1	1

2）逻辑函数式与逻辑图的相互转换

从给定的逻辑函数式转换为相应的逻辑图时，只需用逻辑元件图形符号代替逻辑函数式中的逻辑运算符号并按照运算优先顺序将它们连接起来，即可得到所求的逻辑图。

在从给定的逻辑图转换为对应的逻辑函数式时，只需从逻辑图的输入端到输出端逐级写出每个逻辑元件图形符号的输出函数式，即可在输出端得到所求的逻辑函数式。

例 2.7 已知逻辑函数 $F = \overline{AB + CD}$，画出其对应的逻辑图。

解：将式中所有的与、或、非运算符号用逻辑元件图形符号代替，依据运算优先顺序将这些逻辑元件图形符号连接起来，就得到了图 2.6 所示的逻辑图。

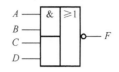

图 2.6 例 2.7 的逻辑图

例 2.8 已知函数的逻辑图如图 2.7 所示，试求它的逻辑函数式 F。

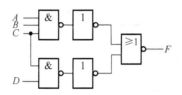

图 2.7 例 2.8 的逻辑图

解：从输入端 A、B 和 C 开始逐个写出每个逻辑元件图形符号输出端的逻辑函数式，得到 $F = \overline{\overline{ABC} + \overline{CD}}$。

3）波形图与真值表的相互转换

从已知的逻辑函数波形图求对应的真值表时，首先需要从波形图上找出每个时间段里输入变量与输出变量的取值，然后将这些输入、输出取值对应列成表，就得到了所求的真值表。

在将真值表转换为波形图时，只需将真值表中所有的输入变量与对应的输出变量取值依次排列画成以时间为横轴的波形，就得到了所求的波形图。

例 2.9 已知逻辑函数 F 的波形图如图 2.8 所示，试求该逻辑函数。

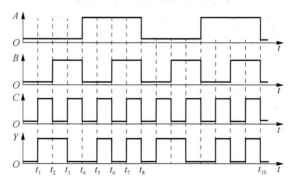

图 2.8 例 2.9 的波形图

解：从波形图中可以看出，在 $t_0 \sim t_8$ 时间区间里输入变量 A、B、C 所有可能的取值组合均已出现，而且在 $t_9 \sim t_{16}$ 区间的波形是 $t_0 \sim t_8$ 区间波形的重复。因此，只要将 $t_0 \sim t_8$

区间每个时间段里 A、B、C 与 F 的取值对应列成表，即可得表 2.16 所示的真值表。

表 2.16　例 2.9 的真值表

A	B	C	F
0	0	0	0
0	0	1	1
0	1	0	1
0	1	1	0
1	0	0	0
1	0	1	1
1	1	0	0
1	1	1	1

2.4.2　逻辑函数的最小项之和形式

首先介绍一下最小项的概念。

1．最小项

在有 n 个变量的逻辑函数中，n 个变量（包含所有变量）的乘积项称为最小项。其特点是：n 个变量有 2^n 个最小项，每个最小项只有 n 个变量，每个变量只能出现一次，以原变量或反变量的形式出现一次。

例如，3 个变量的最小项有 $\overline{A}\,\overline{B}\,\overline{C}$、$\overline{A}\,\overline{B}C$、$\overline{A}B\overline{C}$、$\overline{A}BC$、$A\overline{B}\,\overline{C}$、$A\overline{B}C$、$AB\overline{C}$、$ABC$ 共 8 种选择，输入变量的每一组取值都使一个对应最小项的值等于 1。例如，在三变量 A、B、C 的最小项中，当 $A=1$、$B=0$、$C=1$ 时，$A\overline{B}C = 1$。如果把 $A\overline{B}C$ 的取值 101 看作一个二进制数，那么它所表示的十进制数就是 5，为了使用方便写为 m_5，称为最小项的编号，如表 2.17 所示。

表 2.17　三变量最小项的编号表

A	B	C	最小项	最小项编号
0	0	0	$\overline{A}\,\overline{B}\,\overline{C}$	m_0
0	0	1	$\overline{A}\,\overline{B}C$	m_1
0	1	0	$\overline{A}B\overline{C}$	m_2
0	1	1	$\overline{A}BC$	m_3
1	0	0	$A\overline{B}\,\overline{C}$	m_4
1	0	1	$A\overline{B}C$	m_5
1	1	0	$AB\overline{C}$	m_6
1	1	1	ABC	m_7

同理，4 个变量的 16 个最小项分别为 $\overline{A}\,\overline{B}\,\overline{C}\,\overline{D}$、$\overline{A}\,\overline{B}\,\overline{C}D$、$\overline{A}\,\overline{B}C\overline{D}$、$\overline{A}\,\overline{B}CD$、$\overline{A}B\overline{C}\,\overline{D}$、$\overline{A}B\overline{C}D$、$\overline{A}BC\overline{D}$、$\overline{A}BCD$、$A\overline{B}\,\overline{C}\,\overline{D}$、$A\overline{B}\,\overline{C}D$、$A\overline{B}C\overline{D}$、$A\overline{B}CD$、$AB\overline{C}\,\overline{D}$、$AB\overline{C}D$、$ABC\overline{D}$、$ABCD$。

从最小项的定义出发可以证明它具有如下重要性质：

（1）n 个变量构成的任何一个最小项 m_i，有且仅有一种变量取值组合使其值为 **1**，该种变量取值组合即序号 i 对应的二进制数。换言之，在输入变量的任何取值组合下，必有一个最小项，并且只有一个最小项的值为 **1**。

（2）全体最小项之和为 **1**。

（3）任意两个最小项的乘积为 **0**，即 $m_i \cdot m_j = \mathbf{0}(i \neq j)$。

（4）n 个变量有 2^n 个最小项。

（5）具有相邻性的两个最小项之和可以合并成一项并消去一对因子。若两个最小项只有一个变量不同，则称这两个最小项具有相邻性。

2. 逻辑函数的最小项之和形式

首先将给定的逻辑函数式化为若干乘积项之和的形式（也称积之和形式），然后利用基本公式 $A + \overline{A} = 1$ 将每个乘积项中缺少的因子补全，这样就可以将与或的形式化为最小项之和的标准形式。这种标准形式在逻辑函数的化简以及计算机辅助分析和设计中得到了广泛的应用。

例如，给定逻辑函数 $F(A,B,C) = AB + \overline{A}C$，$F$ 表达式的每一项只含有两个变量，需要把每一项缺少的变量补上，使其成为最小项的形式，并且不改变逻辑关系。$F(A,B,C) = AB(C + \overline{C}) + \overline{A}C(B + \overline{B}) = ABC + AB\overline{C} + \overline{A}BC + \overline{A}\,\overline{B}C = m_1 + m_3 + m_6 + m_7 = \sum m(1,3,6,7)$。

2.5 逻辑函数的化简

2.5.1 逻辑函数的公式化简法

在进行逻辑运算时常常会看到，同一个逻辑函数可以写成不同的逻辑函数式，而这些逻辑函数式的繁简程度又相差甚远。逻辑函数式越简单，它所表示的逻辑关系越明显，同时也有利于用最少的电子器件实现这个逻辑函数。公式化简法的基本原理就是利用基本公式和常用公式对逻辑函数进行运算,消去多余的乘积项和每个乘积项中多余的因子,求出逻辑函数的最简形式。

1. 吸收法

利用公式 $A+AB=A$，消去多余的乘积项。例如：

$$F_1 = A\overline{B} + A\overline{B}CD(E + F) = A\overline{B}[1 + CD(E + F)] = A\overline{B}$$

$$F_2 = \overline{A} + \overline{A \cdot \overline{BC}} \cdot \left(B + \overline{AC + \overline{D}}\right) + BC = \overline{A} + BC + \left(\overline{A} + BC\right)\left(B + \overline{AC + \overline{D}}\right)$$

$$= \overline{A} + BC\left[1 + \left(B + \overline{AC + \overline{D}}\right)\right] = \overline{A} + BC$$

2. 消元法

利用公式 $A + \overline{A}B = A + B$，消去多余因子。例如：

$$F_1 = \overline{A} + AB + \overline{B}E = \overline{A} + B + \overline{B}E = \overline{A} + B + E$$

$$F_2 = A\overline{B} + \overline{A}B + ABCD + \overline{A}\overline{B}CD = A\overline{B} + ACD + \overline{A}B + \overline{A}CD = A\overline{B} + \overline{A}B + CD$$

3. 合并项法

利用公式 $A + \overline{A} = 1$，两项合并为一项，消去一个变量。例如：

$$F_1 = ABC + \overline{A}BC + \overline{BC} = BC(A + \overline{A}) + \overline{BC} = BC + \overline{BC} = 1$$

$$F_2 = A(BC + \overline{B}\overline{C}) + A(B\overline{C} + \overline{B}C) = ABC + A\overline{B}\overline{C} + AB\overline{C} + A\overline{B}C$$

$$= AB + A\overline{B} = A(B + \overline{B}) = A$$

4. 配项法

为了达到化简的目的，有时给某个与项乘以（$A + \overline{A} = 1$），将一项变为两项再与其他项合并进行化简，有时也可以添加 $A \cdot \overline{A} = 0$ 项进行化简。例如：

$$F_1 = A\overline{B} + B\overline{C} + \overline{B}C + \overline{A}B = A\overline{B}(C + \overline{C}) + B\overline{C}(A + \overline{A}) + \overline{B}C + \overline{A}B$$

$$= A\overline{B}C + A\overline{B}\overline{C} + AB\overline{C} + \overline{A}B\overline{C} + \overline{B}C + \overline{A}B$$

$$= \overline{B}C(1 + A) + A\overline{C}(\overline{B} + B) + \overline{A}B(1 + \overline{C})$$

$$= \overline{B}C + A\overline{C} + \overline{A}B$$

$$F_2 = AB\overline{C} + \overline{ABC} \cdot \overline{AB} = AB\overline{C} + \overline{ABC} \cdot \overline{AB} + AB \cdot \overline{AB}$$

$$= AB(\overline{C} + \overline{AB}) + \overline{ABC} \cdot \overline{AB} = AB(\overline{C} + \overline{AB}) + \overline{ABC} \cdot \overline{AB}$$

$$= AB \cdot \overline{ABC} + \overline{ABC} \cdot \overline{AB} = \overline{ABC}$$

5. 添加项定理

利用 $AB + \overline{A}C = AB + \overline{A}C + BC$，增添或消去必要的乘积项，再用以上方法化简。

例 2.10 化简逻辑函数 $F = AC + \overline{B}C + B\overline{D} + C\overline{D} + A(B + \overline{C}) + A\overline{B}DE$。

解：$F = AC + \overline{B}C + B\overline{D} + C\overline{D} + A(B + \overline{C}) + A\overline{B}DE$

$$= AC + \overline{B}C + B\overline{D} + A(B + \overline{C}) + A\overline{B}DE$$

$$= AC + B\overline{D} + \overline{B}C + A\overline{B}\overline{C} + A\overline{B}DE$$

$$= AC + B\overline{D} + \overline{B}C + A + A\overline{B}DE$$

$$= A + B\overline{D} + \overline{B}C$$

从上面几个例子可以看出，利用公式法化简逻辑函数，需要熟练掌握公式，而且需要一定的技巧。

2.5.2 逻辑函数的卡诺图化简法

用卡诺图化简逻辑函数是一种简便直观、容易掌握的方法。这种表示方法是由美国工程师莫里斯·卡诺（Maurice Karnaugh）首先提出的，在数字逻辑电路设计中得到广泛应用。逻辑函数的卡诺图表示法是将 n 变量的全部最小项各用一个小方块表示，并使具有逻辑相邻性的最小项在几何位置上也相邻地排列起来，所得到的图形称为 n 变量最小项的卡诺图。

1. 卡诺图的画法

卡诺图是根据最小项之间相邻项的关系画出来的方格图。每个小方格代表逻辑函数的一个最小项，下面以 2 个变量到 5 个变量为例来说明卡诺图的画法。

1）两变量卡诺图

两变量 A、B 共有 4 个最小项 $\overline{A}\overline{B}$、$\overline{A}B$、$A\overline{B}$、AB，用 4 个相邻的方块表示这 4 个最小项之间的相邻关系，如图 2.9 所示。画卡诺图是将变量分为两组，A 为一组，B 为一组。卡诺图左边线用变量 A 的反变量 $\overline{A}$ 和原变量 A 表示，即第一行表示 $\overline{A}$，第二行表示 A；卡诺图的上边线用变量 B 的反变量 $\overline{B}$ 和原变量 B 表示，即第一列表示 $\overline{B}$，第二列表示 B。行与列相与就是最小项，记入行和列相交的小方格内，如图 2.9（a）所示。原变量用 **1** 表示，反变量用 **0** 表示，如图 2.9（b）所示。每个最小项可用编号表示，如图 2.9（c）所示。从卡诺图中可以看出，每对相邻小方格表示的最小项是相邻项，因为这对小方格中只有一个变量是不同的，所以具有相邻性。

$\backslash^B_A$	$\overline{B}$	B
$\overline{A}$	$\overline{A}\overline{B}$	$\overline{A}B$
A	$A\overline{B}$	AB

（a）原、反变量表示

$\backslash^B_A$	0	1
0	00	01
1	10	11

（b）赋值表示

$\backslash^B_A$	0	1
0	m_0	m_1
1	m_2	m_3

（c）最小项编号表示

图 2.9 两变量卡诺图

2）三变量卡诺图

三变量卡诺图如图 2.10 所示。用 8 个小方格分别表示各个最小项，A、B、C 这 3 个变量被分为两组：A 为一组，BC 为一组。卡诺图左边线用变量 A 的反变量 $\overline{A}$ 和原变量 A 表示，即第一行表示 $\overline{A}$，第二行表示 A；卡诺图的上边线用变量 BC 表示，第一列表示 $\overline{B}\overline{C}$、第二列表示 $\overline{B}C$、第三列表示 BC、第四列表示 $B\overline{C}$，即是以格雷码排列的。行与列相与就是最小项，记入行和列相交的小方格内，如图 2.10（a）所示。原变量用 **1** 表示，反变量用 **0** 表示，如图 2.10（b）所示。每个最小项可用编号表示，如图 2.10（c）所示。从卡诺图中可以看出，每对相邻小方格表示的最小项是相邻项。最左边和最右边的小方格也是相邻的。

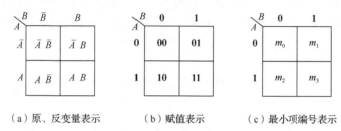

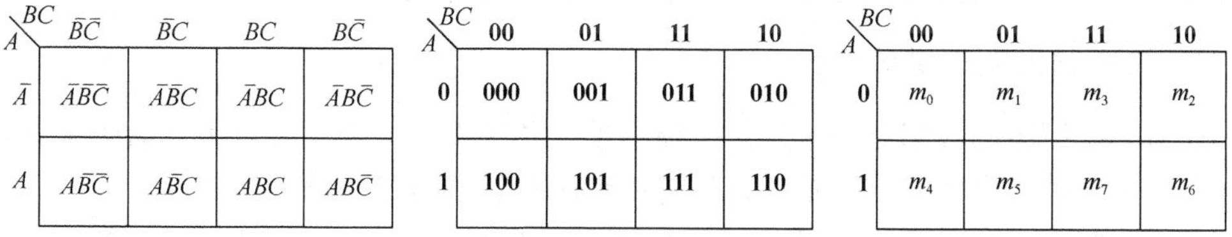

$\backslash^{BC}_A$	$\overline{B}\overline{C}$	$\overline{B}C$	BC	$B\overline{C}$
$\overline{A}$	$\overline{A}\overline{B}\overline{C}$	$\overline{A}\overline{B}C$	$\overline{A}BC$	$\overline{A}B\overline{C}$
A	$A\overline{B}\overline{C}$	$A\overline{B}C$	ABC	$AB\overline{C}$

（a）原、反变量表示

$\backslash^{BC}_A$	00	01	11	10
0	000	001	011	010
1	100	101	111	110

（b）赋值表示

$\backslash^{BC}_A$	00	01	11	10
0	m_0	m_1	m_3	m_2
1	m_4	m_5	m_7	m_6

（c）最小项编号表示

图 2.10 三变量卡诺图

3）四变量卡诺图

四变量卡诺图如图 2.11（a）所示，用 16 个小方格分别表示各个最小项，A、B、C、D 这 4 个变量被分为两组，分别表示行与列，都是以格雷码排列的。四变量卡诺图是在三变量卡诺图基础上画出来的。以 3 个变量的下边线为对称轴线，作一个对称图形。卡诺图左边线变量 A、B 的标注：变量 B 在对称轴上面和三变量卡诺图左边线变量标注相同，而对称轴下面的变量 B 则与上面对称填写；变量 A 的标注，对称轴上面 A 均填写 **0**，而下面 A 填写 **1**。四变量卡诺图上边线标注变量 C、D，与三变量卡诺图标注相同。这样便构成了四变量卡诺图。除几何位置相邻的最小项具有逻辑相邻性外，图中左右对称位置上的 2 个最小项也具有逻辑相邻性，同时最上面和最下面的对称位置上的 2 个最小项也具有逻辑相邻性。

4）五变量卡诺图

五变量 A、B、C、D、E 共有 32 个最小项，则用 32 个小方格分别表示各个最小项，图 2.11（b）所示为五变量卡诺图，A、B、C、D、E 这 5 个变量被分为两组，A、B 为一组，C、D、E 为一组，分别表示行与列，都是以格雷码排列的。五变量卡诺图是在四变量卡诺图基础上画出来的。以 4 个变量的右边线为对称轴线，作一个对称图形。卡诺图上边线变量 C、D、E 的标注与上同理，轴线左面 D、E 和四变量卡诺图 C、D 标注一样，轴线右侧与左侧对称填写；变量 C 的标注，轴线左面 C 均填写 **0**，而右面 C 均填写 **1**。五变量卡诺图左边线标注变量 A、B，与四变量卡诺图标注相同。

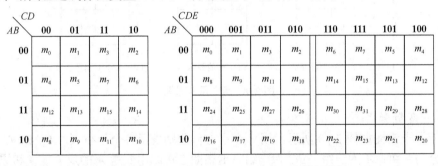

（a）四变量卡诺图　　　　　　（b）五变量卡诺图

图 2.11　四变量和五变量的卡诺图

n 变量卡诺图是以 $n-1$ 个变量的卡诺图为基础画出来的，除几何位置相邻的最小项具有逻辑相邻性外，以图中双竖线为轴左右对称位置上的两个最小项也具有逻辑相邻性，同时最上面和最下面的对称位置上的两个最小项也具有逻辑相邻性。

2．用卡诺图表示逻辑函数

任何一个逻辑函数都能表示为若干最小项之和的形式，因此可以用卡诺图来表示任意一个逻辑函数。具体的方法是：首先将逻辑函数转换为最小项之和的形式，然后在卡诺图上与这些最小项对应的位置上填入 **1**，在其余的位置上填入 **0**，就得到了表示该逻辑函数的卡诺图。也就是说，任何一个逻辑函数都等于它的卡诺图中填入 **1** 的那些最小项之和。

例 2.11 用卡诺图表示逻辑函数 $F_1 = A\overline{C} + \overline{A}B\overline{C} + \overline{A}BC$。

解： $F_1 = A\overline{C} + \overline{A}B\overline{C} + \overline{A}BC$，此逻辑函数式为一般表达式。式中第二、三项是最小项，编号为 m_1、m_2；式中的第一项只有 A、C，缺少 B 变量，这一项不是最小项，将 $A\overline{C}$ 乘以 $(B+\overline{B})$，因此，$F_1 = A\overline{C}(B+\overline{B}) + \overline{A}B\overline{C} + \overline{A}BC = AB\overline{C} + A\overline{B}\overline{C} + \overline{A}B\overline{C} + \overline{A}BC = m_1 + m_2 + m_4 + m_6$，在最小项的位置填入 **1**，其余的位置填入 **0**，就得到如图 2.12 所示的逻辑函数 F_1 的卡诺图。

例 2.12 用卡诺图表示逻辑函数 $F_2 = A\overline{B}\overline{C}D + \overline{A}\overline{B} + ACD$。

解： 首先将 F_2 转换为最小项之和的形式，即

$$F_2 = A\overline{B}\overline{C}D + \overline{A}\overline{B}(C+\overline{C})(D+\overline{D}) + ACD(B+\overline{B})$$
$$= A\overline{B}\overline{C}D + \overline{A}\overline{B}CD + \overline{A}\overline{B}C\overline{D} + \overline{A}\overline{B}\overline{C}D + \overline{A}\overline{B}\overline{C}\overline{D} + ABCD + A\overline{B}CD$$
$$= m_0 + m_1 + m_2 + m_3 + m_9 + m_{11} + m_{15}$$

在最小项的位置填入 **1**，其余的位置填入 **0**，就得到如图 2.13 所示的逻辑函数 F_2 的卡诺图。

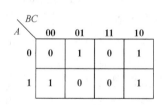

A＼BC	00	01	11	10
0	0	1	0	1
1	1	0	0	1

图 2.12 例 2.11 的卡诺图

AB＼CD	00	01	11	10
00	1	1	1	1
01	0	0	0	0
11	0	0	1	0
10	0	1	1	0

图 2.13 例 2.12 的卡诺图

3. 用卡诺图化简逻辑函数

利用卡诺图化简逻辑函数的方法称为卡诺图化简法或图形化简法。化简时依据的基本原理就是具有相邻性的最小项可以合并，并消去不同的因子。在卡诺图上几何位置相邻与逻辑上的相邻是一致的，因而从卡诺图上能够直观地找出那些具有相邻性的最小项并将其合并化简。

1）合并最小项的原则

（1）若两个最小项相邻，则可合并为一项并消去一对因子。合并后的结果中只剩下相同因子。图 2.14 所示为两个最小项相邻的几种可能情况。例如，图 2.14（a）中消去 B 和 $\overline{B}$ 不同的变量，保留相同的变量，合并后的与项为 ACD；图 2.14（b）中消去 D 和 $\overline{D}$ 不同的变量，保留相同的变量，合并后的与项为 ABC；图 2.14（c）中消去 A 和 $\overline{A}$ 不同的变量，保留相同的变量，合并后的与项为 $\overline{B}C\overline{D}$；图 2.14（d）中消去 C 和 $\overline{C}$ 不同的变量，保留相同的变量，合并后的与项为 $\overline{A}B\overline{D}$。

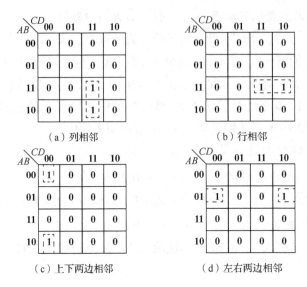

图 2.14　两个相邻最小项的合并

（2）若 4 个最小项相邻并排列成一个田字格的图形，则可合并为一项并消去两对因子。合并后的结果中只包含公共变量，消去不同的变量。如图 2.15（a）组成的田字格的列对应的变量为 C 和 D，D 取值相同因此保留，C 取值不同因此消去；行对应的变量为 A 和 B，A 取值相同因此保留，B 取值不同因此消去；该田字格的图形合并后的与项为 AD。如图 2.15（b）所示，4 个最小项相邻，保留相同取值，消去不同取值，合并后的与项为 $\overline{A}B$。如图 2.15（c）所示，4 个最小项相邻，保留相同取值，消去不同取值，消去 A 和 B 两个变量，合并后的与项为 $C\overline{D}$。同理可知，图 2.15（d）～（f）合并后的与项为 $\overline{B}\,\overline{D}$、$B\overline{D}$ 和 $\overline{B}\,\overline{C}$。

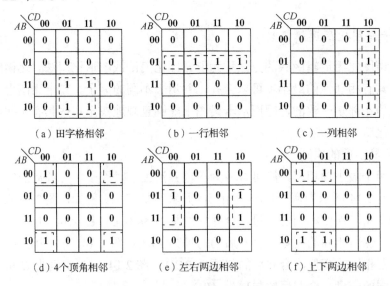

图 2.15　4 个相邻最小项的合并

（3）若 8 个最小项相邻排列成一个矩形组，则可合并为一项并消去 3 对因子。合并后的结果中只包含相同因子。例如，在图 2.16（a）～（d）中，8 个最小项是相邻的，可将它们合并为一项，分别是 B、D、$\overline{B}$ 和 $\overline{D}$，其他的因子都被消去了。

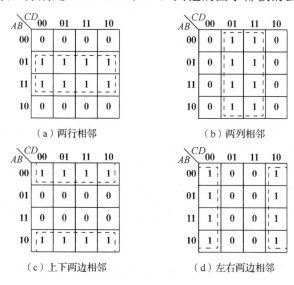

图 2.16　8 个相邻最小项的合并

至此，可以归纳出合并最小项的一般规则：如果有 2^n 个最小项相邻（$n = 1, 2, \cdots$）并排列成一个矩形组，则它们可以合并为一项，并消去 n 对因子，合并后的结果中仅包含这些最小项的相同因子。

2）卡诺图化简法的步骤

用卡诺图化简逻辑函数时可按照如下步骤进行：

（1）将函数式转换为最小项之和的形式。

（2）画出表示该逻辑函数的卡诺图。

（3）合并相邻的最小项。合并原则是：将图上所有填入 1 的方格圈起来（即包含逻辑函数式中所有的最小项），每个圈包含 2^n 个相邻项；先圈孤立的最小项，再圈只有一种圈法的；圈的数量尽可能少（即所用的乘积项数目最少，可合并的最小项组成的矩形组数目最少）；圈的范围尽可能大（即每个乘积项包含的因子最少，每个可合并的最小项矩形组中应包含尽量多的最小项）；圈可重复包围，但是每个圈内必须有新的最小项。

（4）按照取同去异原则，每个圈写出一个与项，最后将全部与项进行逻辑或，即得最简与或表达式。

用卡诺图化简逻辑函数的优点是直观、形象、简单，便于掌握。下面举例说明化简过程。

例 2.13　用卡诺图化简法将下式化简为最简与或逻辑函数式。

$$F(A,B,C,D) = \overline{A}\,\overline{B}\,\overline{C}D + \overline{A}B\overline{C}D + \overline{A}BC\overline{D} + \overline{A}BCD + \overline{A}B\overline{C}D + AB\overline{C}\overline{D} + ABC\overline{D} + ABCD$$

解：（1）把逻辑函数 F 用卡诺图表示，$F(A,B,C,D) = \sum m(1,5,6,7,11,12,13,15)$，在逻辑函数式包含的最小项的小方格位置填入 **1**，其余的小方格位置填入 **0**，如图 2.17 所示。

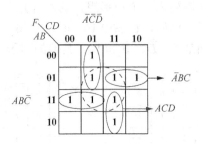

图 2.17　例 2.13 的卡诺图

（2）合并最小项，即将标有 **1** 的小方格按照合并最小项的规则分组画成若干包围圈，每个圈包含 2^n 个相邻项，共画了 4 个圈。

（3）按照取同去异原则，每个圈写出一个与项，最后将全部与项进行逻辑或，即得最简与或逻辑函数式：$F = \overline{A}C\overline{D} + AB\overline{C} + ACD + \overline{A}BC$。

注意：图中中间虚线圈虽然很大，但是没有新的最小项，因此是多余的。

4. 具有无关项的逻辑函数化简

约束项：在分析某些具体的逻辑函数时，经常会遇到这样一种情况，即输入变量的取值的某些组合所对应的最小项不会或不允许出现，这些最小项称为约束项。例如，8421BCD 码中 **1010**～**1111** 这 6 个最小项就是约束项。

任意项：在逻辑函数中，变量取值的某些组合既可以是 **1**，也可以是 **0**，这些最小项称为任意项。

无关项：约束项和任意项统称为无关项。在逻辑函数式中无关项通常用 $\sum d(m_0, m_1, m_2, \cdots)$ 表示，在真值表和卡诺图中，无关项对应函数值用"×"表示。例如，逻辑函数 $F = \overline{A}\overline{B}\overline{C} + \overline{A}\overline{B}C$，其无关项为 $A\overline{B}\overline{C} + A\overline{B}C$，则其逻辑函数式可以写为 $F(A,B,C) = \sum(m_0, m_1) + \sum d(m_4, m_5)$，其真值表如表 2.18 所示，卡诺图如图 2.18 所示。

表 2.18　逻辑函数 $F = \overline{A}\overline{B}\overline{C} + \overline{A}\overline{B}C$ 真值表

A	B	C	F
0	0	0	1
0	0	1	1
0	1	0	0
0	1	1	0
1	0	0	×
1	0	1	×
1	1	0	0
1	1	1	0

A $\backslash$ BC	00	01	11	10
0	1	1	0	0
1	×	×	0	0

图 2.18　表 2.18 的卡诺图

在化简逻辑函数时，无关项取值可以为 **1**，也可以为 **0**。合理利用无关项可以使逻辑函数化简为最简单的形式。如果在图 2.18 中不考虑无关项，则逻辑函数化简为 $F = \overline{A}B$；如果考虑无关项，则逻辑函数化简为 $F = \overline{B}$。

　　例 2.14　用卡诺图化简逻辑函数 $F(A,B,C,D) = \sum m(0,2,3,4,6,8,10) + \sum d(11,12,14,15)$。

　　解：用卡诺图表示逻辑函数 F，如图 2.19 所示。填写卡诺图中的最小项和无关项，在化简过程中如果不考虑无关项，则上式化简为 $F(A,B,C,D) = \overline{A}\overline{D} + \overline{A}BC + \overline{B}\overline{D}$；如果考虑无关项，则上式化简为 $F(A,B,C,D) = \overline{B}C + \overline{D}$。

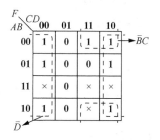

图 2.19　例 2.14 的卡诺图

由上述两个化简后的表达式可以看出，利用无关项进行逻辑函数化简，可使函数式中的每一项进一步简化。

本 章 小 结

　　本章介绍分析和设计逻辑电路的数学工具。首先介绍了逻辑代数的基本公式、常用公式和重要规则，然后讲述逻辑函数及其表示方法，最后介绍如何应用这些公式和定理化简逻辑函数。

　　为了进行逻辑运算，必须熟练掌握基本公式和常用公式。在逻辑函数的表示方法中一共介绍了 5 种方法，即真值表、逻辑函数式、逻辑图、波形图和卡诺图。这几种方法之间可以任意转换。公式法化简逻辑函数没有固定的步骤可循，因此不仅需要熟练地运用各种公式和定理，而且需要有一定的运算技巧和经验。卡诺图化简法的优点是简单、直观，而且有一定的化简步骤可循，化简过程中也易于避免差错。

　　重点：掌握逻辑代数的公式和重要规则，逻辑函数的表示形式，逻辑函数的化简方法。

　　难点：公式法、卡诺图化简法。

习 题

2-1 判断下列逻辑运算是否正确，并说明原因。

（1）若 $1+B=A\cdot B$，则 $A=B=1$；

（2）若 $A\cdot B=A\cdot C$，则 $B=C$。

2-2 在函数 $F=A\overline{B}+\overline{B}C$ 的真值表中，$F=1$ 的状态有多少个？

2-3 用真值表证明：

（1）$A\oplus B=\overline{A\odot B}$；

（2）$A\oplus B\oplus C=A\odot B\odot C$。

2-4 用逻辑代数的基本公式和常用公式化简下列逻辑函数。

（1）$F_1=\overline{A}+\overline{B}+\overline{C}+\overline{D}+ABCD$；

（2）$F_2=A\overline{B}\overline{C}+ABC+A\overline{B}C+AB\overline{C}+\overline{A}B$；

（3）$F_3=A+A\overline{B}\overline{C}+\overline{A}CD+\left(\overline{C}+\overline{D}\right)E$。

2-5 判断下列等式是否成立。

（1）$\overline{A}\overline{C}+BC+A\overline{B}=\overline{A}B+AC+\overline{B}\overline{C}$；

（2）$A\overline{C}+BC+\overline{B}\overline{C}=\left(A+\overline{B}+C\right)\left(A+B+\overline{C}\right)\left(\overline{A}+B+\overline{C}\right)$。

2-6 用公式证明下列等式：

（1）$A\overline{B}+B\overline{C}+C\overline{A}=\overline{A}B+\overline{B}C+\overline{C}A$；

（2）$\overline{A}\overline{C}+\overline{A}\overline{B}+BC+\overline{A}CD=\overline{A}+BC$。

2-7 求下列逻辑函数 F 的反函数 $\overline{F}$ 和对偶式 F'。

（1）$F_1=\overline{A+B+\overline{C}+\overline{D+E}}$；

（2）$F_2=\overline{\overline{AB}+\overline{\overline{A}\overline{B}C}D}$。

2-8 逻辑函数的表示方法有几种？逻辑函数 $F=AB+BC+CA$，用其他的逻辑函数的表示方法表示它。

2-9 写出下列逻辑函数的最小项表达式。

（1）$F_1=A\overline{C}D+\overline{B}C\overline{D}+ABCD$；

（2）$F_2=A\overline{B}CD+AB\overline{C}D+A\overline{B}+A\overline{D}+A\overline{B}C$；

（3）$F_3=\overline{\overline{A}\left(B+\overline{C}\right)}$。

2-10 用卡诺图化简下列逻辑函数。

（1）$F(A,B,C,D)=A\overline{B}CD+AB\overline{C}D+A\overline{B}+A\overline{D}+A\overline{B}C$；

（2）$F(A,B,C)=\sum\left(m_0,m_2,m_4,m_8,m_{10},m_{12}\right)$；

（3）$F(A,B,C,D)=\sum\left(m_2,m_3,m_6,m_8,m_{10},m_{12},m_{14}\right)$；

（4）$F(A,B,C,D)=\sum\left(m_0,m_1,m_2,m_5,m_6,m_8,m_9,m_{10},m_{13},m_{14}\right)$。

2-11 什么是逻辑函数的约束项、任意项和无关项？将一个无关项写入逻辑函数式或不写入逻辑函数式，对函数的输出是否有影响？

2-12 用卡诺图化简下列函数。

（1）$F = \overline{A}B\overline{C}\overline{D} + \overline{A}BC\overline{D} + AB\overline{C}D + ABCD + A\overline{B}C\overline{D}$，无关项有 $\overline{A}\,\overline{B}C\overline{D} + \overline{A}\,\overline{B}CD + \overline{A}B\overline{C}D + \overline{A}BCD + A\overline{B}\,\overline{C}\,\overline{D}$；

（2）$F(A,B,C,D) = \sum m(0,1,2,3,6,8) + \sum d(10,11,12,13,14,15)$。

2-13 用卡诺图说明下列逻辑函数 Z 与 Y 有何关系。

（1）$Z = AB + BC + CA$，$Y = \overline{A}\,\overline{B} + \overline{B}\,\overline{C} + \overline{C}\,\overline{A}$；

（2）$Z = D + B\overline{A} + \overline{C}B + \overline{C}\,\overline{A} + C\overline{B}A$，$Y = A\overline{B}\,\overline{C}D + ABC\overline{D} + \overline{A}BC\overline{D}$。

第3章 逻辑门电路

前面章节讨论了逻辑代数的基本定律、基本公式，以及逻辑函数的表示和化简方法，它们是进行逻辑电路分析和设计的基础。实际构成电路时，还需要对实现逻辑运算的基本逻辑单元电路——门电路有足够的认识。本章重点介绍目前集成电路中广泛使用的 CMOS 门电路和教学中常用的 TTL 门电路，在学习这些集成电路时将重点放在其外部特性上。

3.1 分立元件及其门电路

3.1.1 二极管和晶体管的开关特性

1. 二极管的开关特性

二极管的符号如图 3.1（a）所示，当二极管加正向电压时，正向电阻很小，二极管导通，压降维持在 0.7V 左右；当二极管加反向电压时，反向电阻很大，处于截止状态，只有极微小的电流（微安数量级）流过，所以它相当于一个受外加电压极性控制的开关。在数字电路中，二极管的等效电路如图 3.1（b）所示。在实际使用时，由于二极管正向压降远小于输入电压，可以进一步忽略二极管的导通电压 V_{ON}，把它看作理想开关，即将二极管导通时视为短路，截止时视为开路。

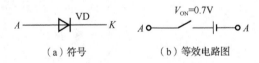

（a）符号　　　　　　　（b）等效电路图

图 3.1　二极管的符号及等效电路图

2. 晶体管的开关特性

一个独立的双极型晶体管由管芯、3 个引出电极和外壳组成。3 个电极分别称为基极（base）、集电极（collector）和发射极（emitter）。外壳的形状和所用材料各不相同。管芯由 3 层 P 型和 N 型半导体结合在一起构成，有 NPN 型和 PNP 型两种。NPN 型晶体管的图形示意图和图形符号如图 3.2 所示。因为在工作时有电子和空穴两种载流子参与导电过程，故称这类晶体管为双极型晶体管。

晶体管在电路中有 3 种工作状态：放大状态、截止状态和饱和状态。数字电路中晶体管工作在截止状态和饱和状态。图 3.3 所示是晶体管共发射极接法的基本开关电路图。其中，v_I 为输入电压，v_O 为输出电压，i_B 为基极电流，i_C 为集电极电流，V_{CC} 为电源电压，v_{BE} 为基极相对于发射极的电压，v_{CE} 为集电极相对于发射极的电压，V_{ON} 为发射结的导通电压，I_{BS} 为饱和基极电流，I_{CS} 为饱和集电极电流。

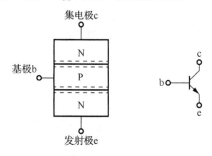

图 3.2   NPN 型晶体管的结构示意图和图形符号

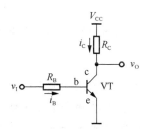

图 3.3   晶体管共发射极接法的基本开关电路图

当 $v_I < V_{ON}$ 时，$v_{BE} < V_{ON}$，此时晶体管工作在截止状态，$i_B \approx 0\mu A$，$i_C \approx 0\mu A$，电阻器 R_C 上没有压降。因此，晶体管开关电路的输出 $v_O \approx V_{CC}$。

当 $v_I > V_{ON}$ 以后，有 i_B 产生，同时有相应的集电极电流流过 R_C 和晶体管的输出回路，晶体管开始工作在放大状态。此时基极电流和输出电压为

$$i_B = \frac{v_I - V_{ON}}{R_B} \tag{3.1}$$

$$v_O = V_{CC} - i_C R_C \tag{3.2}$$

v_I 继续升高时，i_B 增加，R_C 上的压降也随之增大。当 R_C 上的压降接近电源电压 V_{CC} 时，晶体管上的压降接近于零，晶体管的 c-e 之间最后只有一个很小的饱和导通压降 $V_{CE(sat)}$ 和很小的饱和导通内阻 $R_{CE(sat)}$，晶体管工作在深度饱和状态，开关电路处于导通状态，输出端为低电平，$v_O \approx 0V$。深度饱和时晶体管的基极电流为

$$i_B > I_{BS} = \frac{I_{CS}}{\beta} = \frac{V_{CC} - V_{CE(sat)}}{\beta \left(R_C + R_{CE(sat)} \right)} \tag{3.3}$$

式中，β 为电流放大系数。显然，只要合理地选择电路参数，保证当 v_I 为低电平时小于 V_{ON}，晶体管工作在截止状态；当 v_I 为高电平时，$i_B > I_{BS}$，晶体管工作在深度饱和状态，则晶体管的 c-e 之间就相当于一个受控制的开关。晶体管截止时相当于开关断开，在开关电路的输出端给出高电平；晶体管饱和导通时相当于开关接通，在开关电路的输出端给出低电平。

根据以上分析，可以将晶体管开关状态下的等效电路画成如图 3.4 所示的形式。由

于截止状态下的 i_B 和 i_C 等于零, 所以等效电路画成图 3.4 (a) 的形式。图 3.4 (b) 为饱和导通状态下的等效电路, 在电源电压远大于 $v_{CE(sat)}$ 且外接负载电阻远大于 $R_{CE(sat)}$ 的情况下, 可以将饱和导通状态的等效电路进一步简化为 c-e 之间短路的形式。

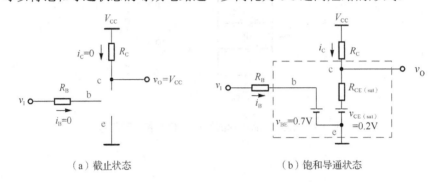

（a）截止状态　　　　　　　　　　　（b）饱和导通状态

图 3.4 　晶体管开关状态下的等效电路图

3. 开关电路

在电子电路中, 用高、低电平分别表示二值逻辑的 **1** 和 **0** 两种逻辑状态。获得高、低输出电平的基本原理可以用图 3.5 中的两个电路说明。在图 3.5 (a) 所示的开关电路中, 当开关 S 断开时, 输出电压为高电平($v_o = V_{CC}$); 当 S 接通以后, 输出电压为低电平($v_o = 0V$)。如果用 MOS 场效晶体管和晶体管实现开关 S, 只要能够通过输入信号控制晶体管工作在截止和导通两个状态, 它们就可以起到图中开关 S 的作用。

图 3.5 (a) 所示电路的主要缺点是功耗比较大。当 S 导通使输出为低电平时, 电源电压全部加在电阻器 R 上, 消耗在 R 上的功率为 V_{CC}^2 / R。为了克服这个缺点, 将单开关电路中的电阻器用另外一个开关代替, 就形成了图 3.5 (b) 所示的互补开关电路。在互补开关电路中, S_1 和 S_2 两个开关受同一个输入信号控制, 它们的开关状态是相反的。当输入使 S_2 接通的同时使 S_1 断开, 则输出为低电平; 当输入使 S_1 接通的同时使 S_2 断开, 则输出为高电平。因为无论输出是高电平还是低电平, S_1 和 S_2 总有一个是断开的, 所以流过 S_1 和 S_2 的电流始终为零, 电路的功耗极小。因此, 这种互补式的开关电路在数字集成电路中应用广泛。

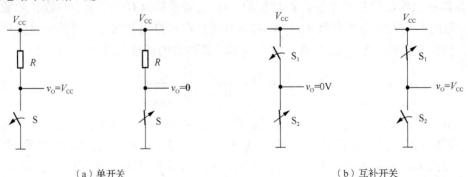

（a）单开关　　　　　　　　　　　　（b）互补开关

图 3.5 　基本开关电路图

3.1.2 分立元件门电路

1. 二极管与门电路

如图 3.6（a）所示，当输入端 A、B 均输入高电平（+5V）时，二极管截止，输出端 F 为高电平（+5V）；当在 A、B 任意一个或一个以上的输入端输入低电平（0V）时，相应的二极管导通，输出端 F 电位被钳制在低电平（0.7V）。输出函数 F 与输入变量之间满足"有 0 出 0，全 1 为 1"的逻辑关系，因此电路实现了"与"逻辑功能，称为二极管与门电路。图形符号与基本"与"逻辑图形符号相同。

2. 二极管或门电路

如图 3.6（b）所示，当输入端 A、B 均输入低电平（0V）时，二极管截止，输出端 F 为低电平（0V）；当 A、B 任意一个或一个以上的输入端输入高电平（+5V）时，相应的二极管导通，输出端 F 电位被钳制在高电平（+4.3V）。输出函数 F 与输入变量之间满足"有 1 出 1，全 0 为 0"的逻辑关系，因此电路实现了"或"逻辑功能，称为二极管或门电路。图形符号与基本"或"逻辑图形符号相同。

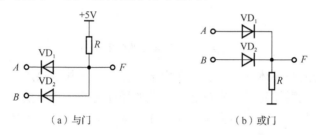

（a）与门 （b）或门

图 3.6 二极管与门和或门电路图

3. 晶体管非门电路（反相器）

图 3.7 所示是晶体管非门（又称反相器）电路图。假设它的输入为前级门电路的输出，即输入为方波信号。图中 C_1 为加速电容器，其作用是改善晶体管的瞬态开关特性。电路处于稳定状态时，C_1 相当于开路，对电路稳定工作没有影响。

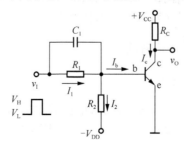

图 3.7 晶体管反相器电路图

当输入低电平（V_L）信号时，负电源 V_{DD} 经电阻器 R_1、R_2 分压，使发射结处于反向偏置，晶体管截止，输出高电平（V_H）；当输入高电平（V_H）信号时，输入信号与负电源

V_{DD} 共同作用产生使晶体管饱和导通的基极电流 I_b，晶体管饱和导通，输出低电平（V_L），从而实现了反相器（非逻辑）的逻辑功能。图形符号与基本"非"逻辑图形符号相同。

4. 与非门电路

图 3.8（a）是与非门电路图，它由二极管与门和晶体管非门连接构成，输出函数 F 与输入变量之间满足"有 0 出 1，全 1 为 0"的逻辑关系，逻辑函数式为 $F = \overline{A \cdot B}$。

5. 或非门电路

图 3.8（b）是或非门电路图，它由二极管或门和晶体管非门连接构成，输出函数 F 与输入变量之间满足"有 1 出 0，全 0 为 1"的逻辑关系，逻辑函数式为 $F = \overline{A + B}$。

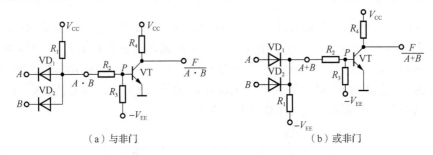

（a）与非门   （b）或非门

图 3.8   与非门和或非门电路图

无论是二极管还是晶体管，由于存在内部电荷的建立与消除过程，饱和与截止状态之间的转换不可能在瞬间完成。换言之，开关的导通与断开都需要一定的时间，这给开关电路的工作速度带来了不利的影响，尤其在高速开关电路中，晶体管的开关时间是影响电路工作速度的主要因素。

3.2   CMOS 逻辑门电路

CMOS 逻辑门电路是以 MOS 场效晶体管作为开关器件的。按照导电载流子的不同，MOS 场效晶体管分为 N 沟道增强型 MOS 场效晶体管和 P 沟道增强型 MOS 场效晶体管，按照导电沟道形成机理的不同分为增强型和耗尽型。

3.2.1   MOS 场效晶体管及其开关特性

1. N 沟道增强型 MOS 场效晶体管

图 3.9 所示是 N 沟道增强型 MOS 场效晶体管的结构示意图及图形符号。以一块掺杂浓度较低、电阻率较高的 P 型硅片作为衬底，利用扩散方法形成两个相距很近的高掺杂浓度的 N 区。然后在 P 型硅片表面生成一层很薄的二氧化硅绝缘层，并在二氧化硅表面及两个 N 区各安置一个电极，形成栅极（G）、源极（S）和漏极（D），它们分别相当于晶体管的基极 b、发射极 e 和集电极 c。在衬底上也引出一个电极 B，通常在管子内部就将衬底与源极相连接。从图中可以看到栅极与其他电极及硅片之间是绝缘的，故称为

绝缘栅场效应晶体管。因为绝缘栅场效应晶体管是由金属、氧化物和半导体组成的，所以又称为金属-氧化物-半导体场效应晶体管，简称 MOS 场效晶体管。由于栅极是绝缘的，几乎不取电流，栅极和源（漏）极之间输入电阻非常高，可达 $10^{14}\,\Omega$。

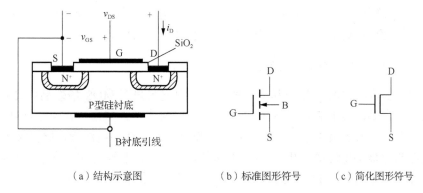

（a）结构示意图　　　　（b）标准图形符号　　　（c）简化图形符号

图 3.9　N 沟道增强型 MOS 场效晶体管的结构示意图及图形符号

如果栅极和源极之间所加电压 $v_{GS}=0\mathrm{V}$，则源区、衬底和漏区形成的两个 PN 结背靠背串联，D、S 之间不导通，$i_D=0\mu\mathrm{A}$。

当栅极和源极之间加正向电压 v_{GS}，且 $v_{GS}\geqslant V_T$（V_T 为开启电压）时，栅极和衬底之间形成足够强的电场，排斥衬底中的多数载流子（空穴），吸引衬底中的少数载流子（电子），使其聚集在栅极下的衬底表面，形成一个很薄的 N 型反型层，该反型层就构成了 G、S 之间的导电沟道。若此时漏极和源极之间加电压 v_{DS}，将有漏极电流 i_D 产生，如图 3.10 所示。这种在 $v_{GS}=0\mathrm{V}$ 时不存在导电沟道，v_{GS} 足够大时才形成导电沟道的场效应晶体管，称为 N 沟道增强型 MOS 场效晶体管。

MOS 场效晶体管可视为二端口网络，如图 3.11 所示，栅-源为输入端口，漏-源为输出端口，源极为公共端，称为共源极连接。MOS 场效晶体管的输出特性曲线是描述在栅源电压一定的情况下，漏极电流 i_D 与漏极和源极电压 v_{DS} 之间的关系。

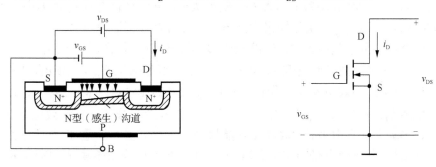

图 3.10　外加电压使 MOS 场效晶体管形成导电沟道　　　图 3.11　共源极连接

N 沟道增强型 MOS 场效晶体管的输出特性曲线可分为 3 个工作区：截止区、饱和区和可变电阻区。

当 $v_{GS}<V_T$ 时，导电沟道尚未形成，$i_D=0\mu\mathrm{A}$，漏极和源极之间电阻 R_{DS} 很大，相当于断开，MOS 场效晶体管处于截止工作状态，特性曲线的该区域称为截止区。

当 $v_{GS} \geqslant V_T$ 时，产生导电沟道，外加 v_{DS} 较小时，i_D 随 v_{DS} 呈线性增长。此时 MOS 场效晶体管可以看作一个受 v_{GS} 控制的可变电阻器，v_{GS} 越大，输出特性曲线越倾斜，等效电阻 R_{DS} 越小。因此，该区域称为可变电阻区。

当 v_{DS} 继续增加到一定数值使 $v_{DS} = v_{GS} - V_T$ 时，沟道在靠近漏极处开始消失，称为预夹断。随着 v_{DS} 继续增加，i_D 几乎不再增加，此时的区域称为饱和区。

2. P 沟道增强型 MOS 场效晶体管

与 N 沟道增强型 MOS 场效晶体管相反，P 沟道增强型 MOS 场效晶体管是在 N 型衬底上制作两个高浓度的 P 区，导电沟道为 P 型，载流子为空穴。其图形符号如图 3.12 所示。通常将衬底与源极相连，或接电源。为吸引空穴形成导电沟道，栅极接电源负极，与衬底相连的源极接电源的正极，即 v_{GS} 为负值，因此开启电压 V_T 也为负值。P 沟道 MOS 场效晶体管的工作情形与 N 沟道 MOS 场效晶体管的正好相反。

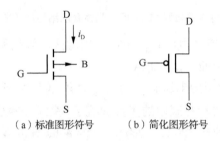

(a) 标准图形符号　　　(b) 简化图形符号

图 3.12　P 沟道增强型 MOS 场效晶体管的图形符号

3. MOS 场效晶体管的基本开关电路

用 N 沟道增强型 MOS 场效晶体管替代图 3.5 所示的开关 S 构成的电路图如图 3.13 所示。MOS 场效晶体管的作用对应于有触点开关 S 的"断开"和"闭合"，但是在速度和可靠性方面优于机械开关。

当 $v_I < V_T$ 时，MOS 场效晶体管处于截止状态，只要负载电阻 R_d 远远小于 MOS 场效晶体管的截止内阻 R_{OFF}，电路输出为高电平，此时器件不消耗功率。

当 $v_I \geqslant V_T$，并且足够大时，使得 MOS 场效晶体管工作在可变电阻区。v_{GS} 的取值足够大时，D、S 之间的导通电阻 R_{ON} 很小，使得 R_d 远远大于 R_{ON}，电路输出为低电平。

可见，MOS 场效晶体管相当于一个由 v_{GS} 控制的无触点开关。当输入为低电平时，MOS 场效晶体管截止，相当于开关"断开"，输出为高电平，其等效电路图如图 3.14 (a) 所示；当输入为高电平时，MOS 场效晶体管工作在可变电阻区，相当于开关"闭合"，输出为低电平，其等效电路图如图 3.14(b) 所示。MOS 场效晶体管导通时的等效电阻 R_{ON} 约在 1kΩ 以内。当 v_{GS} 足够大时，可以使 R_{ON} 为 25~200Ω。

当该电路输入为高电平时，流过导通 N 沟道增强型 MOS 场效晶体管的电流很大，R_d 起限流作用，但此时消耗在其上的功率也很大。为了克服这个缺点，采用图 3.5（b）所示的互补开关电路原理，用另一个 P 沟道增强型 MOS 场效晶体管替代电阻器 R_d，就构成了 CMOS 反相器。

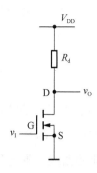

图 3.13 MOS 场效晶体管的基本开关电路图

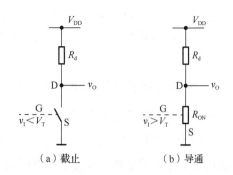

（a）截止 （b）导通

图 3.14 MOS 场效晶体管的开关等效电路图

3.2.2 CMOS 反相器

CMOS 逻辑电路是以 P 沟道增强型 MOS 场效晶体管和 N 沟道增强型 MOS 场效晶体管串联互补（反相器）和并联互补（传输门）为基本单元的组件，因此是一种互补型 MOS 器件，具有微功耗、抗干扰能力强、电压范围宽、输入阻抗高、带负载能力强等特点，近年来得到了广泛的应用。

1. 工作原理

CMOS 反相器电路图如图 3.15 所示。图中，VT_N 为工作管，是一个 N 沟道增强型 MOS 场效晶体管；VT_P 为负载管，是一个 P 沟道增强型 MOS 场效晶体管；两个管子的衬底与各自的源极相连，而两个栅极连在一起作为输入端，两个漏极连在一起作为输出端。因此，VT_N 的 v_{DS} 为正电压，VT_P 的 v_{DS} 为负电压，电路能正常工作。

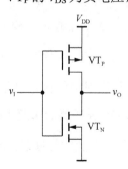

图 3.15 CMOS 反相器电路图

当输入低电平时，VT_N 截止，VT_P 充分导通。由于 VT_N 的截止电阻远大于 VT_P 的导通电阻，因此电源电压 V_{DD} 几乎全部降在 VT_N 的漏极与源极之间，电路输出的高电平 $V_{OH} \approx V_{DD}$。

当输入高电平时，VT_N 导通，VT_P 截止。由于 VT_P 的截止电阻远大于 VT_N 的导通电阻，因此电源电压 V_{DD} 几乎全部降在 VT_P 上，电路输出低电平电压 $V_{OL} \approx 0V$。

CMOS 反相器稳定工作时，无论输入高电平还是低电平，VT_N 和 VT_P 必有一个导通、一个截止，因此电源提供的电流非常小（纳安级），其静态功率损耗非常小。由于 VT_N

和 VT_P 不同时导通，因此输出电压不取决于两管的导通电阻之比，这样就可以将两个管子的导通电阻做得较小，从而减少输出电压的上升时间和下降时间，使电路的工作速度大幅提高。

2. 电压传输特性和电流传输特性

用来描述输入电压和输出电压关系的曲线，称为门电路的电压传输特性。在图 3.15 所示电路中，设 $V_{DD} > v_{GS(th)N} + \left|v_{GS(th)P}\right|$，且 $v_{GS(th)N} = \left|v_{GS(th)P}\right| = V_T$，$VT_N$ 和 VT_P 具有同样的导通内阻 R_{ON} 和截止内阻 R_{OFF}，则输出电压随输入电压变化的曲线，即电压传输特性曲线如图 3.16（a）所示。

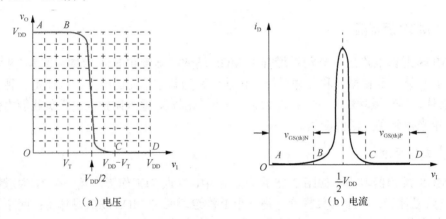

（a）电压　　　　　　　　　　（b）电流

图 3.16　CMOS 反相器的电压和电流传输特性曲线

AB 段：$v_I < V_T$，VT_N 截止，VT_P 导通，输出电压 $V_{OH} \approx V_{DD}$。

CD 段：$v_I > V_{DD} - V_T$，VT_N 导通，VT_P 截止，输出电压 $V_{OL} \approx 0V$。

BC 段：$V_T < v_I < V_{DD} - V_T$，VT_P、VT_N 均导通。当 $v_I = \frac{1}{2}V_{DD}$ 时，VT_P 和 VT_N 导通程度相当。将电压传输特性转折区中点所对应的输入电压称为反相器的阈值电压（threshold voltage），用 V_{TH} 表示。显然，CMOS 反相器的阈值电压 $V_{TH} = \frac{1}{2}V_{DD}$。

图 3.16（b）为漏极电流随输入电压变化的曲线，即电流传输特性曲线。这个特性也可以分成 3 个工作区。

AB 段：VT_N 截止，流过 VT_N 和 VT_P 管的漏极电流几乎为 0。

CD 段：VT_P 管截止，流过 VT_N 和 VT_P 管的漏极电流几乎为 0。

BC 段：VT_P 和 VT_N 同时导通，有电流流过 VT_P 和 VT_N 管，当 $v_I = \frac{1}{2}V_{DD}$ 时，漏极电流最大。

3. 输入端噪声容限

从图 3.16（a）所示的 CMOS 反相器电压传输特性曲线中可以看到，当输入电压偏离正常的低电平（$V_{OL}=0V$）而升高时，输出的高电平并不立刻改变。同样，当输入电压偏离正常的高电平（$V_{OH}=V_{DD}$）而降低时，输出的低电平也不会立刻改变。因此，在保证输出高、低电平基本不变（变化的大小不超过规定的允许限度）的条件下，允许输入信号的高、低电平有一个波动范围，这个范围称为输入端的噪声容限。

　　图 3.17 给出了噪声容限的计算方法。因为在将许多门电路互相连接组成系统时，前一级门电路的输出就是后一级门电路的输入，所以根据输出高电平的最小值 $V_{OH(min)}$ 和输入高电平的最小值 $V_{IH(min)}$ 便可求得输入为高电平时的噪声容限为

$$V_{NH}= V_{OH(min)}-V_{IH(min)} \tag{3.4}$$

根据输出低电平的最大值 $V_{OL(max)}$ 和输入低电平的最大值 $V_{IL(max)}$ 便可求得输入为低电平时的噪声容限为

$$V_{NL}= V_{IL(max)}-V_{OL(max)} \tag{3.5}$$

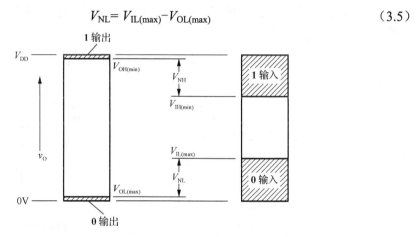

图 3.17　输入端噪声容限示意图

4. 静态输入特性和输出特性

输入特性是指从反相器输入端看进去的输入电压与输入电流的关系。

CMOS 反相器的输入特性是输入阻抗非常大，高电平输入电流 $I_{IH}\leqslant1\mu A$，低电平输入电流 $I_{IL}\leqslant1\mu A$。CMOS 反相器的缺点是容易接收干扰甚至损坏门电路，所以必须在输入级加保护电路。图 3.18 所示为一种保护电路。

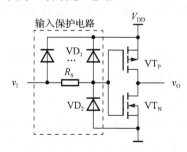

图 3.18　输入保护电路图

从反相器输出端看进去的输出电压与输出电流的关系称为输出特性。

　　对于 CMOS 反相器，当输出低电平时，VT_N 导通，VT_P 截止。此时负载电流 I_{OL} 从负载流向 VT_N，称为灌电流负载，等效电路图如图 3.19（a）所示，图中 R_L 为 CMOS 反

相器所带负载的等效电阻。需要特别注意的是，由于 $V_{OL}=R_{ON}I_{OL}$，所以 V_{OL} 的值与 VT_N 管的导通电阻 R_{ON} 和负载电流 I_{OL} 两个因素有关。若 R_{ON} 不变，V_{OL} 随着 I_{OL} 的增加（由负载 R_L 引起）而升高。若 I_{OL} 不变，输入高电平值越低，v_{GS} 越小，则 R_{ON} 越大，导致 V_{OL} 也越高。

同理，当输入为低电平时，VT_N 截止，VT_P 导通，输出为高电平，即 $v_O=V_{OH}$，等效电路图如图 3.19（b）所示。R_L 为 CMOS 反相器所带负载的等效电阻，R_{ON} 为 VT_P 管的导通电阻。此时负载电流 I_{OH} 从 VT_P 管流向负载，称为拉电流负载。V_{OH} 的值与 VT_P 的导通电阻 R_{ON} 和负载电流 I_{OH} 两个因素有关。由于 $V_{OH}=V_{DD}-R_{ON}I_{OH}$，随着 I_{OH} 的增加（由 R_L 引起），V_{OH} 将降低。如前所述，因为 MOS 场效晶体管的导通内阻与 v_{GS} 大小有关，所以在同样的 I_{OH} 值下，V_{DD} 越高，VT_P 导通时 v_{GS} 越低，它的导通内阻越小，V_{OH} 也就下降得越少。

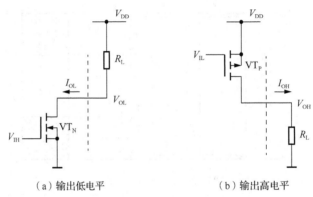

（a）输出低电平　　　　　　　　（b）输出高电平

图 3.19　CMOS 反相器的输出特性等效电路图

5. 传输延迟时间

动态特性是指门电路输入信号发生变化时所表现出来的电气特性。由于电极与衬底之间都存在寄生电容，尤其在反相器的输出端不可避免地存在着负载电容（当负载为下一级反相器时，下一级反相器的输入电容和接线电容就构成了这一级的负载电容），分析动态特性时要考虑负载电容的影响。描述动态特性的主要指标有传输延迟时间（速度）和动态功耗。

当输入信号发生跳变时，输出电压变化滞后于输入电压变化的时间称为传输延迟时间，其数值与电源电压、导通电阻及负载电容的大小有关。

当 CMOS 反相器的输入端加入一脉冲波形，其相应的输出波形如图 3.20 所示。把输入信号上升沿从 10%变化到 90%所需要的时间称为上升时间 t_r，把输入信号下降沿从 90%变化到 10%所需要的时间称为下降时间 t_f；把输入信号上升沿的中点与输出波形下降沿的中点的时间间隔记为 t_{PHL}，把输入信号的下降沿中点与输出波形上升沿的中点的时间间隔记为 t_{PLH}，由于 CMOS 电路的互补性，这两个值通常是相等的，因此多采用平均传输延迟时间这一参数，即 $t_{pd}=(t_{PHL}+t_{PLH})/2$。

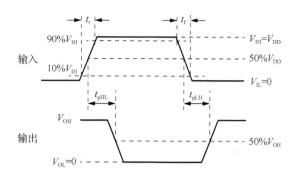

图 3.20　传输延迟时间示意图

6. 动态功耗

CMOS 电路在输出发生状态转换时产生的附加功耗称为动态功耗。它由两部分组成，一部分是电路输出状态转换瞬间 MOS 场效晶体管的导通功耗。在输出电压由高到低或由低到高变化过程中，在短时间内，N 沟道增强型 MOS 场效晶体管和 P 沟道增强型 MOS 场效晶体管均导通，从而导致有较大的电流从电源 V_{DD} 经导通的 N 沟道增强型 MOS 场效晶体管和 P 沟道增强型 MOS 场效晶体管流入大地。这部分功耗可表示如下：

$$P_{T} = C_{PD} f V_{DD}^2 \tag{3.6}$$

式中，f 为输入信号的重复频率；V_{DD} 为供电电源；C_{PD} 为功耗电容，与电源电压和工作频率有关。

当输出由高电平到低电平，或者由低电平到高电平转换时，动态功耗的另一部分会对负载电容进行充、放电，这一过程将增加电路的损耗。这部分动态功耗表示如下：

$$P_{C} = C_{L} f V_{DD}^2 \tag{3.7}$$

式中，f 为输入信号的重复频率；V_{DD} 为供电电源；C_{L} 为负载电容。

总的动态功耗 P_{D} 应为 P_{T} 与 P_{C} 的和。

3.2.3　其他基本 CMOS 逻辑门电路

1. CMOS 与非门

图 3.21 所示为二输入端与非门电路图。两个 N 沟道增强型 MOS 场效晶体管 VT_{N1} 和 VT_{N2} 串联为工作管，两个 P 沟道增强型 MOS 场效晶体管 VT_{P1} 和 VT_{P2} 并联为负载管。电路输出与输入信号逻辑关系及各个 MOS 场效晶体管的工作状态如表 3.1 所示。当输入端 A、B 均为高电平时，VT_{N1} 和 VT_{N2} 都导通，VT_{P1} 和 VT_{P2} 都截止，输出端 F 为低电平；当输入端 A、B 只要有一个为低电平时，相应的 N 沟道增强型 MOS 场效晶体管必有一个截止，输出端 F 为高电平，电路实现了与非逻辑功能。

因此，这种电路具有与非的逻辑功能，其逻辑函数式为 $F = \overline{A \cdot B}$。

显然，n 个输入端的与非门必须有 n 个 N 沟道增强型 MOS 场效晶体管串联和 n 个 P 沟道增强型 MOS 场效晶体管并联。

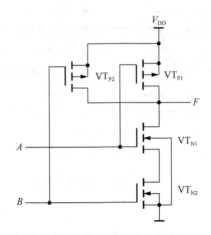

图 3.21 CMOS 与非门电路图

表 3.1 与非门输入/输出关系及各 MOS 场效晶体管的工作状态

A B	VT_{N1}	VT_{N2}	VT_{P1}	VT_{P2}	F
L L	off	off	on	on	H
L H	off	on	on	off	H
H L	on	off	off	on	H
H H	on	on	off	off	L

2. CMOS 或非门

图 3.22 所示为二输入端或非电路图，其中包括两个并联的 N 沟道增强型 MOS 场效晶体管和两个串联的 P 沟道增强型 MOS 场效晶体管。电路输出与输入信号逻辑关系及各个 MOS 场效晶体管的工作状态如表 3.2 所示。当输入端 A、B 只要有一个为高电平时，就会使与它相连的 N 沟道增强型 MOS 场效晶体管导通，而 P 沟道增强型 MOS 场效晶体管截止，输出为低电平；仅当 A、B 全为低电平时，两个并联 N 沟道增强型 MOS 场效晶体管都截止，两个串联的 P 沟道增强型 MOS 场效晶体管都导通，输出为高电平。

因此，这种电路具有或非的逻辑功能，其逻辑函数式为 $F = \overline{A + B}$。

显然，n 个输入端的或非门必须有 n 个 N 沟道增强型 MOS 场效晶体管并联和 n 个 P 沟道增强型 MOS 场效晶体管串联。

CMOS 门电路的结构有如下规律：

（1）每个输入端同时加到一个 N 沟道增强型 MOS 场效晶体管和一个 P 沟道增强型 MOS 场效晶体管的栅极。

（2）N 沟道增强型 MOS 场效晶体管串联可实现与，并联可实现或。

（3）下拉网络由 N 沟道增强型 MOS 场效晶体管构成，上拉网络由 P 沟道增强型 MOS 场效晶体管构成。

（4）上拉网络和下拉网络相互对偶，CMOS 门输出是下拉网络输出的反。

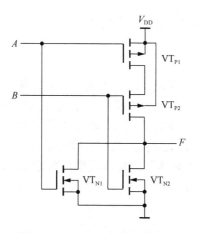

图 3.22 CMOS 或非门电路图

表 3.2 或非门输入/输出关系及各 MOS 场效晶体管的工作状态

A B	VT_{N1}	VT_{N2}	VT_{P1}	VT_{P2}	F
L L	off	off	on	on	H
L H	off	on	on	off	L
H L	on	off	off	on	L
H H	on	on	off	off	L

例 3.1 分析图 3.23 所示的 CMOS 逻辑门电路图,写出其逻辑函数式,说明其逻辑功能。

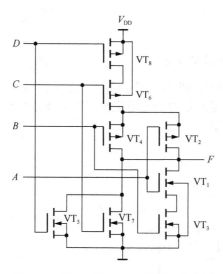

图 3.23 例 3.1 的 CMOS 逻辑门电路图

解:从电路结构可以看出,两个 N 沟道增强型 MOS 场效晶体管 VT_5 和 VT_7 并联相或,两个 N 沟道增强型 MOS 场效晶体管 VT_1 和 VT_3 串联相与,它们的输出是并联相或,4 个 P 沟道增强型 MOS 场效晶体管也有相应的连接,输出相应的非,所以逻辑函数式为 $F = \overline{AB + C + D}$ 。

3.2.4　CMOS 漏极开路门及三态输出门电路

1. CMOS 漏极开路门

将门电路的输出端直接连接以实现与的逻辑功能,称为线与。如图 3.24 所示的推拉式输出门电路不能实现线与,当 F_1 输出高电平、F_2 输出低电平时,自 $V_{DD} \rightarrow G_1$ 的 $VT_P \rightarrow G_2$ 的 $VT_N \rightarrow$ 地形成低阻通路,造成功耗过大,输出电平错误。在 CMOS 电路中,为了满足输出电平变换、吸收大负载电流及实现线与连接等需要,有时将输出级电路结构改为一个漏极开路输出的 MOS 场效晶体管,构成漏极开路输出 (open-drain output) 门电路,简称 OD 门,如图 3.25 所示。

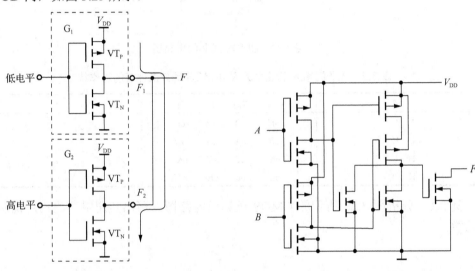

图 3.24　推拉式输出门电路线与　　　　图 3.25　CMOS 漏极开路门

OD 门工作时必须将输出端经上拉电阻器 R 接到电源上,如图 3.26(a)所示。图 3.26(b)是它的符号,用门电路符号内的菱形记号表示 OD 输出结构。菱形下方的横线表示输出低电平时为低输出电阻。

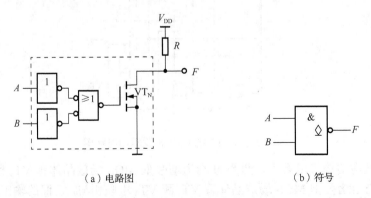

（a）电路图　　　　　　　　　（b）符号

图 3.26　OD 输出的与非门

OD 门的应用如图 3.27 所示。OD 门可以线与连接 $F = \overline{AB}\ \overline{CD} = \overline{AB + CD}$，可实现电平转换，驱动大电流负载。

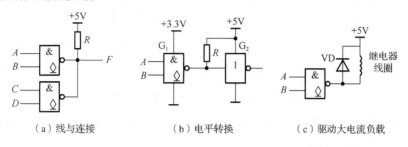

（a）线与连接　　　　　（b）电平转换　　　　　（c）驱动大电流负载

图 3.27　OD 门的应用

2. CMOS 三态门

利用 OD 门虽然可以实现线与的功能，但是外接电阻器 R 的选择要受到一定的限制，因此影响了工作速度。同时它省去了 P 沟道增强型 MOS 场效晶体管有源负载，使得带负载能力下降。为了保持互补输出级的优点，又可以与总线连接，人们又开发了一种三态逻辑（tristate logic，TSL），它的输出有 3 种状态，除了具有一般门电路的两种状态，即输出高、低电平外，还具有高输出阻抗的第三状态，称为高阻态，又称禁止态。如图 3.28 所示，当控制端为高电平时，VT_{N1}（N 沟道增强型 MOS 场效晶体管）和 VT_{P4}（P 沟道增强型 MOS 场效晶体管）均截止，输出端 F 为高阻状态；当控制端为低电平时，VT_{N1} 和 VT_{P4} 均导通，VT_{N2} 和 VT_{P3} 管构成的反相器正常工作。

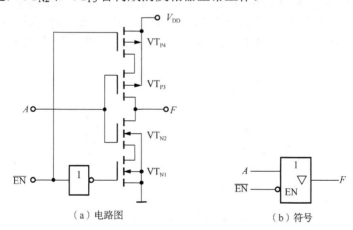

（a）电路图　　　　　　　　　（b）符号

图 3.28　CMOS 三态门及其符号

三态输出门电路主要用于总线传输，如计算机或微处理器系统，其连接形式如图 3.29 所示。任何时刻只有一个门电路的使能端 EN 为 **1**，该门电路的信号被传输到总线上，而其他三态输出电路处于高阻状态。这样就可以按照一定顺序将各个门电路的输出信号分时送到总线上。

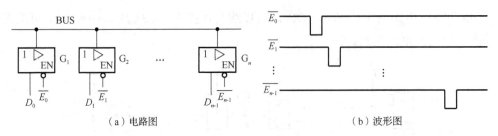

（a）电路图　　　　　　　　　　（b）波形图

图 3.29　三态输出电路构成总线传输结构

三态输出门电路也可实现双向数据传送，其电路图如图 3.30 所示。当 EN=0 时，
$A \rightarrow B$；当 EN=1 时，$B \rightarrow A$。

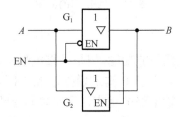

图 3.30　三态输出门实现数据传输电路图

3.2.5　CMOS 传输门

CMOS 传输门是利用 P 沟道增强型 MOS 场效晶体管和 N 沟道增强型 MOS 场效晶
体管的互补性构成的。将 P 沟道增强型 MOS 场效晶体管和 N 沟道增强型 MOS 场效晶
体管的漏极和源极分别相连作为输入端和输出端，两个栅极受一对互补信号 C 和 $\bar{C}$ 控制，
如图 3.31 所示。由于 VT_N 和 VT_P 的源极和漏极在结构上是完全对称的，因此信号可以
双向传输。

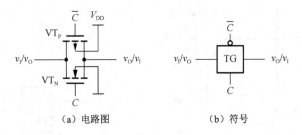

（a）电路图　　　　　　　（b）符号

图 3.31　CMOS 传输门电路图及符号

设控制信号的高、低电平分别为 V_{DD} 和 0V，当 C=0、$\bar{C}$=1 时，若 $0 \leqslant v_I \leqslant V_{DD}$，则
VT_N 和 VT_P 均截止，输出与输入之间呈高阻抗（>$10^9\Omega$），传输门截止。当 C=1、$\bar{C}$=0
时，若 $0 \leqslant v_I \leqslant V_{DD}-v_{GS(th)N}$，则 VT_N 导通；当 $|v_{GS(th)P}| \leqslant v_I \leqslant V_{DD}$ 时，VT_P 导通。因此当 v_I
在 0～V_{DD} 变化时，VT_N 和 VT_P 总有一个导通，输出与输入之间呈低阻抗（几百欧），传
输门导通。

传输门的一个重要的、独特的用途是用作模拟开关，用来传输连续变化的模拟电压
信号，如图 3.32 所示。

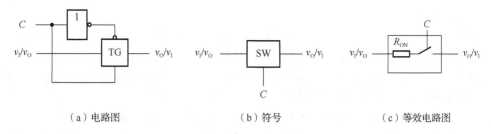

（a）电路图　　　　　　　　（b）符号　　　　　　　　（c）等效电路图

图 3.32　CMOS 双向模拟开关电路图及符号

传输门和 CMOS 反相器一起可以组合成各种复杂的逻辑电路，如数据选择器、寄存器、计数器等。

3.3　TTL 门电路

TTL 门电路是晶体管-晶体管逻辑电路的简称，这种类型电路的输入端和输出端均为晶体管结构。TTL 门电路是应用最早，技术比较成熟的集成电路，曾被广泛使用。大规模集成电路的发展，要求每个逻辑单元电路的结构简单，并且功耗低。TTL 门电路不满足这个条件，因此逐渐被 CMOS 门电路所取代，但是由于 TTL 门电路技术在整个数字集成电路设计领域中有一定历史地位和影响，目前主要应用于教学或简单的中小规模数字电路。

3.3.1　TTL 与非门电路的工作原理

图 3.33 所示为 TTL 与非门电路图。电路分为输入级、中间级和输出级 3 个部分。由多发射极晶体管 VT_1 和电阻器 R_1 构成的输入级，其作用是实现"与"逻辑功能。由 VT_2 和 R_2、R_3 构成的中间级的作用是分别从 VT_2 的集电极和发射极同时输出两个相位相反的信号，分别驱动 VT_3 和 VT_5，保证 VT_4、VT_5 一个导通，另一个截止。在输出级中，VT_3、VT_4 组成的复合管构成的射极跟随器作为 VT_5 的有源负载，不论输出高电平还是低电平，电路的输出都很小，因而提高了电路的带负载能力。

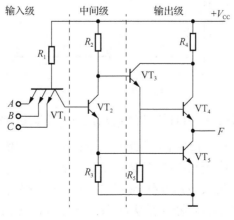

图 3.33　TTL 与非门电路图

电路工作原理如下：

（1）当输入端 A、B、C 全部接高电平（3.6V）时，$V_{B1}=V_{BC1}+V_{BE5}+V_{BE2}=2.1V$，由于 VT_1 的各发射极电位均为 3.6V，集电极电位为 1.4V，故 VT_1 处于倒置工作状态，即 VT_1 的发射极当作集电极，而集电极变为发射极。V_{CC} 通过 R_1 和 VT_1 的集电极向 VT_2 和 VT_5 提供基极电流，使 VT_2 和 VT_5 处于饱和导通状态，此时：$V_O=V_{C5}=V_F=0.3V$；$V_{C2}=V_{CE2}+V_{B5}=0.3V+0.7V=1V$。因此，$VT_3$ 微导通，VT_4 截止，输出低电平。

（2）当输入端 A、B、C 有一个或几个接低电平（0.3V）时，对应的发射结导通，VT_2 基极电位等于输入低电平加上发射结正向电压，即 $V_{B1}=0.3V+0.7V=1V$，V_{B1} 加于 VT_1 的集电结和 VT_2、VT_5 的发射结，1V 的电压肯定不能使 VT_1 的集电结和 VT_2 的发射结导通，因此 VT_2、VT_5 截止。此时输出高电平 $V_O=V_{B3}-V_{BE3}-V_{BE4}=3.6V$。

所以，该电路实现了与非门的逻辑关系：有 **0** 出 **1**，全 **1** 出 **0**。

另外，VT_2 的集电结作为 VT_1 负载电阻的一部分，使得输入由全高电平变为有输入低电平时，VT_2 中存储的电荷能被 VT_1 迅速拉出，促使 VT_2 迅速截止，加速了状态的转换，提高了开关速度。

3.3.2　TTL 与非门电路的主要外部特性

TTL 与非门电路的主要外部特性主要有电压传输特性、输入特性、输出特性、带负载能力、传输延迟特性等。通过对它们的讨论，可以进一步了解 TTL 与非门电路的主要参数，从而更好、更合理地使用集成电路。

1. 电压传输特性

TTL 与非门电路的电压传输特性是指输出电压 v_O 与输入电压 v_I 之间的对应关系曲线。该曲线可分为 AB、BC、CD、DE 四段，如图 3.34 所示。

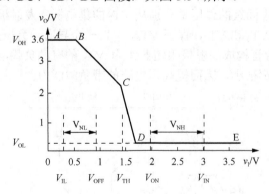

图 3.34　TTL 与非门电路的电压传输特性曲线

AB 段（截止区）：当输入电压 $v_I<0.6V$ 时，VT_1 处于正向饱和导通状态，VT_2 和 VT_5 截止，VT_3 和 VT_4 导通，输出高电平，输出电压 v_O 不随 v_I 变化。

BC 段（线性区）：当输入电压 $0.6V<v_I<1.3V$ 时，VT_1 仍处于正向饱和导通状态，但 $0.7V<V_{C1}<1.4V$，VT_2 开始导通并处于放大状态，因此 V_{C2} 及输出电压 v_O 随输入电压 v_I 的增大而线性降低，且由于 $V_{B5}<0.7V$，因此 VT_5 仍然截止，VT_3 和 VT_4 还处于导通状态。

CD 段（转折区）：当输入电压 1.3V<v_I<1.4V 时，VT_5 开始导通，并且 VT_2、VT_3、VT_4 均在导通状态，即 VT_4 和 VT_5 有一小段时间同时导通，使流过 R_4 的电流增大。VT_2 向 VT_5 提供很大的基极电流，VT_2、VT_5 趋于饱和导通，VT_4 趋于截止，输出电压急剧下降到低电平。由于输入电压的微小变化引起输出电压的急剧变化，因此将该区间称为转折区。

DE 段（饱和区）：当 v_I>1.4V 以后，VT_1 处于倒置工作状态，VT_2、VT_5 饱和导通，VT_3 处于微导通状态，VT_4 截止，输出低电平。

从图 3.34 所示的电压传输特性曲线可以看出，TTL 与非门电路的如下几个特性参数：

（1）输出逻辑高电平 V_{OH} 和输出逻辑低电平 V_{OL}。输出逻辑高电平 V_{OH} 是指在电压传输特性曲线的截止区的输出电压；输出逻辑低电平 V_{OL} 是指在电压传输特性曲线的饱和区的输出电压。

（2）关门电平 V_{OFF} 和开门电平 V_{ON}。由于器件在生产制造过程中的差异，输出高电平和低电平的电压值存在不同程度的差异，因此通常规定 3V 为 TTL 与非门电路的额定逻辑高电平，0.35 V 为额定逻辑低电平。在保证输出为额定高电平的 90%（2.7V）的条件下，允许输入低电平的最大值称为关门电平 V_{OFF}；在保证输出为额定低电平（0.35V）的条件下，允许输入高电平的最小值称为开门电平 V_{ON}。一般情况下，V_{ON}≤1.8V（典型值为 1.4V），V_{OFF}≥0.8V。V_{ON} 反映了门电路高电平抗干扰能力，V_{ON} 值越小，高电平抗干扰能力越强。V_{OFF} 反映了门电路低电平抗干扰能力，V_{OFF} 值越大，低电平抗干扰能力越强。

（3）阈值电压 V_{TH}。在转折区内，TTL 与非门电路的状态发生急剧变化，通常将转折区的中点对应的输入电压称为阈值电压 V_{TH}（或门槛电压），V_{TH}≈1.4V。

2. 抗干扰能力

实际应用时，TTL 与非门电路的输入端常常会出现干扰电压 V_R，V_R 与输入电压叠加后加到与非门的输入端，当 V_R 超过一定数值时，就会破坏与非门的输出逻辑状态。将不会破坏与非门的输出逻辑状态所允许的最大干扰电压值称为噪声容限。噪声容限越大，说明抗干扰能力越强。

抗干扰能力分为输入低电平的抗干扰能力和输入高电平的抗干扰能力。前者用低电平噪声容限 V_{NL} 来描述，后者用高电平噪声容限 V_{NH} 来描述。

$$V_{NL} = V_{OFF} - V_{ILmax} \tag{3.8}$$

$$V_{NH} = V_{IHmin} - V_{ON} \tag{3.9}$$

3. 输入特性

TTL 与非门电路的输入特性是指输入电压和输入电流之间的关系曲线，典型曲线如图 3.35 所示。

假定输入电流方向为流出输入端，则流入输入端为负。

AB 段：当 v_I=0V 时，$i_I = \left(V_{CC} - V_{BE1(sat)} \right) / R_1$。这时，相当于输入端接地，输入电流称为输入短路电流 I_{IS}。随着 v_I 的增加，$V_{BE1(sat)}$ 增加，i_I 减少。

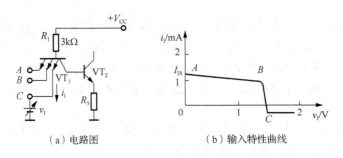

（a）电路图　　　　　　　　（b）输入特性曲线

图 3.35　TTL 与非门电路的输入特性

当 v_I<0.6V 时，由于 VT$_1$ 深度饱和，VT$_2$ 和 VT$_4$ 截止，因此 $i_I = \left(V_{CC} - V_{BE1(sat)} - v_I\right)/R_1$。

当 0.6V<v_I<1.3V 时，VT$_2$ 导通并处于放大状态，VT$_4$ 仍然截止，VT$_1$ 的集电结将分流一部分 i_{B1}。但分流部分很小，因此，近似认为 i_I 的斜率不变。

BC 段：当 1.3V≤v_I≤1.5V 时，VT$_5$ 开始导通，V_{B1} 被钳位在 2.1V。VT$_1$ 处于倒置工作状态，i_I 的流向发生变化。此后，随着 v_I 的增大，i_I 迅速减小到 10μA 左右并基本维持此值，不再随 v_I 的继续增大而变化。

4. 输入负载特性

实际应用时，与非门输入端经常通过一个电阻器接地，如图 3.36 所示。从图 3.36（a）可看出 $v_I = i_I R_I$，这是一条直线，称其为输入负载特性曲线，它与输入特性曲线的交点为 D，如图 3.36（b）所示。

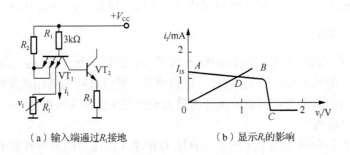

（a）输入端通过R_I接地　　　　　　（b）显示R_I的影响

图 3.36　TTL 与非门电路的输入负载特性

当 R_I 增大时，v_I 增加，i_I 减小，则有

$$v_I = \frac{V_{CC} - V_{BE1(sat)}}{R_1 + R_I} R_I \tag{3.10}$$

从图 3.34 的电压传输特性曲线可以看出，要使电路稳定输出高电平，v_I 必须小于 V_{OFF}，即

$$R_I \leqslant \frac{V_{OFF} R_1}{V_{CC} - V_{BE1(sat)} - V_{OFF}} \tag{3.11}$$

若 V_{OFF}=0.8V，R_1=3kΩ，则 R_I≤0.69kΩ。

这个阻值是保证输出为高电平时所允许的 R_I 的最大值，称为关门电阻，记为 R_{OFF}。

当 R_I 进一步增大，v_I 上升到 1.4V 时，VT$_5$ 导通，V_{B1} 被钳位在 2.1V。因此，R_I 若继续增大，v_I 保持在 1.4V 不再升高。使电路稳定输出低电平，v_I 必须大于 V_{ON}。满足上述条件的输入电阻 R_I 的最小值称为开门电阻，记为 R_{ON}。通常 $R_{ON}>2k\Omega$。

值得注意的是，输入电阻的存在，使输入低电平的值提高，从而降低了电路的抗干扰能力。

因此，实际应用时，如果 TTL 与非门有多余的输入端，为避免干扰，常常将多余的输入端接高电平，或者通过 1～3kΩ 的上拉电阻接电源正极，或者与其他有用的输入端并接。

5. 输出特性

实际使用的与非门输出端都要接负载，因而就会产生负载电流，这个电流会影响输出电压的高低。将输出电压 v_O 和输出负载电流 i_L 之间的关系曲线称为 TTL 与非门的输出特性。输出特性分为高电平的输出特性和低电平的输出特性。

1）输出为高电平时的输出特性

当输入端有低电平时，VT$_5$ 截止，VT$_3$、VT$_4$ 导通，输出端等效电路图如图 3.37（a）所示。此时负载电流从输出端流出，为拉电流。输出特性曲线如图 3.37（b）所示。由于射极跟随器的作用，输出电阻约为 100Ω，输出电压 v_O 随 i_L 的变化很小。当 i_L 增大到一定值时，R_4 上的压降增加，V_{C3} 减小，VT$_3$ 进入深度饱和，复合管处于饱和状态，并失去跟随作用，输出电压 v_O 随输出负载电流 i_L 的增加而减小，两者之间的关系为

$$v_O = V_{CC} - V_{CE3(sat)} - V_{BE4} - i_L R_4 \tag{3.12}$$

要保证 v_O 为高电平 V_{OHmin}，必须限制拉电流的大小，使 $i_L < I_{OHmax}$。

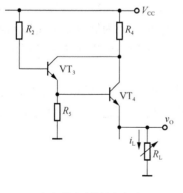
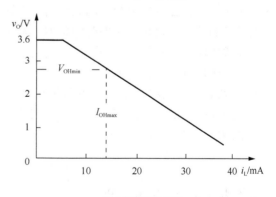

（a）输出端等效电路图　　　　　　　　　（b）输出特性曲线

图 3.37　高电平输出时的输出特性

2）输出为低电平时的输出特性

当输入端全为高电平时，VT$_2$、VT$_5$ 饱和导通，VT$_3$ 微导通，VT$_4$ 截止，输出端等效电路图如图 3.38（a）所示。此时负载电流流入输出端，为灌电流。输出特性曲线如图 3.38（b）所示。

当灌电流增加到一定值 I_{OLmax} 后，VT$_5$ 将退出饱和而进入放大状态，使 V_{CE5}（V_{OL}）

迅速上升而破坏输出低电平的逻辑关系。因此,必须限制灌电流的大小,使 $i_L < I_{OLmax}$。

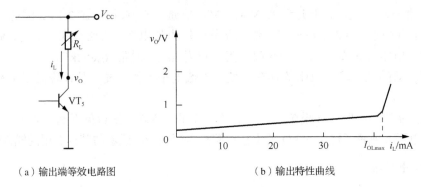

（a）输出端等效电路图 　　　　　　（b）输出特性曲线

图 3.38　低电平输出时的输出特性

6. 带负载能力

TTL 与非门的负载能力是指其承受负载电流大小的能力。由于存在拉电流和灌电流两种负载,为便于描述,用带同类门的个数来表示其负载能力,并将带同类门的个数称为扇出系数。

$$扇出系数 = I_{OLmax} / I_{IS} \tag{3.13}$$

式中,I_{OLmax} 为 V_{OL} 不大于 0.35V 时的最大灌电流;I_{IS} 为输入短路电流。对于典型电路,扇出系数不小于 8。

7. 传输延迟时间

由于晶体管从导通变为截止或从截止变为导通都需要一定的时间,并且晶体管、电阻器、连线等均存在寄生电容,因此当向门电路施加输入信号时,输出信号不能立即响应输入信号的变化,存在一定的时间延迟。输出电压由高电平变为低电平的传输延迟时间称为导通传输延迟时间,记为 t_{PHL};输出电压由低电平变为高电平的传输延迟时间称为截止传输延迟时间,记为 t_{PLH}。

由于 VT_5 导通时深度饱和,它从导通转换为截止时(对应输出由低电平变为高电平)的开关时间较长,即 t_{PLH} 通常大于 t_{PHL},因此定义与非门的传输延迟时间为 t_{PLH} 和 t_{PHL} 的算术平均值,记为 t_{pd},即

$$t_{pd} = \frac{t_{PHL} + t_{PLH}}{2} \tag{3.14}$$

t_{pd} 的典型值一般为 10～20ns。

8. 动态尖峰电流

当输入信号由高电平变为低电平时,会出现 VT_1、VT_2、VT_3、VT_4 同时导通的瞬时状态,这时在电阻器 R_1、R_2、R_4 上均有电流流过,因此电源电流将出现瞬时最大值

$$I_{CCM} \approx i_{R_1} + i_{R_2} + i_{R_4} \tag{3.15}$$

其典型值约为 32mA。电流近似波形如图 3.39 所示。

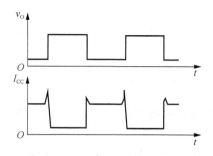

图 3.39 电源动态尖峰电流波形图

尖峰电流一方面会使电源的平均电流增大,这就需要更大容量的电源;另一方面会形成干扰源。因此在实际应用时,需要采取必要的措施来消除尖峰电流,如合理接地和去耦等。

3.4 数字集成电路使用中应注意的问题

3.4.1 CMOS 门电路使用中应注意的问题

1. 电源

(1)CMOS 门电路工作电压范围较宽(+3~18V),一般手册中给出最高工作电压 V_{DDmax} 和最低工作电压 V_{DDmin} 值,注意不要超过此范围,并注意电压下限不能低于源极电源电压 V_{SS}。一般情况下,取

$$V_{\text{DD}} = \frac{V_{\text{DDmax}} + V_{\text{DDmin}}}{2} \tag{3.16}$$

V_{DD} 降低将使门电路的工作频率下降。

(2)接线时电源极性必须正确,不能接反。

2. 输入端的处理

(1)输入端不允许悬空,多余的输入端可视具体情况接高电平(V_{OH})或低电平(V_{OL}),如与非门的多余输入端可直接接+V_{DD};CMOS 或非门电路的多余输入端可接 V_{SS} 等。通常在输入端和地之间接保护电阻器,以防止拔下电路板后造成输入端悬空。

(2)输入高电平不能大于 $V_{\text{DD}} + 0.5\text{V}$,输入低电平不得小于 $V_{\text{SS}} - 0.5\text{V}$,且输入端电流一般应限制在 1mA 以内。

(3)CMOS 门电路对输入脉冲的上升沿和下降沿有要求,通常当 $V_{\text{DD}} = 5\text{V}$ 时,上升沿和下降沿应小于 10μs;当 $V_{\text{DD}} = 10\text{V}$ 时,上升沿和下降沿应小于 5μs;当 $V_{\text{DD}} = 15\text{V}$ 时,上升沿和下降沿应小于 1μs。

3. 输出端的处理

(1)CMOS 门电路输出端不能线与。

（2）总体上讲，CMOS 门电路的驱动能力要比 TTL 门电路小得多，但是 CMOS 门驱动 CMOS 门的能力却很强，即其扇出系数较大。实际使用时，需要考虑负载电容的影响，一般取扇出系数为 10～20。

4．防静电措施

（1）不使用时，用导电材料屏蔽保存，或将全部引脚短路。
（2）焊接时断开电烙铁电源。
（3）开机时先通电源后加信号，关机时先断信号后断电源。
（4）不得带电插拔芯片。

3.4.2　TTL 门电路使用中应注意的问题

1．电源

（1）电源电压范围为 5V，上下浮动±10%；有的要求为 5V，上下浮动±5%。电流应有一定的富裕量，接线时电源极性必须正确，不能接反，否则会烧坏芯片。
（2）电源入口处应接 20～50μF 的滤波电容器，以滤除纹波电压。
（3）在芯片的电源引脚处接 0.01～0.1μF 的滤波电容器过滤来自电源输入端的高频干扰。
（4）逻辑电路和其他强电回路应分别接地，以防止从地线上引入干扰信号。

2．输入端的处理

（1）输入端不能直接接高于+5.5V 和低于-0.5V 的低内阻电源，否则会损坏芯片。
（2）多余输入端一般不能悬空。通常与门、与非门的多余输入端可通过一个 1～3kΩ 的上拉电阻器接+V_{CC}，或直接接+V_{CC}，或者将多余输入端与其他使用的输入端并联；或门、或非门的多余输入端可直接接地。

3．输出端

TTL 门电路的输出端不允许直接接+V_{CC}。

3.4.3　数字集成电路接口

一个数字电路或数字系统往往由不同类型的器件构成，不同类型器件的电源电压不同，输入、输出电平也不同。因此，数字电路的接口技术是要解决数字系统中不同类型器件之间协调工作的问题。

1．TTL 门电路与 CMOS 门电路的接口

当 V_{DD} = +5V 时，CMOS 门电路要求输入高电平大于 3.5V，低电平小于 1.5V。负载情况下，TTL 门电路的输出高电平为 3V 左右，因此驱动 CMOS 门电路时需要提高 TTL 门电路的输出高电平幅值。解决方案如图 3.40 所示。其中，图 3.40（a）采用专门的电平移动器（如 40109），它的输入为 TTL 电平（对应 V_{CC}），输出为 CMOS 电平（对应 V_{DD}）。

图 3.40（b）、（c）为采用上拉电阻的方案，上拉电阻器 R 的取值参见表 3.3。

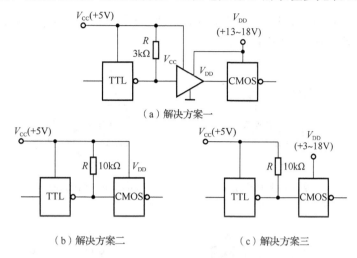

（a）解决方案一

（b）解决方案二　　　　　　　（c）解决方案三

图 3.40　TTL 门电路—CMOS 门电路接口

表 3.3　图 3.40 中 R 的参考取值

TTL 系列	74 标准系列	74H 系列	74S 系列	74LS 系列
R/kΩ	0.39~4.7	0.27~4.7	0.27~4.7	0.82~12

2. CMOS 门电路与 TTL 门电路的接口

如果 CMOS 门电路采用+5V 电源电压，则能够直接驱动一个 74 系列的门负载。通常情况下，由于 CMOS 门电路的电源电压为非+5V，TTL 门电路的输入短路电流 I_{IS} 较大，因此驱动 TTL 门电路时，一般应加缓冲器。解决方案如图 3.41 所示。其中图 3.41（b）中的缓冲器可用 4049/4050 等。

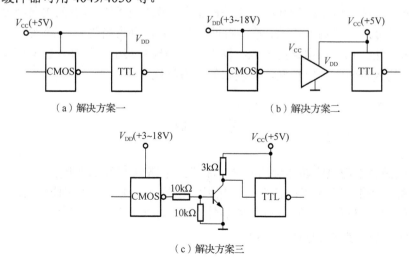

（a）解决方案一　　　　　　　　（b）解决方案二

（c）解决方案三

图 3.41　CMOS 门电路—TTL 门电路接口

3. 门电路外接负载的驱动

在许多实际应用场合中，往往需要用门电路驱动继电器、指示灯等外接负载。图 3.42 所示列举了几种常用的情况。

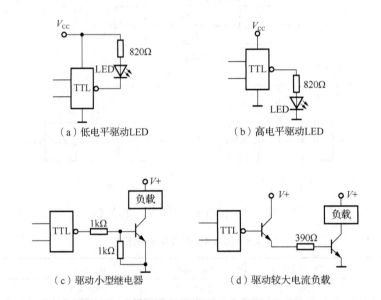

(a) 低电平驱动LED   (b) 高电平驱动LED

(c) 驱动小型继电器   (d) 驱动较大电流负载

图 3.42 门电路驱动外接负载示例

本 章 小 结

本章内容包括二极管、晶体管和 MOS 场效晶体管的工作原理、开关特性和开关等效电路；分立元件门电路；CMOS 门电路的输入、输出电路结构及其电气特性（包含电压传输特性和静态下的输入特性、输出特性，以及它的动态特性），三态输出门和 OD 输出门的使用方法；TTL 门电路的输入、输出电路结构及其电气特性（包含电压传输特性和静态下的输入特性、输出特性，以及它的动态特性）。

习 题

3-1 按照制造门电路晶体管的不同，集成门电路分为哪几种类型？

3-2 数字逻辑变量可以取什么值？晶体管在数字电路中工作在什么状态？

3-3 如图 3.43 所示，各 MOS 场效晶体管的 $|V_\mathrm{T}|$ =0.5V，忽略电阻器上的压降，试分别确定它们的工作状态（导通或截止）。

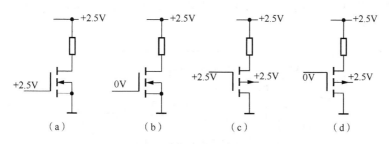

图 3.43 习题 3-3

3-4 一个反相器的输入和输出波形如图 3.44 所示，试确定：①输入信号的周期和频率；②输入信号的上升时间和下降时间；③输出由高电平变为低电平的传输延迟时间 t_{PHL} 和由低电平变为高电平的传输延迟时间 t_{PLH}。

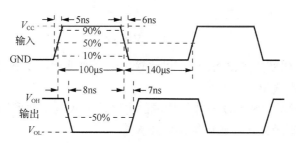

图 3.44 习题 3-4

3-5 试分析如图 3.45 所示电路，写出 L 的逻辑函数式。

3-6 试分析如图 3.46 所示电路，写出 L 的逻辑函数式，说明它实现什么逻辑功能。

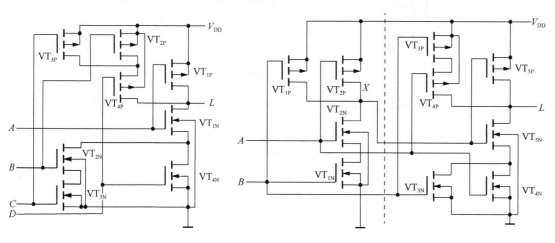

图 3.45 习题 3-5　　　　　　　　　图 3.46 习题 3-6

3-7 画出实现下列逻辑功能的 CMOS 门电路图。

（1） $F = \overline{AB + CD}$ ；（2） $F = \overline{(A+B)(C+D)}$ 。

　　3-8　试分析如图 3.47 所示 CMOS 门电路，写出 F 的逻辑函数式，说明它实现什么逻辑功能。

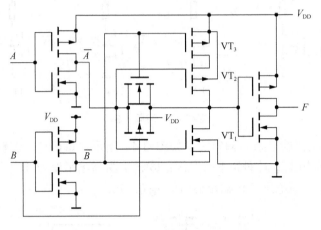

图 3.47　习题 3-8

　　3-9　试判断下列哪些 CMOS 门可以将输出端并接使用：①普通的互补输出；②漏极开路输出；③三态输出。

　　3-10　由 OD 异或门和 OD 与非门构成的电路及输入电压波形如图 3.48 所示，试写出输出与输入的逻辑函数式，画出输出电压波形。

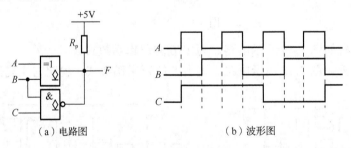

（a）电路图　　　　　　　　　　（b）波形图

图 3.48　习题 3-10

　　3-11　三态门与总线的连接方式如图 3.49 所示，试分析电路的逻辑功能。

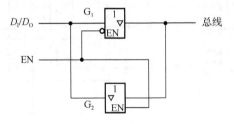

图 3.49　习题 3-11

　　3-12　为什么说 TTL 与非门电路的输入端在以下 4 种接法下，都属于逻辑 **1**：①输入端悬空；②输入端接高于 2V 的电源；③输入端接同类与非门的输出高电平 3.6V；④输入端到地之间接 10kΩ 的电阻器。

3-13 一般情况下，TTL 与非门电路的多余输入端应如何处理？

3-14 CMOS 与非门电路和或非门电路的多余输入端应如何处理？

3-15 指出图 3.50 中各种门电路的输出是什么状态（高电平、低电平或高阻态）。已知这些门都是 TTL74 系列门电路。

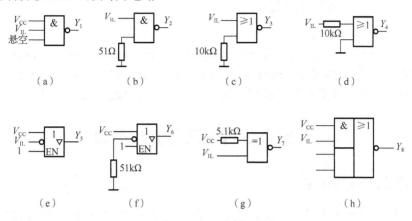

图 3.50 习题 3-15

3-16 如图 3.51 所示电路均为 CMOS 门电路，写出各输出的逻辑函数式。

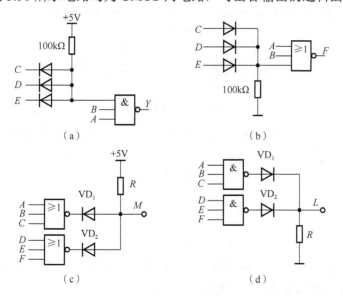

图 3.51 习题 3-16

第 4 章　组合逻辑电路

根据逻辑功能的不同特点，数字逻辑电路可分为组合逻辑电路（combinational logic circuit）和时序逻辑电路（sequential logic circuit）。本章在前几章的基础上进一步介绍组合逻辑电路的组成与典型应用，能够达到分析与设计组合逻辑电路的目的。

4.1　组合逻辑电路的分析与设计

4.1.1　组合逻辑电路的特点

组合逻辑电路是实现某一逻辑功能而没有记忆特性的数字电路，其特点是电路任意时刻的输出状态只取决于该时刻的输入状态，而与该时刻之前的电路状态无关，电路中不需要包含有记忆性的器件，由各种门电路构成。

多输入、多输出的组合逻辑电路可以用图 4.1 所示的框图表示。

图 4.1　组合逻辑框图

图中 X_1，X_2，$\cdots$，X_n 表示输入逻辑变量，Y_1，Y_2，$\cdots$，Y_m 表示输出逻辑变量。输出与输入之间的逻辑关系为

$$\begin{cases} Y_1 = f_1(X_1, X_2, \cdots, X_n) \\ Y_2 = f_2(X_1, X_2, \cdots, X_n) \\ \quad\quad\vdots \\ Y_m = f_m(X_1, X_2, \cdots, X_n) \end{cases} \quad (4.1)$$

逻辑函数的描述方法有逻辑函数式、真值表、卡诺图、波形图等，在分析和设计组合电路时可根据需要选用其中的一种描述方法。

4.1.2　组合逻辑电路的分析方法

组合逻辑电路的分析是根据给定的逻辑电路推导、归纳出其逻辑功能。组合逻辑电路分析的步骤如下：根据逻辑电路图，从输入到输出，写出各级逻辑函数式，直到写出输出信号与输入信号的逻辑函数式；将各逻辑函数式化简和形式变换，以得到最简的函数式；根据化简后的逻辑函数式列出真值表；根据真值表和化简后的逻辑函数式对逻辑电路进行分析，最后确定该组合逻辑电路的逻辑功能。

例 4.1 分析图 4.2 所示电路的逻辑功能。

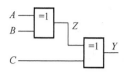

图 4.2 例 4.1 的电路图

解：（1）根据电路图写出输出端 Y 的逻辑函数式如下：

$$Z = A \oplus B$$
$$Y = Z \oplus C = A \oplus B \oplus C$$

该函数式已最简，无须化简或形式变换。

（2）列出真值表。将 A、B、C 输入变量的全部可能的组合列出，分别代入逻辑函数式，计算中间变量 Z 和输出 Y 的值，填入真值表，如表 4.1 所示。

表 4.1 例 4.1 真值表

A	B	C	Z	Y
0	0	0	0	0
0	0	1	0	1
0	1	0	1	1
0	1	1	1	0
1	0	0	1	1
1	0	1	1	0
1	1	0	0	0
1	1	1	0	1

（3）确定逻辑功能。分析真值表后可知，当 A、B、C 这 3 个输入变量的取值中有奇数个 1 时，Y 为 1，否则 Y 为 0。因此该电路称为奇校验电路，用于检查 3 位二进制数的奇偶性。

波形图可直观地反映输入与输出之间的逻辑函数关系，对于比较简单的组合逻辑电路，也可用画波形图的方法进行分析。

例 4.2 分析图 4.3 所示的电路的逻辑功能。

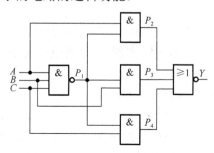

图 4.3 例 4.2 的电路图

解：（1）根据给定的电路图写出输出 Y 的逻辑函数式：

$$P_1 = \overline{ABC}$$
$$P_2 = A \cdot P_1 = A \cdot \overline{ABC}$$
$$P_3 = B \cdot P_1 = B \cdot \overline{ABC}$$
$$P_4 = C \cdot P_1 = C \cdot \overline{ABC}$$
$$Y = \overline{P_2 + P_3 + P_4} = \overline{A \cdot \overline{ABC} + B \cdot \overline{ABC} + C \cdot \overline{ABC}}$$

（2）化简逻辑函数式：

$$Y = \overline{A \cdot \overline{ABC} + B \cdot \overline{ABC} + C \cdot \overline{ABC}}$$
$$= \overline{\overline{ABC}(A + B + C)}$$
$$= \overline{\overline{ABC}} + \overline{A + B + C}$$
$$= ABC + \overline{A + B + C}$$

（3）列出真值表。根据化简后的逻辑函数式，得到表 4.2 所示的真值表。

表 4.2　电路图的真值表

A	B	C	Y
0	0	0	1
0	0	1	0
0	1	0	0
0	1	1	0
1	0	0	0
1	0	1	0
1	1	0	0
1	1	1	1

（4）确定逻辑功能。由表 4.2 可以看出，当电路的输入变量 A、B、C 取值均为 0 或者均为 1 时，电路的输出 Y 为 1，否则为 0。即当电路输入一致时输出为 1，否则为 0。由此可知，该组合逻辑电路具有判断输入信号是否一致的逻辑功能。

4.1.3　组合逻辑电路的设计方法

与分析过程相反，组合逻辑电路的设计是根据给定的实际逻辑问题，设计出能够实现其逻辑功能的最简逻辑电路。所谓"最简"，是指电路所用的器件最少，且器件之间的连线最少。

组合逻辑电路的设计通常按照以下步骤进行：

（1）根据给定的逻辑问题列出真值表。通常给出的设计要求是用文字描述的具有因果关系的事件。由于文字描述的逻辑问题一般很难直接写出逻辑函数式，但是列出真值表比较方便，首先需要对事件的因果关系进行分析，把事件的原因定为输入变量，把事件的结果定为输出变量；其次对逻辑变量赋值，即用二值逻辑的 **0**、**1** 分别表示事件的两种不同状态；最后根据给定事件的因果关系列出真值表。

（2）根据真值表写出逻辑函数式。为后续对逻辑函数式进行化简和变换，根据真值表写出对应的逻辑函数式。

（3）将逻辑函数式化简或转换成适当形式。

设计逻辑电路时，为获得最简的设计结果，需要将逻辑函数式化简成最简形式，即函数式中相加的乘积项最少，且每个乘积项中的因子最少。若给定要求中对所用器件有所要求或限制，则应当将函数式转换为与器件要求匹配的形式。

（4）根据化简或转换后的逻辑函数式画出电路图。

至此，原理性逻辑电路设计完成。若要得到实际电路装置，还需要进行工艺设计，包括设计印制电路板、机箱、面板、显示电路、电源电路等。最后还需要安装、调试等必要操作。

例 4.3　试用与非门设计一个三变量表决器。如果 A、B、C 三者中多数同意，则提案通过，否则提案不通过。

解：列出真值表。对输入变量和输出变量进行逻辑赋值。输入变量同意用 **1** 表示，不同意用 **0** 表示；输出变量通过用 **1** 表示，不通过用 **0** 表示。根据题意，按照上述赋值规则列出的真值表如表 4.3 所示。

表 4.3　表决器真值表

A	B	C	F
0	0	0	0
0	0	1	0
0	1	0	0
0	1	1	1
1	0	0	0
1	0	1	1
1	1	0	1
1	1	1	1

用卡诺图化简，直接填入卡诺图，如图 4.4 所示。

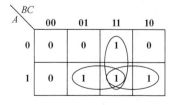

图 4.4　例 4.3 卡诺图

卡诺图化简后得到的逻辑函数式为与或式。根据给定要求需用与非门实现，因此将与或式转换成与非-与非式：

$$F = AB + AC + BC = \overline{\overline{AB} \cdot \overline{BC} \cdot \overline{AC}}$$

最后，根据与非-与非式画出表决器的电路图，如图 4.5 所示。

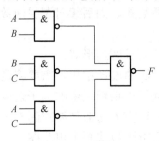

图 4.5 表决器电路图

例 4.4 设计一个两位二进制数比较器。

解:（1）根据给定的逻辑要求列出真值表，如表 4.4 所示。

设被比较的数分别为 A_1A_0 和 B_1B_0，比较结果用 3 个变量 F_1、F_2、F_3 表示。

当 $A_1A_0 > B_1B_0$ 时，输出 $F_1=\mathbf{1}$，$F_2=\mathbf{0}$，$F_3=\mathbf{0}$。

当 $A_1A_0 = B_1B_0$ 时，输出 $F_1=\mathbf{0}$，$F_2=\mathbf{1}$，$F_3=\mathbf{0}$。

当 $A_1A_0 < B_1B_0$ 时，输出 $F_1=\mathbf{0}$，$F_2=\mathbf{0}$，$F_3=\mathbf{1}$。

表 4.4 比较器真值表

A_1	A_0	B_1	B_0	F_1	F_2	F_3	A_1	A_0	B_1	B_0	F_1	F_2	F_3
0	0	0	0	0	1	0	1	0	0	0	1	0	0
0	0	0	1	0	0	1	1	0	0	1	1	0	0
0	0	1	0	0	0	1	1	0	1	0	0	1	0
0	0	1	1	0	0	1	1	0	1	1	0	0	1
0	1	0	0	1	0	0	1	1	0	0	1	0	0
0	1	0	1	0	1	0	1	1	0	1	1	0	0
0	1	1	0	0	0	1	1	1	1	0	1	0	0
0	1	1	1	0	0	1	1	1	1	1	0	1	0

（2）由真值表直接填入卡诺图，如图 4.6 所示。

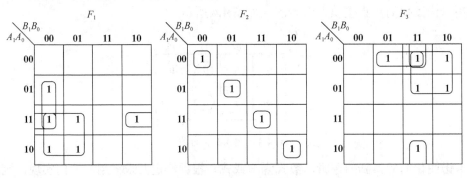

图 4.6 例 4.4 卡诺图

图形法化简得出输出结果函数式如下：

$$F_1 = A_1\overline{B_1} + A_1A_0\overline{B_0} + A_0\overline{B_1}\,\overline{B_0}$$

$$F_2 = \overline{A_1\,\overline{A_0}\,\overline{B_1}\,\overline{B_0}} + \overline{A_1}\,A_0\,\overline{B_1}\,B_0 + A_1\,\overline{A_0}\,B_1\,\overline{B_0} + A_1A_0B_1B_0$$

$$F_3 = \overline{A_1}B_1 + \overline{A_1\,A_0}\,B_0 + \overline{A_0}\,B_1B_0$$

（3）将函数式转换为与非-与非式，画出电路图。

将输出 F_1 的函数式转换为与非-与非式，即

$$F_1 = A_1\overline{B_1} + A_1A_0\overline{B_0} + A_0\overline{B_1}\,\overline{B_0}$$

$$= \overline{\overline{A_1\overline{B_1} + A_1A_0\overline{B_0} + A_0\overline{B_1}\,\overline{B_0}}}$$

$$= \overline{\overline{A_1\overline{B_1}} \cdot \overline{A_1A_0\overline{B_0}} \cdot \overline{A_0\overline{B_1}\,\overline{B_0}}}$$

根据转换后的函数式，画出输出 F_1 的电路图，如图 4.7 所示。

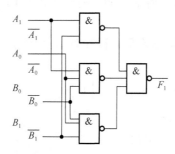

图 4.7 输出 F_1 的电路图

用同样的方法可以画出输出 F_2、F_3 的电路图。

4.2 组合逻辑电路的竞争-冒险

4.2.1 竞争-冒险的产生

在组合逻辑电路分析方法中，没有考虑各门电路的延迟时间对组合电路的影响。在实际电路中，门电路的延迟时间可能会使逻辑电路的输出产生错误结果。

竞争是指逻辑门的两个输入信号"同时向相反的电平变化"的现象。由于竞争在门电路的输出端可能产生尖脉冲的现象称为竞争-冒险，但并不是说有竞争的存在，就一定产生竞争-冒险。

图 4.8（a）所示电路为输入变量 A 经两条路径传输到与门和或门输入端的情况。从图 4.8（b）所示的波形图可知，受非门传输延迟时间的影响，$\overline{A}$ 由高电平转为低电平的延迟时间为 t_{pd}，输出 $F = A \cdot \overline{A}$ 或 $F = A + \overline{A}$ 产生一个尖脉冲。

因此，判别是否会产生竞争-冒险，可利用代数法：若在一定条件下输出逻辑函数变换为 $F = A \cdot \overline{A}$ 或 $F = A + \overline{A}$，则可能产生竞争-冒险。

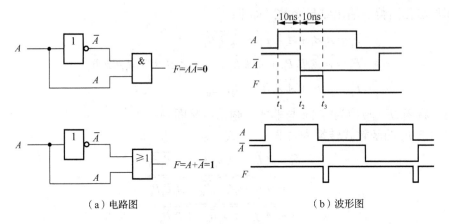

（a）电路图　　　　　　　　　　（b）波形图

图 4.8　竞争-冒险产生的脉冲

另外，也可利用卡诺图法：若卡诺图上有包围圈相切，且相切处又无其他圈包含，则可能产生竞争-冒险。

例 4.5　试判断图 4.9 所示电路是否存在竞争-冒险。已知任何瞬间，输入变量只可能有一个改变状态。

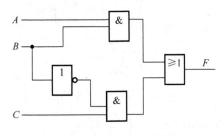

图 4.9　例 4.5 的电路图

解：由图可知其输出的逻辑函数式为

$$F = AB + \bar{B}C$$

当 $A=C=1$ 时，上式转换为 $F = B + \bar{B}$，故图 4.9 所示电路中存在竞争-冒险。

4.2.2　竞争-冒险的消除

判定电路中存在竞争-冒险之后，应该设法消除竞争-冒险。以下是通常使用的消除竞争-冒险的方法。

1）修改逻辑设计

在产生竞争-冒险的逻辑函数式上添加冗余项可以消除竞争-冒险。例如，$F = AB + \bar{A}C$，当 $B=C=1$ 时，$F = A + \bar{A}$，会产生竞争-冒险。根据 $F = AB + \bar{A}C + BC = AB + \bar{A}C$，或利用卡诺图法在两圈相切处增加一个圈（冗余），即在 $F = AB + \bar{A}C$ 中加入 BC 项。添加 BC 项之后，$B=C=1$ 时，$F = A + \bar{A} + 1 \cdot 1 = 1$，消除了竞争-冒险。

2）消去互补相乘项

例如，$F=(A+B)(\bar{A}+C)$，当 $B=C=0$ 时，逻辑电路存在竞争-冒险。将函数转换形式，消去 $A\bar{A}$，使 $F = AC + \bar{A}B + BC$，则不会出现脉冲。

3）引入选通脉冲

逻辑函数 $F = AC + B\bar{C}$，当 $A=B=1$ 时产生竞争-冒险。引入选通脉冲的方法是，当电路输出端达到新的稳定状态之后，引入选通脉冲，从而使输出信号是正确的逻辑信号，而不包含干扰脉冲。

如图 4.10 所示，引入封锁脉冲或选通脉冲的方法比较简单，而且不增加器件数目。但是这种方法有一个局限性，就是必须找到一个合适的封锁脉冲或选通脉冲。

4）引入封锁脉冲

封锁脉冲是在输入信号发生竞争的时间内，引入一个脉冲将可能产生尖峰干扰脉冲的门封锁住，从而消除竞争-冒险。封锁脉冲应在输入信号转换前到来，转换结束后消失。

5）输出端并联电容

竞争-冒险所产生的干扰脉冲一般很窄，通常在几十纳秒以内，因此在电路的输出端加很小的滤波电容（TTL 门电路中通常为几十至几百皮法），就可以对很窄的尖峰脉冲起到平波的作用，如图 4.11 所示，输出端便不会出现逻辑错误，也达到了消除竞争-冒险的目的。

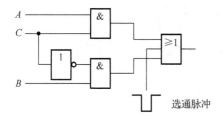 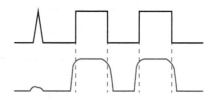

图 4.10　引入选通脉冲消除竞争-冒险　　　　图 4.11　接入滤波电容的作用

接入滤波电容的方法简单易行，但是输出电压波形随之变化，故只适用于对输出波形前后沿无严格要求的场合。

例 4.6　已知逻辑函数真值表，请用二输入与非门实现该逻辑函数（要求与非门的数量不超过 8），并分析竞争-冒险。

表 4.5　例 4.6 的真值表

A	B	C	D	Y	A	B	C	D	Y
0	0	0	0	0	1	0	0	0	0
0	0	0	1	0	1	0	0	1	0
0	0	1	0	0	1	0	1	0	1
0	0	1	1	1	1	0	1	1	0
0	1	0	0	0	1	1	0	0	1
0	1	0	1	0	1	1	0	1	1
0	1	1	0	0	1	1	1	0	1
0	1	1	1	1	1	1	1	1	1

解：由真值表画出如图 4.12 所示的卡诺图。

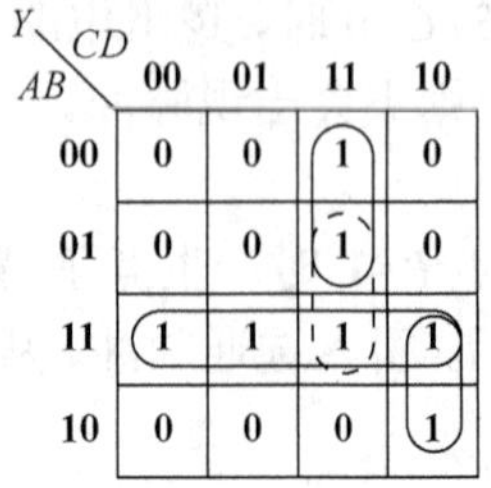

Y
CD
AB
00 01 11 10
00 0 0 1 0
01 0 0 1 0
11 1 1 1 1
10 0 0 0 1

图 4.12　例 4.6 的卡诺图

由图可知有相切的圈，且相切处又无其他圈包含，可利用添加冗余项 BCD（虚线表示）消除竞争-冒险。

输出函数式：$Y = AB + \bar{A}CD + AC\bar{D}$。当 BCD=**111** 时，$Y = AB + \bar{A}CD + AC\bar{D} = A + \bar{A}$，将原函数式进一步化简得出与非函数式，用与非门实现的电路图如图 4.13 所示。

$$Y = AB + \bar{A}CD + AC\bar{D} = \overline{\overline{AB + \bar{A}CD + AC\bar{D}}} = \overline{\overline{AB}\ \overline{C(\bar{A}D + A\bar{D})}}$$

$$= \overline{\overline{AB}\ \overline{C\,\overline{\overline{A\overline{AD}}\ \overline{D\overline{AD}}}}}$$

A
B
C
D
&
1
9
11
10
12
13
Y
4
6
1
2
3
8
5
7

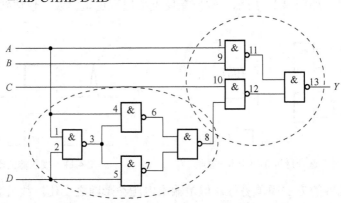

图 4.13　函数式优化后的电路图

添加乘积项（冗余项）BCD，$Y = AB + \bar{A}CD + AC\bar{D} + BCD = \overline{\overline{AB} \cdot \overline{\bar{A}CD} \cdot \overline{AC\bar{D}} \cdot \overline{BCD}}$ 消除竞争-冒险的电路图如图 4.14 所示。

A
B
C
D
&
1
9
11
10
12
13
Y
4
6
1
2
3
8
5
7
B
C
D

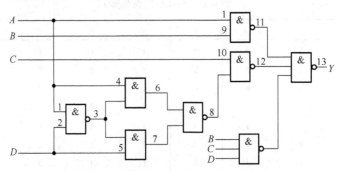

图 4.14　添加冗余项后的电路图

4.3　典型的组合逻辑电路

4.3.1　编码器

本节介绍编码器（encoder）、译码器（decoder）、数据分配器（data distributor）、数据选择器（data selector）的逻辑功能和应用。

在数字系统中，为了区分一系列不同的事物，常需将有特定意义的信息（如数字、符号等）编成若干位二进制代码，这一过程称为编码。实现编码的数字电路称为编码器。在二值逻辑电路中，信号是以高、低电平的形式给出的。因此，采用二进制代码或二-十进制代码，与之相应的编码器称为二进制编码器和二-十进制编码器。

目前经常使用的编码器有普通编码器和优先编码器两类。

1. 普通编码器

普通编码器在任何时刻只允许输入一个编码信号。

普通编码器为用 n 位二进制代码对 $N=2^n$ 个一般信号进行编码的电路。图 4.15 所示为用与非门构成的 3 位二进制普通编码器的电路图。$\overline{I_0}$，$\overline{I_1}$，$\cdots$，$\overline{I_7}$ 为 8 个输入端，输入信号为低电平有效。

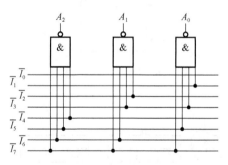

图 4.15　3 位二进制普通编码器电路图

由于编码的唯一性，即某一时刻只能对一个输入信号编码，因此 8 个输入电平中，只能有一个为低电平，其余均为高电平。A_0、A_1、A_2 为 3 个输出端。由图 4.15 写出输出逻辑函数式如下：

$$A_2 = \overline{\overline{I_4}\,\overline{I_5}\,\overline{I_6}\,\overline{I_7}}, \qquad A_1 = \overline{\overline{I_2}\,\overline{I_3}\,\overline{I_6}\,\overline{I_7}}, \qquad A_0 = \overline{\overline{I_1}\,\overline{I_3}\,\overline{I_5}\,\overline{I_7}}$$

列出表示 3 位二进制编码器功能的真值表，如表 4.6 所示。显然，每个输出代码仅是对应输入的编码。图 4.16 为 3 位二进制（8 线-3 线）编码器的符号。

2. 优先编码器

优先编码器（priority encoder）允许在几个输入端同时加入有效输入信号且根据设计编码器时规定的信号优先编码级别，选择其中相对优先级最高的输入信号进行编码。图 4.17 给出了 8 线-3 线优先编码器 74HC148 的电路图，$\overline{I_0} \sim \overline{I_7}$ 为输入端，其中 $\overline{I_7}$ 的优先权最高，$\overline{I_0}$ 的优先权最低；$\overline{A_2}$、$\overline{A_1}$、$\overline{A_0}$ 为输出端；$\overline{I_S}$ 为选通输入端；$\overline{S}$ 为选通输出端，$\overline{E}$ 为扩展端，图 4.18 所示为其符号。

表 4.6　3 位二进制编码器真值表

输入								输出		
$\overline{I_0}$	$\overline{I_1}$	$\overline{I_2}$	$\overline{I_3}$	$\overline{I_4}$	$\overline{I_5}$	$\overline{I_6}$	$\overline{I_7}$	A_2	A_1	A_0
0	1	1	1	1	1	1	1	0	0	0
1	0	1	1	1	1	1	1	0	0	1
1	1	0	1	1	1	1	1	0	1	0
1	1	1	0	1	1	1	1	0	1	1
1	1	1	1	0	1	1	1	1	0	0
1	1	1	1	1	0	1	1	1	0	1
1	1	1	1	1	1	0	1	1	1	0
1	1	1	1	1	1	1	0	1	1	1

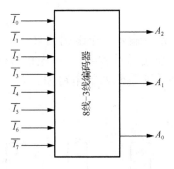

图 4.16　8 线-3 线编码器符号

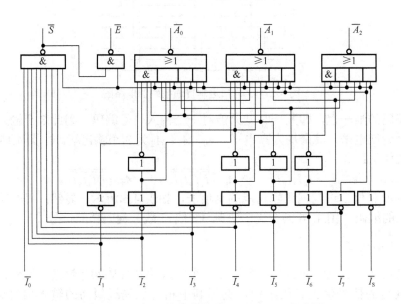

图 4.17　8 线-3 线优先编码器 74HC148 电路图

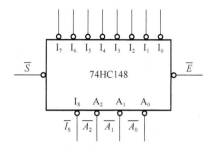

图 4.18　74HC148 符号

表 4.7 为 74HC148 的真值表。由真值表可以看出，编码器的输入有效电平为低电平，输出编码为反码形式；当 $\overline{I_S}$ =1 时，编码器输出全为高电平，$\overline{E}$ =1，$\overline{S}$ =1。当 $\overline{I_S}$ =0 时，编码器才能正常工作，$\overline{S}$ 端和 $\overline{E}$ 端是为扩展编码功能而设置的。若 $\overline{I_0}$ ～ $\overline{I_7}$ 端无有效信号输入，即输入全为 1，则输出 $\overline{A_2 A_1 A_0}$ =111，$\overline{E}$ =1，$\overline{S}$ =0；若 $\overline{I_0}$ ～ $\overline{I_7}$ 中有有效信号，则按照信号优先权级别进行编码，$\overline{E}$ =0，$\overline{S}$ =1。例如，$\overline{I_S}$ =0 时，允许 $\overline{I_0}$ ～ $\overline{I_7}$ 中同时有几个输入端为低电平；当 $\overline{I_7}$ =0 时，无论其他端有无有效输入信号，只对 $\overline{I_7}$ 编码，即 $\overline{A_2 A_1 A_0}$ =000，而 $(7)_{10}$=$(111)_2$，可见 $\overline{A_2 A_1 A_0}$ =000 是对 111 取反得到的，即优先编码器是反码输出的。

表 4.7　优先编码器 74HC148 的真值表

输入									输出				
$\overline{I_S}$	$\overline{I_0}$	$\overline{I_1}$	$\overline{I_2}$	$\overline{I_3}$	$\overline{I_4}$	$\overline{I_5}$	$\overline{I_6}$	$\overline{I_7}$	$\overline{A_2}$	$\overline{A_1}$	$\overline{A_0}$	$\overline{E}$	$\overline{S}$
1	×	×	×	×	×	×	×	×	1	1	1	1	1
0	1	1	1	1	1	1	1	1	1	1	1	1	0
0	×	×	×	×	×	×	×	0	0	0	0	0	1
0	×	×	×	×	×	×	0	1	0	0	1	0	1
0	×	×	×	×	×	0	1	1	0	1	0	0	1
0	×	×	×	×	0	1	1	1	0	1	1	0	1
0	×	×	×	0	1	1	1	1	1	0	0	0	1
0	×	×	0	1	1	1	I	1	1	0	1	0	1
0	×	0	1	1	1	1	1	1	1	1	0	0	1
0	0	1	1	1	1	1	1	1	1	1	1	0	1

例 4.7　试用两片 74HC148 接成 16 线-4 线优先编码器，输出编码为原码形式。

解：74HC148 的输出编码为反码形式，而题目要求输出为原码形式。根据题目要求需要两片 74HC148，设片（1）为低位片，片（2）为高位片。按照高位优先的原则，应首先允许片（2）进行编码，$\overline{I_{SH}}$ = 0，$\overline{S_H}$ = $\overline{I_{SL}}$，$\overline{I_{15}}$ ～ $\overline{I_8}$ 中有低电平时，$A_3 A_2 A_1 A_0$ 为 1111～1000。$\overline{I_7}$ ～ $\overline{I_0}$ 中有低电平时，$A_3 A_2 A_1 A_0$ 为 0111～0000。片（2）工作时 $\overline{S_H}$ = 1，$\overline{E}$ = 0；否则，$\overline{S_H}$ = 0，$\overline{E}$ = 1；所以 $A_3 = \overline{S_H}$。

正常编码时，片（1）和片（2）只有一片工作。不工作的那片的 3 个输出端都为高电平，工作的那片编码器的 3 个输出端经与非门倒相后还原为原码。若有编码输入，则 $\overline{S} = \overline{S_1} + \overline{S_2} = 1$，$\overline{E} = \overline{E_1} \cdot \overline{E_2} = 0$；否则 $\overline{S} = 0$，$\overline{E} = 0$。电路图如图 4.19 所示。

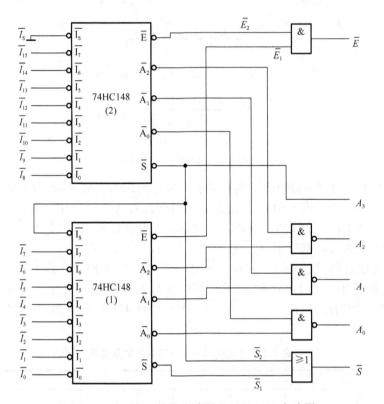

图 4.19　16 线-4 线优先编码器 74HC148 电路图

4.3.2 译码器

译码器（decoder）的逻辑功能是将每个输入的二进制代码译成对应的输出高、低电平信号或另外一个代码。因此，译码为编码的逆过程。它将编码时赋予代码的含义"翻译"过来。译码器输出与输入代码有唯一的对应关系。常用的译码器电路有二进制译码器、二-十进制译码器和显示译码器等。

1. 二进制译码器

二进制译码器的输入为一组二进制代码，输出是一组与输入代码一一对应的高、低电平信号。

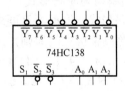

图 4.20　74HC138 的电路图

如图 4.20 所示为 3 线-8 线译码器 74HC138 的电路图。A_2、A_1、A_0 为 3 位二进制代码输入端，$\overline{Y_7} \sim \overline{Y_0}$ 是 8 个输出端，S_1、$\overline{S_2}$、$\overline{S_3}$ 为 3 个输入端。只有 $S_1=1$，$\overline{S_2} = \overline{S_3} = 0$ 时，译码器才处于工作状态。否则，译码器将处于禁止状态，所有输出端全为高电平。

表 4.8 是 74HC138 的真值表，可知译码器各输出端的函数式为

$$\overline{Y_i} = \overline{m_i} \qquad (4.2)$$

表 4.8 74HC138 译码器的真值表

使能输入		代码输入			译码输出							
S_1	$\overline{S_2}+\overline{S_3}$	A_2	A_1	A_0	$\overline{Y_7}$	$\overline{Y_6}$	$\overline{Y_5}$	$\overline{Y_4}$	$\overline{Y_3}$	$\overline{Y_2}$	$\overline{Y_1}$	$\overline{Y_0}$
0	×	×	×	×	1	1	1	1	1	1	1	1
×	1	×	×	×	1	1	1	1	1	1	1	1
1	0	0	0	0	0	1	1	1	1	1	1	1
1	0	0	0	1	1	0	1	1	1	1	1	1
1	0	0	1	0	1	1	0	1	1	1	1	1
1	0	0	1	1	1	1	1	0	1	1	1	1
1	0	1	0	0	1	1	1	1	0	1	1	1
1	0	1	0	1	1	1	1	1	1	0	1	1
1	0	1	1	0	1	1	1	1	1	1	0	1
1	0	1	1	1	1	1	1	1	1	1	1	0

例 4.8 试用 74HC138 实现逻辑函数 $F=\sum(m_3,m_4,m_5,m_6)$。

解： $F=\sum(m_3,m_4,m_5,m_6)=\overline{A}BC+A\overline{B}\,\overline{C}+A\overline{B}C+AB\overline{C}=\overline{\overline{\overline{A}BC}\cdot\overline{A\overline{B}\,\overline{C}}\cdot\overline{A\overline{B}C}\cdot\overline{AB\overline{C}}}$，令 $A_2=A$，$A_1=B$，$A_0=C$，则 $F=\overline{\overline{A_2A_1A_0}\cdot\overline{A_2\overline{A_1}\,\overline{A_0}}\cdot\overline{A_2\overline{A_1}A_0}\cdot\overline{A_2A_1\overline{A_0}}}=\overline{\overline{Y_3}\cdot\overline{Y_4}\cdot\overline{Y_5}\cdot\overline{Y_6}}$，根据此函数式可画出电路图实现函数，电路图如图 4.21 所示。

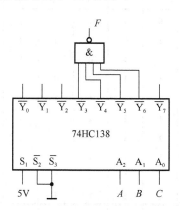

图 4.21 例 4.8 的电路图

2. 二–十进制译码器

二–十进制译码器的功能是将输入 BCD 码译成对应的高、低电平输出信号，由于二–十进制译码器有 4 根输入线，10 根输出线，因此又称为 4 线-10 线译码器，电路图如图 4.22 所示，表 4.9 列出了 74HC42 的真值表。

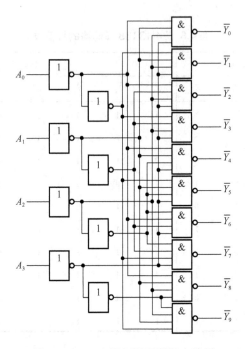

图 4.22 二-十进制译码器的电路图

表 4.9 二-十进制译码器 74HC42 的真值表

序号	输入				输出									
	A_3	A_2	A_1	A_0	$\overline{Y_0}$	$\overline{Y_1}$	$\overline{Y_2}$	$\overline{Y_3}$	$\overline{Y_4}$	$\overline{Y_5}$	$\overline{Y_6}$	$\overline{Y_7}$	$\overline{Y_8}$	$\overline{Y_9}$
0	0	0	0	0	0	1	1	1	1	1	1	1	1	1
1	0	0	0	1	1	0	1	1	1	1	1	1	1	1
2	0	0	1	0	1	1	0	1	1	1	1	1	1	1
3	0	0	1	1	1	1	1	0	1	1	1	1	1	1
4	0	1	0	0	1	1	1	1	0	1	1	1	1	1
5	0	1	0	1	1	1	1	1	1	0	1	1	1	1
6	0	1	1	0	1	1	1	1	1	1	0	1	1	1
7	0	1	1	1	1	1	1	1	1	1	1	0	1	1
8	1	0	0	0	1	1	1	1	1	1	1	1	0	1
9	1	0	0	1	1	1	1	1	1	1	1	1	1	0
伪码	1	0	1	0	1	1	1	1	1	1	1	1	1	1
	1	0	1	1	1	1	1	1	1	1	1	1	1	1
	1	1	0	0	1	1	1	1	1	1	1	1	1	1
	1	1	0	1	1	1	1	1	1	1	1	1	1	1
	1	1	1	0	1	1	1	1	1	1	1	1	1	1
	1	1	1	1	1	1	1	1	1	1	1	1	1	1

例如，当输入码为 $A_3A_2A_1A_0$=**0110** 时，输出 $\overline{Y_6}=\mathbf{0}$，其余输出端全部为高电平，电路图如图 4.23 所示。对于 BCD 代码以外的 6 个伪码 **1010～1111**，输出端没有有效低电平产生，所以二-十进制译码器的结构具有拒绝伪码的功能。

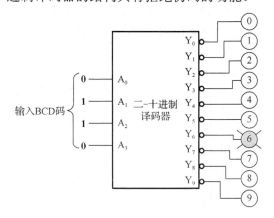

图 4.23　输入 **0110** 时的译码电路图

3. 七段显示译码器

在数字系统中，需要将数字量直观地显示出来。数字显示电路通常由译码驱动器和显示器两部分组成。数字显示器是用来显示数字、文字或符号的器件。

日常生活中普遍使用七段式数字显示器（也称为七段数码管），如图 4.24 所示。常见的七段式数字显示器有发光二极管（light emitting diode，LED）和液晶显示器两种。LED 构成的七段式数字显示器有两种，即共阴极电路和共阳极，如图 4.25 所示。在共阴极电路中，8 个 LED 的阴极连在一起接低电平，若需要其中一段发光，就将相应 LED 的阳极接高电平。共阳极显示器的驱动则刚好相反。

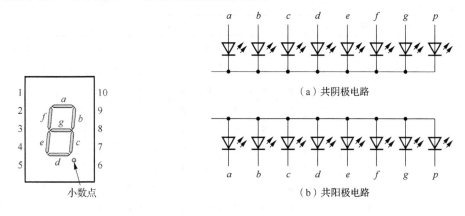

图 4.24　七段式数字显示器　　　　图 4.25　LED 构成的七段式数字显示器

驱动七段数码管的译码器称为 BCD 七段显示译码器。为了使数码管能够显示十进制数，必须将十进制数的代码转换成数码管所需要的驱动信号。显示译码器有 4 个输入端和 7 个输出端，输入为待显示的 BCD 码，输出为七段显示码。例如，对于十进制数 3，输入的 8421BCD 码为 **0011**，译码驱动器应使 *a*、*b*、*c*、*d*、*g* 各段点亮。因此，对应于某一组数码输入，显示译码器的输出端相应地有几个有效信号输出。

常用的七段显示译码器集成电路有 7446、7447、7448、7449 和 CD4511 等。七段显示译码器 7447 输出端低电平有效，用以驱动共阳极显示器。图 4.26 所示为输出低电平有效的七段显示译码器 7447 的电路图和引脚图。表 4.10 为 7447 的功能表。它有 3 个辅助控制端。

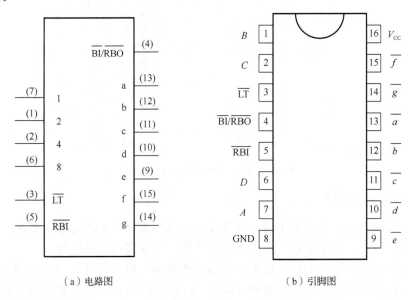

（a）电路图 　　　　　　　　　　　（b）引脚图

图 4.26　七段显示译码器 7447

表 4.10　7447 的功能表

十进制或功能	输入							输出							字形
	$\overline{RBI}$	$\overline{BI}/\overline{RBO}$	$\overline{LT}$	D	C	B	A	$\overline{a}$	$\overline{b}$	$\overline{c}$	$\overline{d}$	$\overline{e}$	$\overline{f}$	$\overline{g}$	
0	**1**	**1**	**1**	**0**	**0**	**0**	**0**	**0**	**0**	**0**	**0**	**0**	**0**	**1**	0
1	×	**1**	**1**	**0**	**0**	**0**	**1**	**1**	**0**	**0**	**1**	**1**	**1**	**1**	1
2	×	**1**	**1**	**0**	**0**	**1**	**0**	**0**	**0**	**1**	**0**	**0**	**1**	**0**	2
3	×	**1**	**1**	**0**	**0**	**1**	**1**	**0**	**0**	**0**	**0**	**1**	**1**	**0**	3
4	×	**1**	**1**	**0**	**1**	**0**	**0**	**1**	**0**	**0**	**1**	**1**	**0**	**0**	4
5	×	**1**	**1**	**0**	**1**	**0**	**1**	**0**	**1**	**0**	**0**	**1**	**0**	**0**	5
6	×	**1**	**1**	**0**	**1**	**1**	**0**	**1**	**1**	**0**	**0**	**0**	**0**	**0**	6
7	×	**1**	**1**	**0**	**1**	**1**	**1**	**0**	**0**	**0**	**1**	**1**	**1**	**1**	7
8	×	**1**	**1**	**1**	**0**	**0**	**0**	**0**	**0**	**0**	**0**	**0**	**0**	**0**	8
9	×	**1**	**1**	**1**	**0**	**0**	**1**	**0**	**0**	**0**	**0**	**1**	**0**	**0**	9
试灯	×	**1**	**0**	×	×	×	×	**0**	**0**	**0**	**0**	**0**	**0**	**0**	8
灭灯	×	**0**	×	×	×	×	×	**1**	**1**	**1**	**1**	**1**	**1**	**1**	熄灭
灭零	**0**	**0**	**1**	**0**	**0**	**0**	**0**	**1**	**1**	**1**	**1**	**1**	**1**	**1**	熄灭

（1）灭灯输入 $\overline{\mathrm{BI}}/\overline{\mathrm{RBO}}$。这是一个特殊控制端，输入、输出复用。当 $\overline{\mathrm{BI}}/\overline{\mathrm{RBO}}$ 作为输入端，且 $\overline{\mathrm{BI}}=\mathbf{0}$ 时，无论其他输入是何状态，译码器输出均为高电平，数码管熄灭。

（2）试灯输入 $\overline{\mathrm{LT}}$。这是为了检查数码管各段能否正常工作而设置的。当 $\overline{\mathrm{LT}}=\mathbf{0}$ 时，$\overline{\mathrm{BI}}/\overline{\mathrm{RBO}}$ 是输出端，且 $\overline{\mathrm{RBO}}=\mathbf{1}$，无论其他输入是何状态，译码器输出均为低电平，数码管显示"8"的字形。

（3）灭零输入 $\overline{\mathrm{RBI}}$。当 $\overline{\mathrm{LT}}=\mathbf{1}$、$\overline{\mathrm{RBI}}=\mathbf{0}$ 且输入代码为 $\mathbf{0000}$ 时，各段输出均为高电平，不显示相应的"0"字形，所以称为"灭零"，可以实现某一位消隐。此时 $\overline{\mathrm{BI}}/\overline{\mathrm{RBO}}$ 是输出端，且 $\overline{\mathrm{RBO}}=\mathbf{0}$。

（4）灭零输出 $\overline{\mathrm{RBO}}$。当 $\overline{\mathrm{BI}}/\overline{\mathrm{RBO}}$ 作为输出端使用时，受控于 $\overline{\mathrm{LT}}$ 和 $\overline{\mathrm{RBI}}$，当 $\overline{\mathrm{LT}}=\mathbf{1}$、$\overline{\mathrm{RBI}}=\mathbf{0}$，输入代码 $DCBA$ 为 $\mathbf{0000}$ 时，$\overline{\mathrm{RBO}}=\mathbf{0}$；当 $\overline{\mathrm{LT}}=\mathbf{0}$ 或 $\mathbf{1}$ 且 $\overline{\mathrm{RBI}}=\mathbf{1}$ 时，$\overline{\mathrm{RBO}}=\mathbf{1}$。该端主要用于显示多位数字时多个译码器之间的连接。灭零输出与灭零输入配合使用，可以实现多位数码显示的灭零控制。图 4.27 给出了 8 位数字显示系统的灭零控制。整数位的最高位和小数位的最低位的灭零输入接地，以便灭零。当 $\overline{\mathrm{BI}}/\overline{\mathrm{RBO}}$ 作为灭零输出端使用时，本位灭零后输出低电平，用于控制相邻位是否应该灭零。图中整数部分的个位和小数部分的十分位没有使用灭零功能，当全部数据为零时则可保留显示 0.0，否则 8 位将会全部熄灭。

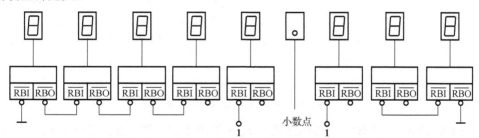

图 4.27　8 位数字显示系统的灭零控制

4.3.3　数据分配器

在数据传输过程中，将输入数据分配到地址信号指定的输出通道上，这时用到一个称为数据分配器的逻辑电路，也称多路分配器或多路调节器（regulator），其电路为单输入多输出形式。其功能如同开关接通一样，开关在哪一端合闸由地址输入决定，如图 4.28 所示。

图 4.29 所示是 4 路数据分配器的电路图，D 为被传输的数据输入端，A、B 为选择输入端，有 2 个地址输入，因此有 $2^2=4$ 个输出端，即 $W_0 \sim W_3$。

根据图 4.29 可写出 4 路数据分配器的输出表达式：

$$W_0 = \overline{A}\,\overline{B}D，\qquad W_1 = \overline{A}BD，\qquad W_2 = A\overline{B}D，\qquad W_3 = ABD \qquad (4.3)$$

可见，数据分配器实质上是地址译码器与输入数据 D 的组合。

数据分配器的功能可用译码器来实现。3 线-8 线译码器 74138 有 3 个地址输入端，3 个控制输入端，8 个输出端，利用 74138 能够实现 8 路数据分配。

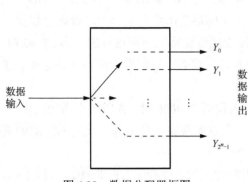

图 4.28   数据分配器框图

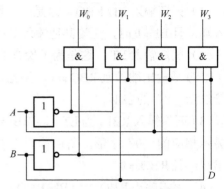

图 4.29   4 路数据分配器的电路图

4.3.4   数据选择器

在数据信号的传输过程中，需要从一组数据中选择其中一个数据作为输出信号，这时就需要用到一种称为数据选择器的逻辑电路，又称多路选择器（multiplexer，MUX）。数据选择器的原理示意图如图 4.30 所示。

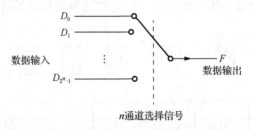

图 4.30   数据选择器的原理示意图

图 4.31 所示为双四选一数据选择器 74153 的电路图。它的功能表如表 4.11 所示。在控制端输入电平有效，即 $\overline{E} = \overline{E'} = 0$ 时，数据选择器的输出逻辑函数式为

$$F_1 = \overline{A_1}\,\overline{A_0}D_0 + \overline{A_1}A_0D_1 + A_1\overline{A_0}D_2 + A_1A_0D_3 = \sum_{i=0}^{3}m_iD_i \tag{4.4}$$

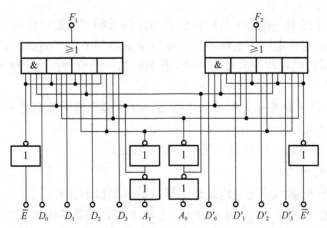

图 4.31   双四选一数据选择器 74153 的电路图

表 4.11　74153 功能表

输入					输出	
地址选择		使能	数据			
A_1	A_0	$\overline{E}(\overline{E}')$	D_i	(D_i')	F_1	(F_2)
×	×	1	×	×	0	0
0	0	0	$D_0 \sim D_3$	$(D_0' \sim D_3')$	D_0	(D_0')
0	1	0	$D_0 \sim D_3$	$(D_0' \sim D_3')$	D_1	(D_1')
1	0	0	$D_0 \sim D_3$	$(D_0' \sim D_3')$	D_2	(D_2')
1	1	0	$D_0 \sim D_3$	$(D_0' \sim D_3')$	D_3	(D_3')

图 4.32 所示为八选一数据选择器 74151 的符号和引脚排列图。其功能如表 4.12 所示。在控制端输入电平有效，即 $\overline{E}=0$ 时，数据选择器的输出逻辑函数式为

$$F = \overline{A_2}\,\overline{A_1}\,\overline{A_0}D_0 + \overline{A_2}\,\overline{A_1}A_0D_1 + \overline{A_2}A_1\overline{A_0}D_2 + \overline{A_2}A_1A_0D_3 + A_2\overline{A_1}\,\overline{A_0}D_4 + A_2\overline{A_1}A_0D_5$$

$$+ A_2A_1\overline{A_0}D_6 + A_2A_1A_0D_7$$

$$= \sum_{i=0}^{7} m_i D_i \tag{4.5}$$

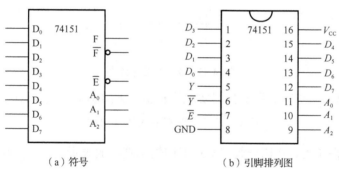

（a）符号　　　　　　　　　　（b）引脚排列图

图 4.32　八选一数据选择器 74151 的符号和引脚排列图

表 4.12　74151 功能表

$\overline{E}$	A_3	A_2	A_1	F	$\overline{F}$
1	×	×	×	0	1
0	0	0	0	D_0	$\overline{D_0}$
0	0	0	1	D_1	$\overline{D_1}$
0	0	1	0	D_2	$\overline{D_2}$
0	0	1	1	D_3	$\overline{D_3}$
0	1	0	0	D_4	$\overline{D_4}$
0	1	0	1	D_5	$\overline{D_5}$
0	1	1	0	D_6	$\overline{D_6}$
0	1	1	1	D_7	$\overline{D_7}$

例 4.9 试用 74153 接成八选一数据选择器。

解：（1）两个四选一数据选择器的 8 个输入端作为八选一数据选择器的输入端。

（2）八选一数据选择器只有一个输出端。因此，需要将两个四选一数据选择器的两个输出相或作为八选一数据选择器的输出端。

（3）四选一数据选择器只有两个地址输入端 A_1、A_0，而八选一数据选择器应有 3 个地址输入端 A_2、A_1、A_0。可选择控制端 $\overline{E}$ 作为 A_2 地址端。

两个数据选择器不能同时工作，当 $A_2=0$ 时，应使输入为 $D_0 \sim D_3$ 的数据选择器工作；当 $A_2=1$ 时，另一个四选一数据选择器工作。为此，A_2 接 $\overline{E}$，A_2 经非门取非接 $\overline{E}'$。据此画出的电路图如图 4.33 所示。

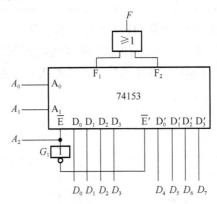

图 4.33　例 4.9 的电路图

例 4.10 试用八选一数据选择器实现逻辑函数 $F(A,B,C) = \sum(m_0, m_2, m_3, m_5)$。

解：
$$F = \overline{A}\,\overline{B}\,\overline{C} + \overline{A}B\overline{C} + \overline{A}BC + A\overline{B}C$$

当控制端 $\overline{E}=0$ 时，八选一数据选择器的输出端一般表示为 $F = \sum_{i=0}^{7}(m_i D_i)$。令 $A=A_2$，$B=A_1$，$C=A_0$，则比较上面两式可知 $D_1=D_4=D_6=D_7=0$，$D_0=D_2=D_3=D_5=1$，因此，可画出 74151 实现的电路图，如图 4.34 所示。

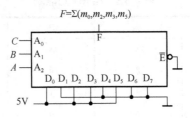

图 4.34　例 4.10 的电路图

例 4.11 试用四选一数据选择器实现逻辑函数 $F(A,B,C,D) = \sum(m_1, m_2, m_4, m_9, m_{10}, m_{11}, m_{12}, m_{14}, m_{15})$。

解：如图 4.35 所示，将函数填入卡诺。

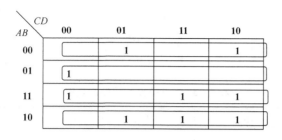

图 4.35　例 4.11 卡诺图

令四选一数据选择器的地址 $A_1A_0=AB$，由卡诺图得出如下逻辑函数式：

$$\overline{AB}(\overline{C}D + C\overline{D}) = \overline{A_1\,A_0}D_0$$

$$\overline{AB}(\overline{CD}) = \overline{A_1}A_0D_1$$

$$AB(CD + C\overline{D} + \overline{CD}) = A_1A_0D_3$$

$$A\overline{B}(\overline{C}D + CD + C\overline{D}) = A_1\,\overline{A_0}D_2$$

写出四选一数据选择器的输入逻辑函数式，画出函数实现的电路图，如图 4.36 所示。

$$D_0 = \overline{C}D + C\overline{D}$$

$$D_1 = \overline{CD}$$

$$D_2 = \overline{C}D + CD + C\overline{D}$$

$$D_3 = CD + C\overline{D} + \overline{CD}$$

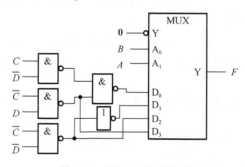

图 4.36　例 4.11 的电路图

4.3.5　数值比较电路

在数字系统中，特别是在计算机系统中需要对两个数的大小进行比较。数值比较电路就是用来比较两个二进制数的大小的逻辑电路。

1．1 位数值比较器

1 位数值比较是多位数值比较的基础。比较两个 1 位二进制数 A 和 B 的大小，结果有 3 种情况：$A>B$、$A=B$、$A<B$。

1 位数值比较器的真值表如表 4.13 所示，可写出 1 位数值比较器 3 个输出端的逻辑函数式如下：

$$\begin{cases} Y_{A>B} = A\overline{B} \\ Y_{A<B} = \overline{A}B \\ Y_{A=B} = \overline{A}\,\overline{B} + AB \end{cases} \qquad (4.6)$$

表 4.13　1 位数值比较器的真值表

A	B	$Y_{A>B}$	$Y_{A<B}$	$Y_{A=B}$
0	0	0	0	1
0	1	0	1	0
1	0	1	0	0
1	1	0	0	1

根据这些函数式画出 1 位数值比较器的电路图，如图 4.37 所示。

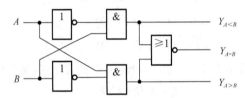

图 4.37　1 位数值比较器的电路图

2．4 位数值比较器

两个多位数相比较，如 4 位数值 $A=A_3A_2A_1A_0$ 和 $B=B_3B_2B_1B_0$ 进行比较，应首先从高位开始，逐位比较。一般按以下步骤进行：

（1）首先比较 A_3 和 B_3，若 $A_3B_3=\mathbf{10}$，则 $A>B$；若 $A_3B_3=\mathbf{01}$，则 $A<B$；否则 $A_3=B_3$。

（2）若 $A_3=B_3$，则比较 A_2 和 B_2；若 $A_2B_2=\mathbf{10}$，则 $A>B$；若 $A_2B_2=\mathbf{01}$，则 $A<B$；否则 $A_2=B_2$。

（3）若 $A_3=B_3$ 和 $A_2=B_2$，则比较 A_1 和 B_1，若 $A_1B_1=\mathbf{10}$，则 $A>B$；若 $A_1B_1=\mathbf{01}$，则 $A<B$；否则 $A_1=B_1$。

（4）若高位都相等，则比较 A_0 和 B_0；若 $A_0B_0=\mathbf{10}$，则 $A>B$；若 $A_0B_0=\mathbf{01}$，则 $A<B$；若 $A_0B_0=\mathbf{00}$ 或 $\mathbf{11}$（相等），则 $A=B$。

将以上分析填入真值表，如表 4.14 所示。

表 4.14　4 位数值比较器的真值表

比较输入								级联输入			输出		
A_3	B_3	A_2	B_2	A_1	B_1	A_0	B_0	$I_{A>B}$	$I_{A<B}$	$I_{A=B}$	$Y_{A>B}$	$Y_{A<B}$	$Y_{A=B}$
$A_3>B_3$		×		×		×		×	×	×	1	0	0
$A_3<B_3$		×		×		×		×	×	×	0	1	0
$A_3=B_3$		$A_2>B_2$		×		×		×	×	×	1	0	0
$A_3=B_3$		$A_2<B_2$		×		×		×	×	×	0	1	0
$A_3=B_3$		$A_2=B_2$		$A_1>B_1$		×		×	×	×	1	0	0
$A_3=B_3$		$A_2=B_2$		$A_1<B_1$		×		×	×	×	0	1	0

续表

比较输入								级联输入			输出		
A_3	B_3	A_2	B_2	A_1	B_1	A_0	B_0	$I_{A>B}$	$I_{A<B}$	$I_{A=B}$	$Y_{A>B}$	$Y_{A<B}$	$Y_{A=B}$
$A_3=B_3$		$A_2=B_2$		$A_1=B_1$		$A_0>B_0$		×	×	×	**1**	**0**	**0**
$A_3=B_3$		$A_2=B_2$		$A_1=B_1$		$A_0<B_0$		×	×	×	**0**	**1**	**0**
$A_3=B_3$		$A_2=B_2$		$A_1=B_1$		$A_0=B_0$		**1**	**0**	**0**	**1**	**0**	**0**
$A_3=B_3$		$A_2=B_2$		$A_1=B_1$		$A_0=B_0$		**0**	**1**	**0**	**0**	**1**	**0**
$A_3=B_3$		$A_2=B_2$		$A_1=B_1$		$A_0=B_0$		×	×	**1**	**0**	**0**	**1**
$A_3=B_3$		$A_2=B_2$		$A_1=B_1$		$A_0=B_0$		**1**	**1**	**0**	**0**	**0**	**0**
$A_3=B_3$		$A_2=B_2$		$A_1=B_1$		$A_0=B_0$		**0**	**0**	**0**	**1**	**1**	**0**

数值比较器应用广泛，用数码比较功能与其他电路配合可实现各种控制功能。

图 4.38 所示是 4 位数值比较器 74LS85 的电路图和引脚排列图。除两组 4 位二进制数输入端 $A_3A_2A_1A_0$ 和 $B_3B_2B_1B_0$ 外，还有级联用的输入端 $I_{A=B}$、$I_{A>B}$ 和 $I_{A<B}$，用来输入低位的比较结果。多片 4 位数值比较器级联使用时，最低位片的 $I_{A=B}$ 端应接 **1**，而 $I_{A>B}$ 和 $I_{A<B}$ 端应接 **0**。

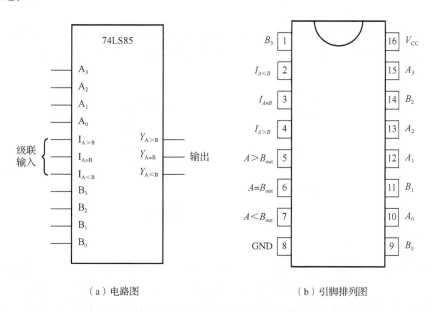

（a）电路图 （b）引脚排列图

图 4.38 4 位数值比较器 74LS85 的电路图和引脚排列图

4.3.6 加法电路

在数字计算机中，两个二进制数之间的算术运算，无论加、减、乘、除，都由若干的加法运算加上一些逻辑操作、移位与指令调用来完成。加法器是构成运算器的基本单元，常用作计算机算术逻辑部件。

二进制加法的运算规则是：**0+0=0，0+1=1，1+0=1，1+1=10**。

两个多位二进制数 A 和 B 相加的过程是：按权对位，同位相加，从最低有效位开始相加，形成和数并传送进位到高位。

加法器有两种基本的类型：半加器和全加器。

1. 半加器

半加器（half-adder）是指只考虑两个 1 位二进制数相加，而不考虑低位进位的运算电路。设 A、B 为两个加数，S 为本位的和，C 为本位向高位的进位，表 4.15 给出了半加器的真值表，输出函数式如下：

$$\begin{cases} S = \overline{A}B + A\overline{B} = A \oplus B \\ C = AB \end{cases} \tag{4.7}$$

表 4.15　半加器的真值表

A	B	C	S
0	0	0	0
0	1	0	1
1	0	0	1
1	1	1	0

半加器是一个异或门和一个与门组成的逻辑电路，其电路图及符号如图 4.39 所示。

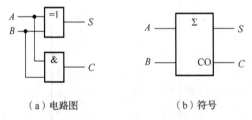

（a）电路图　　　　　　　（b）符号

图 4.39　半加器的电路图及符号

2. 全加器

实现两个 1 位二进制数相加的同时，再考虑来自低位的进位信号，这种电路称为全加器（full-adder）。实际参加 1 位数相加，必须有 3 个变量，它们是本位被加数 A_i、加数 B_i 和低位向本位的进位 C_{i-1}；输出变量有本位的和 S_i 与本位向高位的进位 C_i。根据二进制加法法则可以列出全加器的真值表，如表 4.16 所示。

表 4.16　全加器的真值表

A_i	B_i	C_{i-1}	C_i	S_i
0	0	0	0	0
0	0	1	0	1
0	1	0	0	1
0	1	1	1	0

续表

A_i	B_i	C_{i-1}	C_i	S_i
1	0	0	0	1
1	0	1	1	0
1	1	0	1	0
1	1	1	1	1

由真值表可写出 S_i 和 C_i 的逻辑函数式，化简后得

$$\begin{cases} S_i = \overline{A_i}\,\overline{B_i}C_{i-1} + \overline{A_i}B_i\overline{C_{i-1}} + A_i\overline{B_i}\,\overline{C_{i-1}} + A_iB_iC_{i-1} \\ C_i = A_iB_i + B_iC_{i-1} + A_iC_{i-1} \end{cases} \tag{4.8}$$

整理转换形式后输出函数式为

$$\begin{cases} S_i = A_i \oplus B_i \oplus C_{i-1} \\ C_i = A_iB_i + C_{i-1}(A_i \oplus B_i) \end{cases} \tag{4.9}$$

由此画出全加器的电路图，如图 4.40（a）所示，其符号如图 4.40（b）所示。

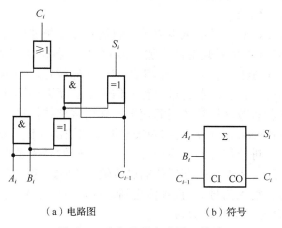

（a）电路图　　　　　（b）符号

图 4.40　全加器的电路图及符号

全加器是计算机中基本的算术逻辑单元。实现各种算术和逻辑操作的运算器，大多是全加器逻辑功能的扩展。

3. 多位加法器

实现多位二进制数加法运算的电路称为加法器。按照各位数相加方式的不同可分为串行加法器和并行加法器。串行加法器采用串行运算方式，从二进制数的最低位开始逐位相加至最高位，最后得出和数。并行加法器采用并行运算方式，即两个数各位同时相加。

由于串行加法器是从最低位开始逐位相加至最高位的，运算速度比并行加法器慢得多，因此目前并行加法器应用广泛。并行加法器按照进位方式又可分为串行进位并行加法器和超前进位并行加法器两种。

1）串行进位并行加法器

当有多位二进制数相加时，可模仿笔算，用全加器构成串行进位加法器，只要依次将低位全加器的进位输出信号接到高位全加器的进位输入端 CI。图 4.41 所示是一个 4 位串行进位并行加法器，全加器的个数等于相加数的位数。这种加法器的优点是电路简单、连接方便；其缺点是运算速度不高。由图可知，最高位的运算必须等到所有低位运算依次结束，送来进位信号之后才能进行，因此其运算速度受到限制。

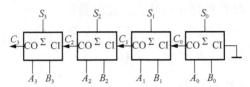

图 4.41　4 位串行进位并行加法器

2）超前进位并行加法器

串行进位加法运算，其进位信号是逐位传送的。每一位的加法运算，必须在低一位运算完成，进位信号送上来之后才进行运算。这样，随着加法器位数的增多，完成一次加法运算所需时间必然延长。

为了提高运算速度，必须设法减少由于进位信号逐级传递所耗费的时间。由原理可知，加到第 i 位的进位输入信号是这两个加数第 i 位以下各位状态的函数，所以第 i 位的进位输入信号 CI，一定能由 $A_{i-1}A_{i-2}\cdots A_0$ 和 $B_{i-1}B_{i-2}\cdots B_0$ 确定。根据这个原理，就可以通过逻辑电路事先得出每一位全加器的进位输入信号 CI，而无须再从最低位开始向高位逐位传递进位信号，这就有效地提高了运算速度。采用这种结构形式的加法器称为超前进位加法器（carry lookahead adder），也称为快速进位加法器（fast carry adder）。

下面具体分析超前进位信号的产生原理。从全加器的真值表中可知，当 $AB=1$ 时，进位输出 CO=1，或者 $A+B=1$ 且来自低位的进位输入 CI=1，也产生 CO=1 的信号，这时可以将来自低位的进位输入信号 CI 直接传送到进位输出端 CO。于是两个多位数中第 i 位相加产生的进位输出 CO 可表示为

$$(\mathrm{CO})_i=A_iB_i+(A_i+B_i)(\mathrm{CI})_i \tag{4.10}$$

若将 A_iB_i 定义为进位生成函数 G_i，同时将 (A_i+B_i) 定义为进位传送函数 P_i，则式（4.10）可改写为

$$(\mathrm{CO})_i=G_i+P_i(\mathrm{CI})_i \tag{4.11}$$

将式（4.11）展开后得

$$\begin{aligned}
(\mathrm{CO})_i&=G_i+P_i(\mathrm{CI})_i\\
&=G_i+P_i[G_{i-1}+P_{i-1}(\mathrm{CI})_{i-1}]\\
&=G_i+P_iG_{i-1}+P_iP_{i-1}[G_{i-2}+P_{i-2}(\mathrm{CI})_{i-2}]\\
&\cdots\cdots\\
&=G_i+P_iG_{i-1}+P_iP_{i-1}G_{i-2}+\cdots+P_iP_{i-1}\cdots P_1G_0+P_iP_{i-1}\cdots P_0(\mathrm{CI})_0
\end{aligned} \tag{4.12}$$

根据全加器输出函数式（4.9）和式（4.12）构成的 4 位超前进位加法器 74HC283，其电路图和符号如图 4.42 所示。由图可知，加法器位数增加时，电路复杂度也会随之急剧上升。

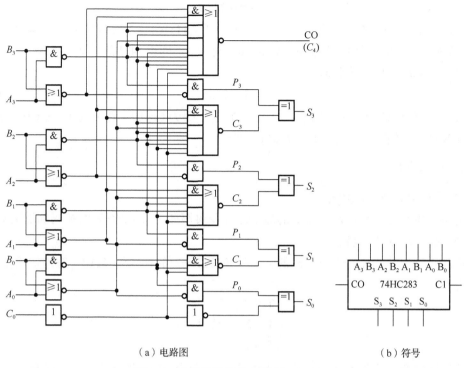

（a）电路图　　　　　　（b）符号

图 4.42　4 位超前进位加法器 74HC283

4.3.7　减法电路

在计算机中，常用加法器实现减法运算。其原理是将减法运算转换为补码的加法运算。首先简单了解二进制数的补码表示方法。二进制正、负数表示方法不同，实现减法运算的电路也不同。

1．二进制正、负数表示方法

1）原码表示法

在二进制数最高位前增加一位符号位，正数的符号位为 **0**，负数的符号位为 **1**，其余各位表示数的绝对值。例如，$A=+10110$，$B=-10110$。其原码表示法记为[+**10110**]$_原$=**010110**，[-**10110**]$_原$=**110110**。

2）补码表示法

正数的补码与其原码相同，如一个二进制正数 $A=+10010$ 的补码[A]$_补$=[+**10010**]$_补$=**010010**，而负数的补码与其原码不同，是在符号位 **1** 不变的前提下，绝对值取反加 **1**。取反是得其反码。例如：

$$[A]_原=[-10010]_原=110010, \quad [A]_反=101101$$

$$\begin{array}{r} 101101 \text{ 反码} \\ +\quad\quad 1 \text{ 加1} \\ \hline 101110 \text{ 补码} \end{array}$$

$$[A]_{补}=101110$$

例如，求 $A=-1101$ 的补码。先写出 A 的原码为 $[11101]_{原}$，符号位除外，其余各位均求反，**1** 变为 **0**，**0** 变为 **1**，得到反码 **10010**，再加 **1**，即得到 A 的补码 **10011**。

另一种求法可用如下公式：

$$[-A]_{补}=2^n-A \tag{4.13}$$

式中，n 为 A 的位数。例如 $(-13)_{10}=(-1101)_2$，它的补码为（再加上符号位）$2^4-1101=10000-1101=00011$，再加上符号位，则 $[-1101]=10011$。

2. 减法电路

1）用补码完成减法运算

用补码表示正、负数，X 与 Y 的减法运算便可写成 $X-Y=X+(-Y)$ 的补码加法运算。

例 4.12　求 5-2 的值。

解： 二进制补码加法运算。5 的补码为 **0101**，−2 的补码为 **1110**，3 的补码(1)**0011** 溢出舍去；

$$
\begin{array}{rl}
0101 & 5 \\
+\ 1110 & -2\text{的补码} \\
\hline
1\,0011 & 3
\end{array}
$$

补码运算的结果仍为补码形式。当差值为正数时，其补码形式与原码相同，可知为十进制数 3。

例 4.13　求 4-7 的值，其差值为负数。

解：

十进制减法	二进制补码加法	
4	**0100**	4的补码
−) 7	+)**1001**	−7的补码
− 3	**1101**	−3的补码

补码运算的结果也是补码，对 **1101** 求补码就得到其原码，即 $[1101]_{补}=1011$，即得−3。

由于减法运算中，参加运算的数有正数，也有负数，因此变换成补码做加法运算最简单。

2）求反电路

求反电路可用异或门实现，如图 4.43 所示。当 $M=1$ 时，异或门输出为输入的反码；当 $M=0$ 时，输出与输入相同，即当 $M=0$ 时，$F_i = A_i \oplus 0 = A_i$；当 $M=1$ 时，$F_i = A_i \oplus 1 = \overline{A_i}$。

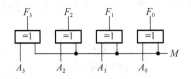

图 4.43　求反电路的电路图

3）原码输出二进制减法电路

原码输出二进制减法电路图如图 4.44 所示。该电路由求反电路和中规模 4 位全加器 74LS283 组成。

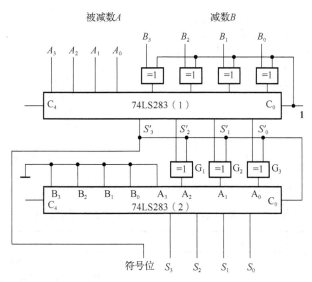

图 4.44　原码输出二进制减法电路图

原码输出减法电路的设计原理是 $A-B=A+(-B)$，负数用补码表示，做加法运算。所以 $[A-B]_补=[A]_补+[-B]_补$，变成原码需要对 $[A-B]_补$ 再求补一次，即 $[[A-B]_补]_补=[A-B]_原$。

4.3.8　算术逻辑部件

算术逻辑部件（arithmetic and logic unit，ALU）是能实现多组算术运算和逻辑运算的组合逻辑电路。ALU 是中央处理器（central processing unit，CPU）的执行部件，是所有中央处理器的核心组成部分，由与门和或门构成的 ALU，主要功能是进行二位元的算术运算，如加、减、乘（不包括整数除法）。基本上，在所有现代 CPU 体系结构中，二进制都以补码的形式来表示。ALU 是进行整数运算的结构，现阶段是用电路来实现的，应用在计算机芯片中。

在计算机中，ALU 是专门执行算术和逻辑运算的数字电路。在现代 CPU 和图形处理单元（graphics processing unit，GPU）处理器中已含有功能强大和复杂的 ALU，甚至连最小的微处理器也包含 ALU，用来计数。

1．ALU 的基本组成原理

图 4.45 所示是功能较简单的 ALU 的框图及其一位电路图。图中，M 端为方式控制端，当 $M=1$ 时执行算术运算操作，当 $M=0$ 时执行逻辑运算操作。S_1、S_0 为操作选择端，由它们的状态决定输出表达式，如表 4.17 和表 4.18 所示。$A_3 \sim A_0$，$B_3 \sim B_0$ 是两个数据输入端，C_0 是算术运算的进位输入端，C_4 是进位输出端，C_0、C_4 作为芯片级联使用；$F_3 \sim F_0$ 为算术运算或逻辑运算结果输出端。

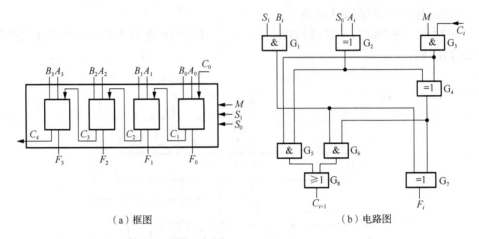

（a）框图   （b）电路图

图 4.45　简单 ALU 的原理图

表 4.17　ALU 运算功能表（$M=0$ 时进行逻辑运算）

S_1	S_0	F_i	说明
0	0	A_i	传送输入 A_i 到输出端 F_i
0	1	$\overline{A_i}$	对输入 A_i 取反并传送至 F_i 端
1	0	$A_i + B_i$	执行 A_i 与 B_i 的异或操作
1	1	$\overline{A_i + B_i}$	执行 A_i 与 B_i 的异或非操作

表 4.18　ALU 运算功能表（$M=1$ 时进行算术运算）

C_0	S_1	S_0	F_i	说明
0	0	0	A	传送输入 A 到输出端
0	0	1	$\overline{A}$	对 A 取反
0	1	0	A 加 B	求 A 与 B 的和
0	1	1	$\overline{A}$ 加 B	求 $\overline{A}$ 与 B 的和
1	0	0	A 加 1	输出为数 A 加 1
1	0	1	$\overline{A}$ 加 1	输出为数 A 的补码
1	1	0	A 加 B 加 1	求 A 与 B 之和再加 1
1	1	1	$\overline{A}$ 加 B 加 1	求 $[B-A]_{补}$

2. 集成算术逻辑部件

图 4.46 所示是中规模 ALU 集成电路 74181 引脚图。74181 有 16 种逻辑运算功能和 16 种算术运算功能。图中的 $A_3 \sim A_0$ 和 $B_3 \sim B_0$ 是两组输入的运算代码，$F_3 \sim F_0$ 是输出的运算结果，引脚 16 $\overline{C_3}$ 是进位输出，引脚 7 $\overline{C_{-1}}$ 是来自低位的进位输入。当两组输入操作数完全相同时，引脚 14 $F_{A=B}$=1。G 和 P 是进位函数产生的输出端和进位传送函数的输出端，提供扩展位数，级联时使用。M 为方式控制端，S_1、S_0 为操作选择端。表 4.19 是 74181 的运算功能表。

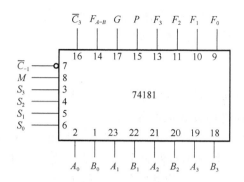

图 4.46 74181 引脚图

表 4.19 74181 的运算功能表

操作选择				运算功能		
S_3	S_2	S_1	S_0	$M=1$ 逻辑运算	$M=0$ 算术运算 $\overline{C}_{-1}=1$ （无进位）	$\overline{C}_{-1}=0$ （有进位）
0	0	0	0	$F=\overline{A}$	$F=A$	$F=A$加1
0	0	0	1	$F=\overline{A+B}$	$F=A+B$	$F=(A+B)$加1
0	0	1	0	$F=\overline{A}B$	$F=A+\overline{B}$	$F=(A+\overline{B})$加1
0	0	1	1	$F=0$	$F=$减1	$F=0$
0	1	0	0	$F=\overline{AB}$	$F=A$加$A\overline{B}$	$F=A$加$A\overline{B}$加1
0	1	0	1	$F=\overline{B}$	$F=(A+B)$加$A\overline{B}$	$F=(A+B)$加$A\overline{B}$加1
0	1	1	0	$F=A\oplus B$	$F=A$减B减1	$F=A$减B
0	1	1	1	$F=A\overline{B}$	$F=A\overline{B}$减1	$F=A\overline{B}$
1	0	0	0	$F=\overline{A}+B$	$F=A$加AB	$F=A$加AB加1
1	0	0	1	$F=\overline{A\oplus B}$	$F=A$加B	$F=A$加B
1	0	1	0	$F=B$	$F=(A+\overline{B})$加AB	$F=(A+\overline{B})$加AB
1	0	1	1	$F=AB$	$F=AB$减1	$F=AB$
1	1	0	0	$F=1$	$F=A$加A(相当于A乘以2)	$F=A$加A加1
1	1	0	1	$F=A+\overline{B}$	$F=(A+B)$加A	$F=(A+B)$加A加1
1	1	1	0	$F=A+B$	$F=(A+\overline{B})$加A	$F=(A+\overline{B})$加A加1
1	1	1	1	$F=A$	$F=A$减1	$F=A$

4.3.9 奇偶校验电路

在数字设备中，数据的传输是大量的，传输的数据是由 0 和 1 构成的二进制数字组成。在数据传输或数字通信中，由于存在噪声和干扰，二进制信息的传输可能会出现差错（0 变为 1，或者 1 变为 0）。为了校验这种错误，常采用奇偶校验的方法，即在原二进制信息码组后添加一位校验位（监督码元），使得添加校验位码元后整个码组中 1 码元的个数为奇数或偶数。若为奇数，则称为奇校验；若为偶数，则称为偶校验。在数据发送端用来产生奇（或偶）校验位的电路称为奇（或偶）校验发生器；在接收端，对接收的代码进行校验的电路称为奇（或偶）校验器。

1. 基本原理

奇偶校验是校验数据传递是否发生错误的方法之一。它通过校验传递数据中 **1** 的个数是奇数还是偶数来判断传递数据是否有错误。

对于奇校验，若数据中有奇数个 **1**，则校验结果为 **0**；若数据中有偶数个 **1**，则校验结果为 **1**。对于偶校验，若数据中有偶数个 **1**，则校验结果为 **0**；若数据中有奇数个 **1**，则校验结果为 **1**。图 4.47 所示为 8 位并行传递奇偶校验原理框图。

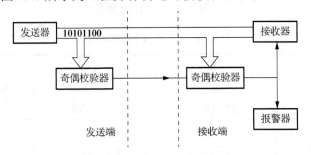

图 4.47 8 位并行传递奇偶校验原理框图

2. 中规模集成奇偶校验器

图 4.48 所示是中规模集成 8 位奇偶校验器 74180 的电路图和引脚图。

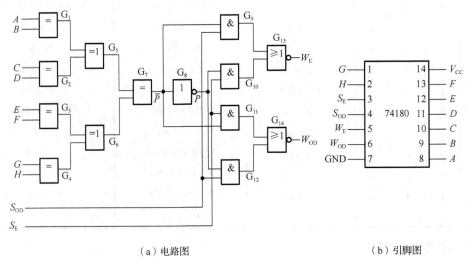

（a）电路图 　　　　　　　　　　　　　　　　（b）引脚图

图 4.48 8 位奇偶校验器 74180 的电路图和引脚图

$A \sim H$ 是 8 位输入代码，S_{OD} 和 S_E 是奇偶控制端，W_{OD} 是奇校验输出端，W_E 是偶校验输出端。由电路图可写出输出端函数式并得出其功能表，如表 4.20 所示。

表 4.20　74180 的功能表

输入			输出	
$A \sim H$ 中 1 的个数	S_E	S_{OD}	W_E	W_{OD}
偶数	1	0	1	0
奇数	1	0	0	1
偶数	0	1	0	1
奇数	0	1	1	0
×	1	1	0	0
×	0	0	1	1

根据表 4.20，若监督码从 W_{OD} 引出，S_{OD} 接 1，S_E 接 0，这种接法能够保证 9 位传输码中有奇数个 1；若监督码从 W_E 引出，S_{OD} 接 0，S_E 接 1，这种接法同样能够保证传输码中有奇数个 1。

4.4　中规模集成电路构成的组合电路的设计

通常，用中规模集成电路（MSI）设计组合电路是按照以下步骤进行的。

（1）根据要求列真值表。

（2）写出逻辑函数式。

（3）变换形式：将逻辑函数式转换成与所用 MSI 逻辑函数式相似的形式。

用 MSI 设计组合电路的基本方法是对比法：将逻辑函数式相比较，与真值表相比较，从比较对照中确定 MSI 的输入。

比较时可能出现以下情况：若组合电路的逻辑函数和某种 MSI 的逻辑函数的形式一样（真值表形式一样），则选用该种 MSI 效果最好；若组合电路的逻辑函数式是某种 MSI 的逻辑函数式的一部分，则只要对多出的输入变量和乘积项进行适当处理（接 1 或接 0），就可以方便地得到组合电路的逻辑函数；若 MSI 的逻辑函数式是组合电路的逻辑函数式的一部分，则可以用多片 MSI 和少量逻辑门进行扩展的方法得到组合电路的逻辑函数。

多输入、单输出的组合电路的逻辑函数，选用数据选择器比较方便；多输入、多输出的组合电路的逻辑函数，选用译码器和逻辑门比较方便。

可用的 MSI 的品种有限，如果组合电路的逻辑函数与 MSI 的逻辑函数相同之处很少，则不宜选用这几种 MSI。

（4）根据对比结果，画出电路图。

例 4.14　试用 3 线-8 线译码器实现一组多输出逻辑函数：

$$Z_1 = A\overline{C} + \overline{A}BC + \overline{A}\overline{B}C$$

$$Z_2 = BC + \overline{A}\,\overline{B}\overline{C}$$

$$Z_3 = A + \overline{A}BC$$

$$Z_4 = \overline{A}\,\overline{B}\,\overline{C} + \overline{B}\,\overline{C} + ABC$$

解： $Z_1 = A\overline{C} + \overline{A}BC + A\overline{B}C = A\overline{B}\,\overline{C} + AB\overline{C} + \overline{A}BC + A\overline{B}C = m_4 + m_6 + m_3 + m_5$

$$Z_2 = BC + \overline{A}\,\overline{B}\,C = \overline{A}BC + ABC + \overline{A}\,\overline{B}\,C = m_3 + m_7 + m_1$$

$$Z_3 = A + \overline{A}BC = ABC + AB\overline{C} + A\overline{B}C + A\overline{B}\,\overline{C} + \overline{A}BC = m_7 + m_6 + m_5 + m_4 + m_3$$

$$Z_4 = \overline{A}\,\overline{B}\,\overline{C} + \overline{B}\,\overline{C} + ABC = \overline{A}\,\overline{B}\,\overline{C} + \overline{A}\,\overline{B}\,C + A\overline{B}\,\overline{C} + ABC = m_2 + m_0 + m_4 + m_7$$

已知 3 线-8 线译码器输出函数式是 $\overline{F_i} = \overline{m_i}$，代入以上各逻辑函数可得

$$Z_1 = \overline{\overline{m_3} \cdot \overline{m_4} \cdot \overline{m_5} \cdot \overline{m_6}} = \overline{\overline{F_3} \cdot \overline{F_4} \cdot \overline{F_5} \cdot \overline{F_6}}$$

$$Z_2 = \overline{\overline{m_1} \cdot \overline{m_3} \cdot \overline{m_7}} = \overline{\overline{F_1} \cdot \overline{F_3} \cdot \overline{F_7}}$$

$$Z_3 = \overline{\overline{m_3} \cdot \overline{m_4} \cdot \overline{m_5} \cdot \overline{m_6} \cdot \overline{m_7}} = \overline{\overline{F_3} \cdot \overline{F_4} \cdot \overline{F_5} \cdot \overline{F_6} \cdot \overline{F_7}}$$

$$Z_4 = \overline{\overline{m_0} \cdot \overline{m_2} \cdot \overline{m_4} \cdot \overline{m_7}} = \overline{\overline{F_0} \cdot \overline{F_2} \cdot \overline{F_4} \cdot \overline{F_7}}$$

画出电路图，如图 4.49 所示。

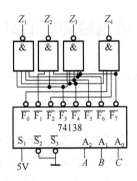

图 4.49　例 4.14 的电路图

例 4.15　试用四选一数据选择器设计一个判定电路。只有在主裁判同意的前提下，3 名副裁判中多数同意，比赛成绩才被承认，否则比赛成绩不予承认。

解： 设主裁判为 A，3 名副裁判分别为 B、C、D；同意用 **1** 表示，不同意用 **0** 表示；成绩被承认用 **1** 表示，不承认用 **0** 表示。根据题意列出的真值表如表 4.21 所示。

表 4.21　例 4.15 真值表

A	B	C	D	F	方案一	方案二
0	0	0	0	0		
0	0	0	1	0	$D_0=0$	
0	0	1	0	0	（F 与 CD 无关）	
0	0	1	1	0		
0	1	0	0	0		
0	1	0	1	0	$D_1=0$	
0	1	1	0	0	（F 与 CD 无关）	
0	1	1	1	0		

续表

A	B	C	D	F	方案一	方案二
1	0	0	0	0		$D_0=0$
1	0	0	1	0	$D_2=CD$	
1	0	1	0	0	（$F=CD$）	$D_1=D$
1	0	1	1	1		
1	1	0	0	0		$D_2=D$
1	1	0	1	1	$D_3=C+D$	
1	1	1	0	1	（$F=C+D$）	$D_3=1$
1	1	1	1	1		

方案一：令 $A=A_1$，$B=A_0$。这时 C、D 成为输入数据。电路图如图 4.50（a）所示。

方案二：由真值表（表 4.21）可以看出，当 $A=0$ 时，F 一定等于 0。当数据选择器的控制端 $\overline{E}=1$ 时，其输出 F 为 0。因此，令 $\overline{A}$ 作为 $\overline{E}$ 端的输入，当 $A=0$ 时，数据选择器输出 F 为 0，即 $F=0$；当 $A=1$ 时，B、C 作为地址输入，D 作为数据输入。电路图如图 4.50（b）所示。

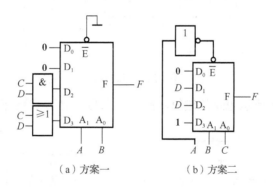

图 4.50　例 4.15 的电路图

本 章 小 结

本章重点介绍了组合逻辑电路的分析与设计，组合逻辑电路竞争-冒险的产生原因、判断和消除方法，了解并熟知各常用组合电路（如编码器、译码器、数据分配器、数据选择器及加减法电路）的原理，利用这些组合电路能够分析给定逻辑电路的逻辑功能，并能够设计出符合逻辑功能要求的用 MSI 构成的组合电路。

习　题

4-1　比较图 4.51 所示电路的逻辑功能。要求写出 P 和 G 的最简与或式。

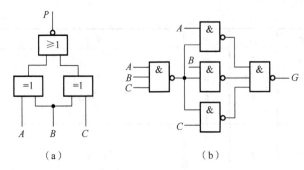

图 4.51 习题 4-1

4-2 分析图 4.52 所示补码电路，要求写出输出逻辑函数式，并列出真值表。

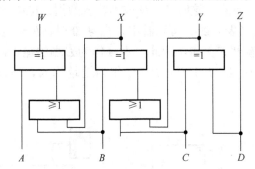

图 4.52 习题 4-2

4-3 比较图 4.53 所示电路的逻辑功能。要求写出 P 和 G 的最简与或式。

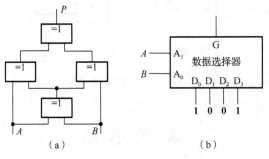

图 4.53 习题 4-3

4-4 图 4.54 所示电路能否实现 2 线-4 线二进制译码？分别写出 $\overline{F_0}$、$\overline{F_1}$、$\overline{F_2}$、$\overline{F_3}$ 的与非函数式。

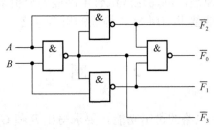

图 4.54 习题 4-4

4-5　试用输出低电平有效的 3-8 线译码器和逻辑门设计一个组合电路。该电路的输入 X、输出 F 均为 3 位二进制数。两者之间的关系如下：①当 $2 \leqslant X \leqslant 5$ 时，$F=X+2$；②当 $X<2$ 时，$F=1$；③当 $X>5$ 时，$F=0$。

4-6　试用 74138 和 74151 构成两个 4 位二进制数相同的比较器。其功能是：两个二进制数相等时输出为 **1**，否则输出为 **0**。

4-7　试用两片 74138 实现 8421BCD 码的译码。

4-8　试只用一片四选一数据选择器设计一个判定电路。该电路输入为 8421BCD 码，当输入的数大于 1 且小于 6 时输出为 **1**，否则输出为 **0**（提示：可用无关项化简）。

4-9　用 74138 和与非门实现下列逻辑函数：

（1）$Y_1=ABC+\overline{A}(B+C)$；

（2）$Y_2=A\overline{B}+\overline{A}B$；

（3）$Y_3=\overline{(A+B)(\overline{A}+\overline{C})}$；

（4）$Y_4=ABC+\overline{ABC}$。

4-10　用 74138 和与非门实现下列逻辑函数：

（1）$Y_1=\sum(m_2,m_4,m_6,m_7)$；

（2）$Y_2=\sum(m_0,m_2,m_4,m_8,m_{10})$；

（3）$Y_3=\sum(m_7,m_9,m_{12},m_{15})$；

（4）$Y_4=\sum(m_2,m_3,m_5,m_9,m_{14})$。

4-11　试用与非门实现半加器，写出逻辑函数式，画出电路图。

4-12　试用两个半加器和适当类型的门电路实现全加器。

4-13　用与非门设计一组合电路，输入为 8421BCD 码 $x=x_3x_2x_1x_0$，当输入为非法代码时输出 $F=1$，否则 $F=0$。写出 F 的最简与非-与非形式的函数式，并画出电路图。

4-14　用八选一数据选择器实现 8421BCD 码校验，当输入 $B_3B_2B_1B_0$ 为非法 8421BCD 码时，输出 $F=1$，否则 $F=0$。

4-15　用与非门设计四变量的多数表决电路。当输入变量 A、B、C、D 有 3 个或 3 个以上为 **1** 时，输出为 **1**；当输入为其他状态时，输出为 **0**。

4-16　有一台水箱，由大、小两台水泵 M_L 和 M_S 供水，如图 4.55 所示。水箱中设置了 3 个水位检测元件 A、B、C。水面低于检测元件时，检测元件给出高电平；水面高于检测元件时，检测元件给出低电平。要求：当水位超过 C 点时，水泵停止工作；水位低于 C 点而高于 B 点时，M_S 单独工作；水位低于 B 点而高于 A 点时，M_L 单独工作；水位低于 A 点时，M_L 和 M_S 同时工作。试用门电路设计一个控制两台水泵的逻辑电路，要求电路尽量简单。

4-17　某汽车驾驶员培训班进行结业考试。有 3 名评判员，其中 A 为主评判员，B、C 为副评判员。评判时按照少数服从多数原则，若主评判认为合格，也可通过。试用与非门构成逻辑电路实现评判的规定。

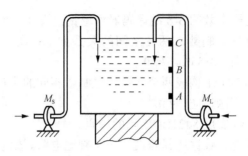

图 4.55 习题 4-16

4-18 有一个火灾报警系统,设有烟感、温感、紫外光感 3 种不同类型的火灾探测器。为了防止误报警,只有当其中两种或两种以上类型的探测器发出火灾探测信号时,报警系统才产生报警控制信号,试设计产生报警控制信号的电路。

4-19 设从 A、B、C、D、E、F 六名学生中选送若干名出国留学,人选的配备要求如下:

(1) A、B 两人中至少去 1 人;

(2) A、D 不能一起去;

(3) A、E、F 三人中要派两人去;

(4) B、C 两人都去或都不去;

(5) C、D 两人中只能去 1 人;

(6) 若 D 不去,则 E 也不去。

请问应选哪几位学生去留学?

4-20 设计一个组合逻辑电路,输入为一个 4 位二进制数,当输入能被 2 或 3 整除时,要求输出为高电平;不能被 2 或 3 整除时,要求输出为低电平。

4-21 设计一个监视交通信号灯工作状态的逻辑电路。每一组信号灯由红、黄、绿 3 盏灯组成,如图 4.56 所示。在正常工作情况下,任何时刻必有一盏灯被点亮,而且只允许一盏灯亮。当出现其他状态时,电路发生故障,这时要求发出故障信号,以提醒维护人员前去修理。

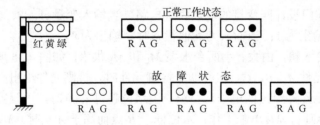

图 4.56 习题 4-21

4-22 用与非门实现下列函数,并检查有无竞争-冒险。若有,则设法消除。

(1) $Y_1 = \sum(m_2, m_6, m_8, m_8, m_{11}, m_{12}, m_{14})$;

(2) $Y_2 = \sum(m_0, m_2, m_3, m_4, m_8, m_9, m_{14}, m_{15})$;

(3) $Y_3 = \sum(m_1, m_5, m_6, m_7, m_{11}, m_{12}, m_{13}, m_{15})$;

(4) $Y_4 = \sum(m_0, m_2, m_4, m_{10}, m_{12}, m_{14})$。

第 5 章 半导体存储电路

在各种复杂的数字电路中，不但需要对二值信号进行算术运算和逻辑运算，还经常需要将这些信号和运算结果保存，这就需要具有信息存储功能的存储电路。

能够存储 1 位二值信号的基本单元电路称为触发器（flip-flop）。触发器的触发方式可以分为电平触发、脉冲触发和边沿触发 3 种。根据逻辑功能的不同，触发器又可以分为 SR 触发器、JK 触发器、T 触发器、D 触发器等几种类型。此外，根据存储数据的原理不同，触发器还可以分为静态触发器和动态触发器两大类。静态触发器是靠电路状态的自锁存储数据的；动态触发器是通过在 MOS 场效晶体管栅极输入电容器上存储电荷来存储数据的。本章介绍静态触发器。

用 N 个触发器组成的寄存器（register）能够存储一组 N 位的二值代码。寄存器在各类数字系统和数字计算机中都有广泛应用。

由于计算机处理的数据量越来越大，运算速度越来越快，能够存储大量二值信息（或称为二值数据）的半导体器件应运而生，称为半导体存储器。半导体存储器的电路结构与寄存器不同，它给每个存储单元分配一个地址，通过地址完成对存储单元的读写。半导体存储器的种类很多，从存取功能上可以分为只读存储器（read-only memory，ROM）和随机存储器（random access memory，RAM）两类；从制造工艺上可以分为双极型和MOS 型两类。鉴于 MOS 电路（尤其是 CMOS 电路）具有功耗低、集成度高的优点，目前大容量的存储器都是采用 MOS 工艺制作的。

5.1 SR 锁存器

为了实现记忆 1 位二值信号的功能，触发器必须具备以下两个基本特点：①具有两个能够自行保持的稳定状态，用来表示逻辑状态的 0 和 1，或二进制数的 0 和 1；②在触发信号的操作下，根据不同的输入信号可以置成 1 或 0 状态。

SR 锁存器（set-reset latch）是 5.2 节中将要介绍的各种触发器的基本构成部分。虽然它也有两个能够自行保持的稳定状态，并且可以根据输入信号置成 1 或 0 状态，但是由于它的置 1 或置 0 操作是由输入的置 1 或置 0 信号直接完成的，不需要触发信号的触发，因此没有将其归入触发器当中，以示区别。

1. 双稳态电路

将两个非门连接成图 5.1 所示的形式，就是双稳态电路。该电路有两个稳定工作状态：$Q=1$、$\overline{Q}=0$（1 状态）；$Q=0$、$\overline{Q}=1$（0 状态）。1 状态相当于二进制代码 1 被锁存，0 状态相当于二进制代码 0 被锁存。

由于该电路没有输入，因此无法控制或改变它的状态。

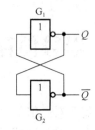

图 5.1   双稳态电路图

2. 与非门构成的 SR 锁存器

在双稳态电路中增加两个输入端：$\overline{S}$ 称为置位（set）端（又称置 1 输入端），$\overline{R}$ 称为复位（reset）端（又称置 0 输入端）。由与非门构成的 SR 锁存器电路图和符号如图 5.2 所示。

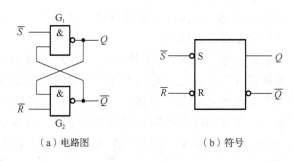

（a）电路图   （b）符号

图 5.2   与非门构成的 SR 锁存器

根据与非门的逻辑功能，建立 1 状态，需要令 $\overline{S}$ =0、$\overline{R}$ =1；建立 0 状态，应使 $\overline{S}$ =1、$\overline{R}$ =0。一旦建立起 1 状态（或 0 状态），输入端 $\overline{S}$ （或 $\overline{R}$）由 0 变为 1，锁存器将保持 1（或 0）状态不变。若 $\overline{S}$ 端和 $\overline{R}$ 端同时为 0，则 $Q = \overline{Q} = 1$，锁存器输出失掉互补特性，处于不正常状态；若此时 $\overline{S}$ 端和 $\overline{R}$ 端同时从 0 变为 1，则锁存器状态不定。因此，如果让锁存器正常工作，需要使 $\overline{S}$ 端和 $\overline{R}$ 端不能同时为 0（即遵守 SR=0 的约束条件）。

由与非门构成的 SR 锁存器输入和输出之间的逻辑关系如表 5.1 所示。

表 5.1   SR 锁存器的特性表

$\overline{S}$	$\overline{R}$	Q	$\overline{Q}$	说明
0	1	1	0	置 1
1	0	0	1	置 0
1	1	0 或 1	1 或 0	保持原来状态
0	0	1	1	不正常状态，0 信号消失后锁存器状态不定

SR 锁存器也可以用或非门组成，如图 5.3 所示。

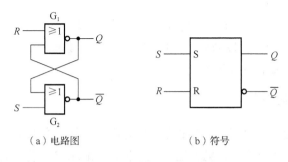

（a）电路图　　　　　（b）符号

图 5.3　或非门构成的 SR 锁存器

3．SR 锁存器的应用

SR 锁存器的应用具体如下：

（1）作为存储单元，可存储 1 位二进制信息；

（2）用作其他功能触发器的基本组成部分；

（3）构成无震颤开关电路。

机械开关的共同特性是当开关从一个位置扳到另一个位置时，机械触头会震颤几次，使与开关相连的输出端出现窄脉冲，如图 5.4 所示。

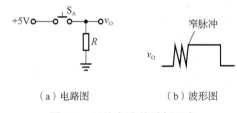

（a）电路图　　　　　（b）波形图

图 5.4　开关电路的震颤现象

为了消除开关震颤的影响，可以采用 SR 锁存器组成如图 5.5 所示的无震颤开关电路。利用锁存器的置 **1**、置 **0** 和保持功能，消除输出端窄脉冲，得到图 5.6 所示的输出波形。该电路也可以作为手动单脉冲发生器使用。

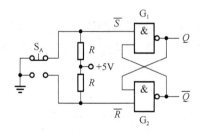 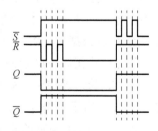

图 5.5　无震颤开关电路图　　　　　图 5.6　波形图

5.2　触　发　器

触发器的电路结构形式有多种，它们的触发方式和逻辑功能也各不相同。在不同的触发方式下，当触发信号到达时，触发器的状态转换过程具有不同的动作特点。同时，由于控制方式的不同（即信号的输入方式及触发器状态随输入信号变化的规律不同），触发器的逻辑功能在细节上也有所不同。

5.2.1 电平触发的触发器

在电平触发的触发器电路中，除置 **1**、置 **0** 输入端外，增加了一个触发信号输入端。只有触发信号变为有效电平后，触发器才能按照输入的置 **1**、置 **0** 信号置成相应的状态。通常将这个触发信号称为时钟（CLOCK）信号，记为 CLK 或 CP。当系统中有多个触发器需要同时动作时，就可以用同一个时钟信号作为同步控制信号。

1. 电平触发 SR 触发器

图 5.7（a）所示是电平触发的 SR 触发器的基本电路图。习惯上将这个电路称为同步 SR 触发器。这个电路由两部分组成：与非门 G_1、G_2 组成的 SR 锁存器和与非门 G_3、G_4 组成的输入控制电路。

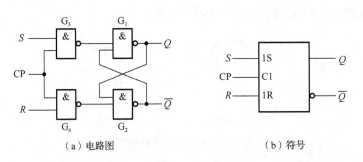

（a）电路图　　　　　　　　　　（b）符号

图 5.7　电平触发 SR 触发器

当 **CP=0** 时，G_3、G_4 的输出始终停留在 **1** 状态，S、R 端的信号无法通过 G_3、G_4 而影响输出状态，故输出保持原来的状态不变。

当 **CP=1** 时，S、R 信号才能通过 G_3、G_4 加到由 G_1、G_2 组成的锁存器上，触发电路发生变化，Q 和 $\bar{Q}$ 根据 S、R 信号而改变状态。这时该触发器的逻辑功能与与非门构成的 SR 锁存器的功能相似，区别在于 S、R 信号此时是高电平有效。

因此，将 CP 的这种控制方式称为电平触发方式。

在图 5.7（b）所示的符号中，用框内的 C1 表示时钟信号是编号为 **1** 的一个控制信号。1S 和 1R 表示受 C1 控制的两个输入信号，只有当 C1 为有效电平时（**C1=1**），1S 和 1R 信号才能起作用。框外部的输入端没有小圆圈，表示以高电平为有效信号。（如果在时钟信号输入端画有小圆圈，则表示 CP 以低电平作为有效信号。）

图 5.7（a）所示电路的特性表如表 5.2 所示。为了便于讨论，设触发器原状态为 Q^n（现态），转换后状态为 Q^{n+1}（次态）。

电平触发 SR 触发器的输入信号同样应当遵守 $SR = 0$ 的约束条件。

表 5.2　电平触发 SR 触发器的特性表

CP	S	R	Q^{n+1}	说明
0	×	×	Q^n	保持原来状态不变，与 S、R 无关
1	1	0	1	置1
1	0	1	0	置0
1	0	0	Q^n	保持原来状态不变
1	1	1	×	不定

2. 带异步置位、复位端的电平触发 SR 触发器

在某些应用场合，有时需要在 CP 的有效电平到达之前预先将触发器置成指定的状态，因此，在实用的电路上往往还设置有异步置 1 输入端和异步置 0 输入端，如图 5.8 所示。

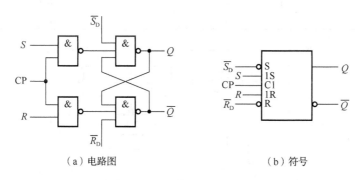

（a）电路图　　　　　　　　　（b）符号

图 5.8　带异步置位、复位端的电平触发 SR 触发器

只要在 $\overline{S}_\text{D}$ 或 $\overline{R}_\text{D}$ 端加低电平，即可立即将触发器置 1 或置 0，而不受时钟信号和输入信号的控制。因此，将 $\overline{S}_\text{D}$ 称为异步置位（置 1）端，将 $\overline{R}_\text{D}$ 称为异步复位（置 0）端。

3. 电平触发的 D 触发器

为了能够适应单端输入信号的需要，在一些集成电路产品中把图 5.7（a）所示的电路改接成图 5.9 所示的形式，得到电平触发的 D 触发器（有些资料中也将这个电路称为 D 型锁存器）。该触发器的特性表如表 5.3 所示。

在 CMOS 门电路中，经常利用 CMOS 传输门组成电平触发 D 触发器，如图 5.10 所示。当 CP=1 时，传输门 TG1 导通、TG2 截止，$Q=D$。而且，在 CP=1 的全部时间里输出端的状态始终跟随 D 端的状态而改变。在 CP 回到 0 以后，TG2 导通、TG1 截止。由于反相器 G_1 输入电容的存储效应，短时间内 G_1 输入端仍然保持为 TG1 截止以前瞬间的状态，这时反相器 G_2 和传输门 TG2 形成了状态自锁的闭合回路，因此 Q 和 $\overline{Q}$ 的状态被保存下来。它的特性表与表 5.3 相同。

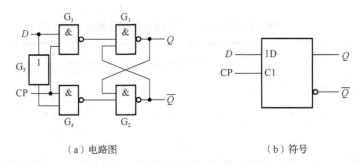

（a）电路图   （b）符号

图 5.9   电平触发的 D 触发器

表 5.3   电平触发的 D 触发器的特性表

CP	D	Q^{n+1}	说明
0	×	Q^n	保持原来状态不变
1	1	1	置 1
1	0	0	置 0

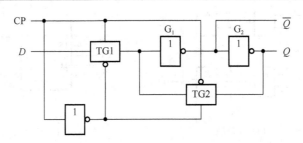

图 5.10   利用 CMOS 传输门组成的电平触发 D 触发器

    例 5.1   给电平触发的 D 触发器输入如图 5.11 所示的 CP 和 D 波形，试画出输出信号波形。假设触发器初始状态为 **0**。

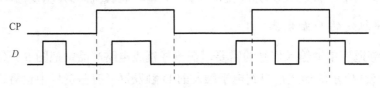

图 5.11   例 5.1 输入端信号波形图

    解：根据电平触发的 D 触发器的工作特性，在 **CP=1** 期间，输出 Q 与输入 D 的状态一致；在 **CP=0** 期间，输出 Q 的状态保持不变。其输出信号波形如图 5.12 所示。

    4. 电平触发方式的动作特点

    （1）只有当时钟信号变为有效电平时触发器才能接收输入信号，并按照输入信号将触发器的输出置成相应的状态。

    （2）在时钟信号有效的全部时间里，输入信号状态的变化都可能引起输出状态的改变。在 CP 回到 **0** 以后，触发器保存的是 CP 回到 **0** 以前瞬间的状态。

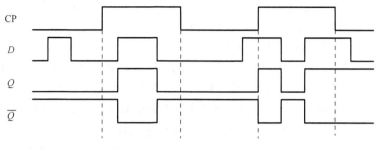

图 5.12　例 5.1 输出信号波形图

由上述动作特点可知，如果在 CP = 1 期间输入信号的状态多次发生变化，那么触发器输出的状态也将发生多次翻转，这就降低了触发器的抗干扰能力。

5.2.2　脉冲触发的触发器

为了提高触发器工作的可靠性，希望在每个时钟周期输出端的状态只能改变一次。因此，在电平触发的触发器的基础上，人们又设计出了脉冲触发的触发器。

1.　脉冲触发 SR 触发器

脉冲触发的 SR 触发器（主从 SR 触发器）的电路图与符号如图 5.13 所示。它由两个同样的电平触发 SR 触发器组成，其中由 $G_1 \sim G_4$ 组成的触发器称为从触发器，由 $G_5 \sim G_8$ 组成的触发器称为主触发器。因此，也经常将这个电路称为主从 SR 触发器（master-slave SR flip-flop）。

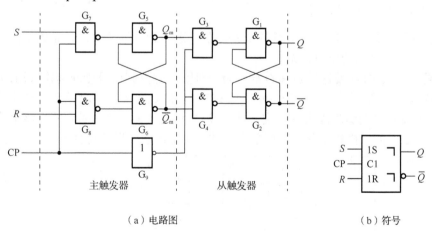

（a）电路图　　　　　　　　　　（b）符号

图 5.13　脉冲触发的 SR 触发器（主从 SR 触发器）的电路图与符号

当 CP=1 时，G_7 和 G_8 被打开，G_3 和 G_4 被封锁，主触发器根据 S 和 R 的状态翻转，而从触发器保持原来的状态不变。

当 CP 由高电平返回低电平（即有效电平消失）以后，G_7 和 G_8 被封锁，此后无论 S、R 的状态如何改变，在 CP=0 的全部时间里主触发器的状态不再改变。与此同时，G_3 和 G_4 被打开，从触发器按照与主触发器相同的状态翻转。因此，在一个 CP 的变化周期里触发器输出端的状态只可能改变一次。

例如，CP = 0 时触发器的初始状态为 $Q = 0$，当 CP 由 0 变为 1 以后，若这时 $S = 1$、$R = 0$，则主触发器将被置 1，即 $Q_m = 1$，$\overline{Q}_m = 0$，而触发器保持 0 状态不变。当 CP 回到低电平以后，从触发器的时钟信号变成了高电平，因而输出被置成 $Q = 1$。

在图形符号中框内的"¬"表示"延迟输出"，即 CP 回到低电平（有效电平消失）以后，输出状态才改变。因此，该电路输出状态的变化发生在 CP 信号的下降沿。

将上述逻辑关系列成真值表，就得到了表 5.4 所示的脉冲触发的 SR 触发器的特性表。

表 5.4　脉冲触发的 SR 触发器的特性表

CP	S	R	Q^{n+1}	说明
×	×	×	Q^n	没有有效时钟边沿，保持原来状态不变
⊓	1	0	1	置 1
⊓	0	1	0	置 0
⊓	0	0	Q^n	保持原来状态不变
⊓	1	1	×	CP 回到低电平后，输出状态不定

表 5.4 中，"⊓"符号表示时钟下降沿，这是时钟高电平有效的脉冲触发特性（当时钟以低电平为有效信号时，在 C1 的输入端加有小圆圈，输出状态的变化发生在时钟脉冲的上升沿）。

从电平触发到脉冲触发的这一演变，克服了 CP = 1 期间触发器输出状态可能发生多次翻转的问题。由于主触发器本身是电平触发的 SR 触发器，因此在 CP = 1 期间 Q_m 和 $\overline{Q}_m$ 的状态仍然会随 S、R 状态的变化而多次改变。而且，输入信号仍需遵守 $SR = 0$ 的约束条件。

2. 脉冲触发 JK 触发器

为了使用方便，希望即使出现了 $S = R = 1$ 的情况，触发器的次态也是确定的，因而需要进一步改进触发器的电路结构。

如果将主从 SR 触发器的 Q 和 $\overline{Q}$ 端作为一对附加的控制信号接回到输入端，如图 5.14 所示，就可以达到上述要求。这一对反馈线通常在制造集成电路时已在内部连好。为表示与 SR 触发器在逻辑功能上的区别，以 J、K 表示两个信号输入端，并将该电路称为主从结构 JK 触发器（简称主从 JK 触发器）。表 5.5 是该触发器的特性表。

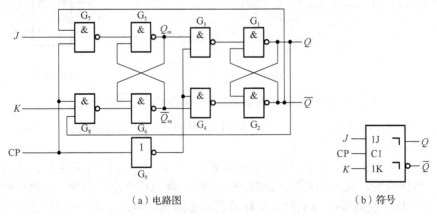

(a) 电路图　　　　　　　　　(b) 符号

图 5.14　脉冲触发的 JK 触发器（主从 JK 触发器）的电路图与符号

表 5.5　脉冲触发的 JK 触发器的特性表

CP	J	K	Q^{n+1}	说明
×	×	×	Q^n	没有有效时钟边沿，保持原来状态不变
⊓	1	0	1	置 1
⊓	0	1	0	置 0
⊓	0	0	Q^n	保持原来状态不变
⊓	1	1	$\overline{Q^n}$	翻转原来的状态

3．脉冲触发方式的动作特点

通过上面的分析可以看到，脉冲触发方式具有两个值得注意的动作特点：

（1）触发器的翻转分两步动作。第一步，在 CP = 1 期间，主触发器接收输入端的信号，被置成相应的状态，而从触发器不动；第二步，CP 下降沿到来时，从触发器按照主触发器的状态翻转，所以 Q 和 $\overline{Q}$ 端状态的改变发生在 CP 的下降沿。若 CP 以低电平为有效信号，则输出状态的变化发生在 CP 的上升沿。

（2）因为主触发器本身是一个电平触发的 SR 触发器，所以在 CP = 1 的全部时间里输入信号都将对主触发器起控制作用。

由于存在以上两个动作特点，在使用主从结构触发器时经常会遇到这种情况，即在 CP = 1 期间输入信号发生变化以后，在 CP 下降沿到达时从触发器的状态不一定能按此刻输入信号的状态来确定，而必须考虑整个 CP = 1 期间输入信号的变化过程才能确定触发器的次态。

5.2.3　边沿触发的触发器

为了提高触发器的可靠性，增强抗干扰能力，希望触发器的次态仅仅取决于时钟信号下降沿（或上升沿）到达时刻输入信号的状态。在此之前和之后输入状态的变化对触发器的次态没有影响。为实现这一设想，人们相继研制出了各种边沿触发（edge triggering）的触发器。目前已用于数字集成电路产品中的边沿触发器有用两个电平触发 D 触发器构成的边沿触发器、维持阻塞触发器等几种较为常见的电路结构形式。

1．两个电平触发 D 触发器构成的边沿触发器

图 5.15（a）所示是用两个电平触发 D 触发器构成的边沿触发 D 触发器的电路图。由图可见，当 CP 处于低电平时，左侧触发器的输出 Q_m 跟随输入端 D 的状态变化，始终保持 $Q_m = D$。与此同时，右侧触发器的输出（也就是整个电路的输出 Q）保持原来的状态不变。

当 CP 由低电平跳变至高电平时，Q_m 保持为 CP 上升沿到达前瞬间输入端 D 的状态，此后不再跟随 D 的状态而改变。与此同时，右侧触发器的输出随 Q_m 发生变化，使 Q 被置成与 CP 上升沿到达前瞬时输入端 D 相同的状态，而之前和之后 D 端的状态变化不会影响 Q 端的输出。

在图 5.15（b）所示的符号中，用时钟输入端 C1 处框内的 ">" 表示触发器为边沿触发方式。在表 5.6 所示的特性表中，则用 CP 一栏里的 "↑" 表示边沿触发方式，而且是上升沿触发。（如果是下降沿触发，则应在 C1 输入端加画小圆圈，并在特性表中以 "↓" 表示。）

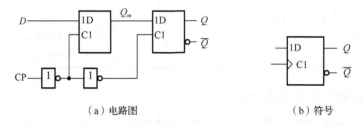

（a）电路图　　　　　　　　　　　（b）符号

图 5.15　两个电平触发 D 触发器构成的边沿触发器的电路图与符号

表 5.6　边沿触发的 D 触发器的特性表

CP	D	Q^{n+1}	说明
×	×	Q^n	保持原来状态不变
↑	1	1	置 1
↑	0	0	置 0

2. 维持阻塞 D 触发器

边沿触发器的另一种电路结构形式是维持阻塞结构。在 TTL 门电路中，这种电路结构形式用得比较多。以维持阻塞 D 触发器为例，说明该结构触发器的工作原理。

图 5.16 所示是维持阻塞 D 触发器的电路图。图中 G_1、G_2 构成了基本 SR 锁存器，G_3、G_4、G_5、G_6 构成 D 信号的输入通道。

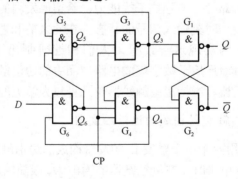

图 5.16　维持阻塞 D 触发器的电路图

当 CP=0 时：G_3、G_4 被封锁，Q_3、Q_4 均为 1，此时电路的输出 Q 保持原来的状态不变。与此同时，$Q_5 = D$、$Q_6 = \overline{D}$。

当 CP 由 0 变 1 时：如果 $D=0$，则 $Q_3 = 1$、$Q_4 = 0$，G_6 立即被 Q_4 信号封锁（输入通路被封锁），Q_5、Q_6 保持不变，此时的输出 $Q = 0$。如果 $D=1$，则 $Q_3 = 0$、$Q_4 = 1$，G_4 和 G_5 立即被 Q_3 信号封锁（输入通路被封锁），Q_5、Q_4 保持不变，此时的输出 $Q = 1$。

通过上面的分析可知，该电路在时钟上升沿接收输入信号 D，且输出 $Q = D$。上升沿过后输入通路被封锁，输出状态保持不变。它的真值表与表 5.6 完全相同。

例 5.2　边沿触发的 D 触发器［符号如图 5.15（b）所示］输入端信号 CP 和 D 的波形如图 5.17 所示，试画出输出波形。

图 5.17　例 5.2 输入端信号波形图

解：图 5.15（b）显示的是一个上升沿有效的边沿 D 触发器，根据边沿触发器的功能特性，该触发器的输出状态应该在时钟信号 CP 上升沿时刻随着该时刻前瞬间输入信号 D 的状态改变一次，其他时刻输出端状态均保持不变。其输出波形如图 5.18 所示。

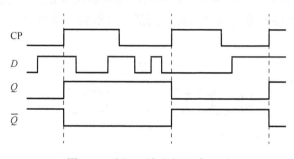

图 5.18　例 5.2 输出信号波形图

3．边沿触发方式的动作特点

通过对上述边沿触发器工作过程的分析可以看出，边沿触发器的次态仅取决于时钟信号的上升沿（也称为正边沿）或下降沿（也称为负边沿）到达时输入的逻辑状态，而在此之前或之后，输入信号的变化对触发器的输出状态没有影响。

5.2.4　触发器按照逻辑功能的分类

由于每一种触发器电路的信号输入方式不同（有单端输入的，也有双端输入的），触发器的次态与输入信号逻辑状态之间的关系也不相同，它们的逻辑功能也不完全一样。

按照逻辑功能的不同特点，时钟控制的触发器通常可分为 SR 触发器、JK 触发器、D 触发器和 T 触发器等几种类型。

1．SR 触发器

凡在时钟信号作用下，逻辑功能符合表 5.7 所规定的逻辑功能，无论其触发方式如何，均称为 SR 触发器。

显然，之前讲到的图 5.7～图 5.9 电路都属于 SR 触发器，而图 5.2 和图 5.3 所示的电路不受触发信号（时钟）控制，它们不属于这里所定义的 SR 触发器。

表 5.7　SR 触发器的特性表

S	R	Q^{n+1}	说明
1	0	1	置 1
0	1	0	置 0
0	0	Q^n	保持不变
1	1	×	输出不定

将表 5.7 所示的特性表所规定的逻辑关系写成如下逻辑函数式：

$$\begin{cases} Q^{n+1} = S + \overline{R}Q^n \\ SR = \mathbf{0}(约束条件) \end{cases} \tag{5.1}$$

式（5.1）称为 SR 触发器的特性方程。

此外，还可以用图 5.19 所示的状态转换图形象地表示 SR 触发器的逻辑功能。图中以两个圆圈分别代表触发器的两个状态，用箭头表示状态转换的方向，同时在箭头的旁边注明转换的条件。

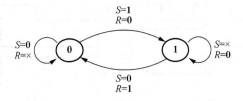

图 5.19　SR 触发器的状态转换图

这样，在描述触发器的逻辑功能时就有了特性表、特性方程和状态转换图 3 种可供选择的方法。

2. JK 触发器

凡在时钟信号作用下逻辑功能符合表 5.8 所示的特性表所规定的逻辑功能，无论其触发方式如何，均称为 JK 触发器。

表 5.8　JK 触发器的特性表

J	K	Q^{n+1}	说明
1	0	1	置 1
0	1	0	置 0
0	0	Q^n	保持原来的状态不变
1	1	$\overline{Q^n}$	翻转原来的状态

其特性方程为

$$Q^{n+1} = J\overline{Q^n} + \overline{K}Q^n \tag{5.2}$$

图 5.20 所示为 JK 触发器的状态转换图。

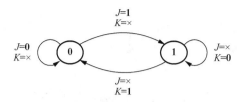

图 5.20　JK 触发器的状态转换图

3．D 触发器

凡在时钟信号作用下逻辑功能符合表 5.9 所示的特性表所规定的逻辑功能，无论其触发方式如何，均称为 D 触发器。

表 5.9　D 触发器的特性表

D	Q^{n+1}	说明
1	1	置 1
0	0	置 0

其特性方程为

$$Q^{n+1} = D \tag{5.3}$$

图 5.21 所示为 D 触发器的状态转换图。

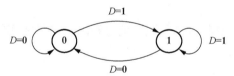

图 5.21　D 触发器的状态转换图

4．T 触发器

在某些应用场合下，需要这样一种逻辑功能的触发器：当控制信号 $T = 1$ 时每来一个时钟信号，它的状态就翻转一次；而当 $T = 0$ 时，时钟信号到达后它的状态保持不变。具有这种逻辑功能的触发器称为 T 触发器。它的特性如表 5.10 所示。

表 5.10　D 触发器的特性表

T	Q^{n+1}	说明
0	Q^n	保持
1	$\overline{Q^n}$	翻转

其特性方程为

$$Q^{n+1} = T\overline{Q^n} + \overline{T}Q^n \tag{5.4}$$

它的状态转换图和符号如图 5.22 所示。

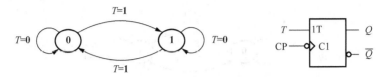

图 5.22　T 触发器状态转换图和符号

5. T′触发器

当 T 触发器的 T 端恒为 **1** 时，即为 T′触发器。其特性方程为

$$Q^{n+1} = \overline{Q^n} \tag{5.5}$$

其表示每输入一个时钟脉冲，触发器的次态与现态相反。该触发器在 CP 作用下处于计数状态，所以称为计数型触发器。

从上面的介绍不难看出，5 种触发器中 JK 触发器的逻辑功能最强，它包含了 SR 触发器和 T 触发器的所有逻辑功能。因此，在需要使用 SR 触发器和 T 触发器的场合完全可以用 JK 触发器来取代。例如，当需要 SR 触发器时，只要将 JK 触发器的 J、K 端当作 S、R 端使用，即可实现 SR 触发器的功能；当需要 T 触发器时，只要将 J、K 连在一起当作 T 端使用，即可实现 T 触发器的功能。因此，目前生产的触发器定型产品中只有 JK 触发器和 D 触发器这两大类。

5.2.5　触发器的动态特性

触发器的动态特性反映其对输入逻辑信号和时钟信号之间的时间要求，以及输出对时钟信号响应的延迟时间。

1. SR 锁存器的动态特性

SR 锁存器是很多触发器的基本组成部分，因而有必要先讨论其动态特性。

首先讨论考虑门电路存在传输延迟时间后，图 5.23 中的 SR 锁存器的翻转过程。为方便起见，假定所有门电路的平均传输延迟时间相等，用 t_{pd} 表示。

设锁存器的初始状态为 $Q = 0$，$\overline{Q} = 1$，输入信号波形如图 5.23（b）所示。当 $\overline{S}$ 的下降沿到达后，经过 G_1 的传输延迟时间 t_{pd}，Q 端变为高电平。这个高电平加到门 G_2 的输入端，再经过 G_2 的传输延迟时间 t_{pd}，使 $\overline{Q}$ 变为低电平。当 $\overline{Q}$ 的低电平反馈到 G_1 的输入端以后，即使 $\overline{S} = 0$ 的信号消失（即 $\overline{S}$ 回到高电平），锁存器被置成的 $Q = 1$ 状态也将保持下去。可见，为保证锁存器可靠地翻转，必须等到 $\overline{Q} = 0$ 的状态反馈到 G_1 的输入以后，$\overline{S} = 0$ 的信号才可以取消。

因此，输入 $\overline{S}$ 的低电平信号持续时间 t_{wL} 应满足：

$$t_{wL} \geqslant 2t_{pd}$$

同理，如果 $\overline{R}$ 端输入置 **0** 信号，其宽度也必须大于或等于 $2t_{pd}$。

从输入信号到达起，到锁存器输出端新状态稳定地建立起来为止，所经过的这段时间称为锁存器的传输延迟时间。从上面的分析可知，输出端从低电平变为高电平的传输延迟时间 t_{PLH} 和从高电平变为低电平的传输延迟时间 t_{PHL} 是不相等的，它们分别为

$$t_{\text{PLH}} = t_{\text{pd}}$$

$$t_{\text{PHL}} = 2t_{\text{pd}}$$

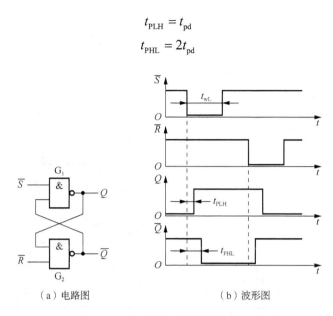

（a）电路图　　　　　　　　　　　（b）波形图

图 5.23　SR 锁存器电路图与波形图

2. 电平触发的 SR 触发器的动态特性

若电平触发的 SR 触发器全部用与非门构成（图 5.24），为了保证由 G_1 和 G_2 组成的 SR 锁存器可靠翻转，要求它的输入信号（G_3、G_4 的输出）的宽度必须大于 $2t_{\text{pd}}$，故要求 S（或 R）和 CP 同时为高电平的时间应满足：

$$t_{\text{wH}(S \cdot \text{CP})} \geqslant 2t_{\text{pd}}$$

从 S 和 CP（或 R 和 CP）同时变为高电平开始，到输出端新状态稳定地建立起来为止，所经过的时间为电平触发 SR 触发器的传输延迟时间。由图 5.24 可知：

$$t_{\text{PLH}} = 2t_{\text{pd}}$$

$$t_{\text{PHL}} = 3t_{\text{pd}}$$

3. 脉冲触发触发器的动态特性

在 5.2.2 节中讲过，主从结构触发器是分两步动作的：CP = 1 期间主触发器按输入信号（S、R 或 J、K）的状态翻转，待 CP 变为 0 时从触发器再按主触发器的状态翻转，使输出端改变状态。而且，为避免 CP 下降沿到达时主触发器的状态与 J、K 的状态不符，通常应使 J、K 的状态在 CP = 1 期间保持不变。由此得出下面的结论。

建立时间是指输入信号应先于 CP 动作沿到达的时间，用 t_{set} 表示。由图 5.25 可知，由于主触发器是一个同步 SR 触发器，根据前面讲的同步 SR 触发器对输入信号宽度的要求，为保证 CP 下降沿到达时主触发器能够可靠地翻转，J、K 信号至少应在 CP 下降沿以前 $2t_{\text{pd}}$ 时间已稳定建立，并在 CP 下降沿到达前保持不变，因此有

$$t_{\text{set}} \geqslant 2t_{\text{pd}}$$

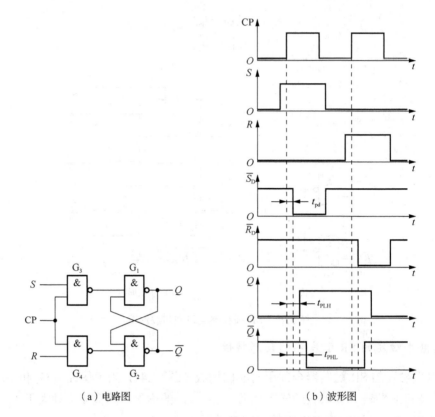

（a）电路图　　　　　　　　　（b）波形图

图 5.24　电平触发 SR 触发器电路图与波形图

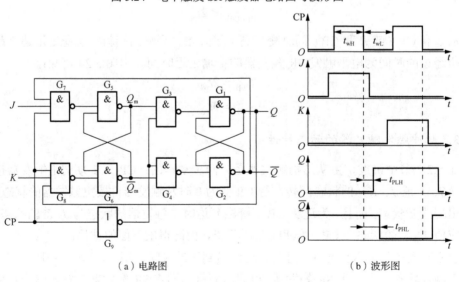

（a）电路图　　　　　　　　　（b）波形图

图 5.25　脉冲触发的 JK 触发器电路图与波形图

保持时间是 CP 下降沿到达后输入信号仍需要保持不变的时间。保持时间用 t_H 表示。如果 CP = 1 期间 J、K 的状态保持不变，由于 CP 下降沿到达后主触发器已翻转完毕，因此输入状态已无须继续保持。但是为了避免 CP 下降沿到达时 G_7、G_8 的输入产生竞争-冒险，必须在 CP 变成低电平以后 J、K 的状态才允许变化。因此，保持时间必须大于 CP 的下降时间 t_{f}，即

$$t_{\mathrm{H}} \geqslant t_{\mathrm{f}}$$

若将从 CP 下降沿开始到输出端新状态稳定地建立起来的这段时间定义为传输延迟时间，则有

$$t_{\mathrm{PLH}} = 3t_{\mathrm{pd}}$$

$$t_{\mathrm{PHL}} = 4t_{\mathrm{pd}}$$

主从触发器是由两个同步 SR 触发器组成的，由同步 SR 触发器的动态特性可知，为保证主触发器的可靠翻转，CP 高电平的持续时间 t_{wH} 应大于 $3\,t_{\mathrm{pd}}$。同理，为保证从触发器能够可靠地翻转，CP 低电平的持续时间 t_{wL} 也应大于 $3t_{\mathrm{pd}}$。因此，时钟信号的最小周期为

$$T_{\mathrm{C(min)}} \geqslant 6t_{\mathrm{pd}}$$

最高时钟频率为

$$f_{\mathrm{C(max)}} \leqslant 1/\left(6t_{\mathrm{pd}}\right)$$

如果把图 5.25 所示的 JK 触发器接成 T 触发器使用并令 $T=1$（即将 J 与 K 相连并接至高电平），则最高时钟频率还要低一些。因为从 CP 的下降沿开始到输出端的新状态稳定建立所需时间为 $t_{\mathrm{PHL}} = 4t_{\mathrm{pd}}$，如果 CP 信号的占空比为 50%，那么 CP 信号的最高频率只能达到

$$f_{\mathrm{C(max)}} = \frac{1}{2t_{\mathrm{PHL}}} = \frac{1}{8t_{\mathrm{pd}}}$$

4. 维持阻塞触发器的动态特性

由图 5.26 所示维持阻塞触发器的电路可知，由于 CP 信号是加到 G_3 和 G_4 上的，因此在 CP 上升沿到达之前，G_5 和 G_6 输出端的状态必须稳定地建立起来。输入信号到达 D 端以后，G_6 的输出状态要经过一级门电路的传输延迟时间才能建立起来，而 G_5 的输出状态需要经过两级门电路的传输延迟时间才能建立，因此 D 端的输入信号必须先于 CP 的上升沿到达，而且建立时间应满足：$t_{\mathrm{set}} \geqslant 2t_{\mathrm{pd}}$。

为实现边沿触发，应保证 CP=1 期间 G_6 的输出始终不变，不受 D 端状态变化的影响。为此，在 D=0 的情况下，当 CP 上升沿到达以后还要等 G_4 输出的低电平返回到 G_6 的输入端以后，D 端的低电平才允许改变。因此输入低电平信号的保持时间为

$$t_{\mathrm{HL}} \geqslant t_{\mathrm{pd}}$$

在 D=1 的情况下，由于 CP 上升沿到达后 G_3 的输出将 G_4 封锁，因此不要求输入信号继续保持不变，输入高电平信号的保持时间 $t_{\mathrm{HH}} = 0$。

由图 5.26 可以推算出，从 CP 上升沿到达时开始计算，输出由高电平变为低电平的传输延迟时间 t_{PHL} 和由低电平变为高电平的传输延迟时间 t_{PLH} 分别为

$$t_{\mathrm{PLH}} = 2t_{\mathrm{pd}}$$

$$t_{\mathrm{PHL}} = 3t_{\mathrm{pd}}$$

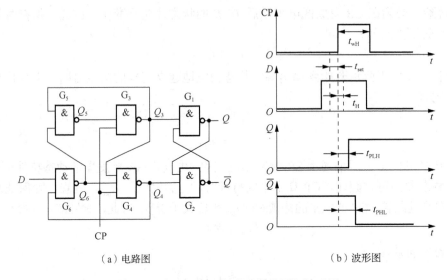

（a）电路图　　　　　　　　　（b）波形图

图 5.26　维持阻塞 D 触发器电路图与波形图

为保证由 $G_1 \sim G_4$ 组成的同步 SR 触发器能够可靠地翻转，CP 高电平的持续时间应大于 t_{PHL}，所以时钟信号高电平的宽度 t_{wH} 应大于 t_{PHL}。为了在下一个 CP 上升沿到达之前确保 G_5 和 G_6 新的输出电平得以稳定地建立，CP 低电平的持续时间不应小于 G_4 的传输延迟时间和 t_{set} 之和，即时钟信号低电平的宽度 $t_{wL} \geqslant t_{set} + t_{pd}$。因此得到

$$f_{C(max)} = \frac{1}{t_{wH} + t_{wL}} = \frac{1}{t_{set} + t_{pd} + t_{PHL}} = \frac{1}{6t_{pd}}$$

最后需要说明一点，在实际的集成触发器器件中，每个门的传输延迟时间是不同的。由于内部的逻辑门采用了各种形式的简化电路，因此它们的传输延迟时间比标准输入、输出结构门电路的传输延迟时间要小得多。由于在上面的讨论中假定了所有门电路的传输延迟时间是相等的，因此得出的一些结果只用于定性说明有关的物理概念。每个集成触发器产品的动态参数数值最后要通过实验测定。

5.3 寄 存 器

寄存器用于暂时存放一组二值代码（参与运算 数据、结果、指令、地址等），它被广泛应用于各类数字系统和数字计算机中。

以熟悉的计算机系统为例，CPU 执行整个系统的运算和控制，CPU 中的 ALU 主要负责运算，里面含有大量寄存器，用来存放运算中的中间数值。例如，ALU 执行 $A+B=C$ 这样的算术运算，其中 A、B 为多位二进制数，在时钟脉冲的作用下，计算机先后通过数据总线将数值 A 和 B 送入 CPU，当获得和数 C 时，A、B 就失去了意义，所以可以将 A、B 存放在寄存器中。

寄存器要求存储的代码和输入相同，D 触发器恰好满足这个特点。寄存器由多个 D 触发器构成，这里的 D 触发器是广义上的 D 触发器，即可以是由 JK、SR 等其他逻辑功

能触发器改造而成的，满足 D 触发器特性方程即可。在触发方式上，寄存器没有限制，也就是说无论是电平触发的还是边沿触发的，只要满足广义上的 D 触发器逻辑功能，都可以构成寄存器。

图 5.27 所示是一个用电平触发的 D 触发器组成的 4 位寄存器的实例——74LS75 的电路图。由电平触发的动作特点可知，在时钟信号的高电平期间 Q 端的状态跟随 D 端的状态而变，在时钟信号变成低电平以后，Q 端将保持 CP 变为低电平时刻 D 端的状态。74HC175 是用 CMOS 边沿触发器组成的 4 位寄存器，它的电路图如图 5.28 所示。

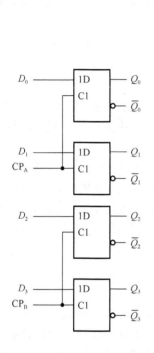

图 5.27　74LS75 电路图

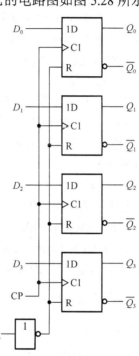

图 5.28　74HC175 电路图

根据边沿触发的动作特点可知，触发器输出端的状态仅仅取决于 CP 上升沿到达时刻 D 端的状态。可见，74LS75 和 74HC175 都是 4 位寄存器，由于采用了不同结构类型的触发器，因此动作特点是不同的。

为了增加使用的灵活性，在有些寄存器中还附加了一些控制电路，使寄存器又增添了异步置 0、输出三态控制等功能。

在上面介绍的两个寄存器中，接收数据时所有各位代码是同时输入的，而且触发器中的数据是并行地出现在输出端的，因此将这种输入、输出方式称为并行输入、并行输出方式。

5.4　存　储　器

半导体存储器属于大规模集成电路，主要用于计算机的内存储器。

由于计算机处理的数据量越来越大，运算速度越来越快，这就要求存储器具有更大的存储容量和更快的存取速度。通常将存储量和存取速度作为衡量存储器性能的重要指标。目前动态存储器的容量已达 10^9 位/片。一些高速随机存储器的存取时间仅为 10ns 左右。

因为半导体存储器的存储单元数目极其庞大，而器件的引脚数目有限，所以在电路结构上就不可能像寄存器那样把每个存储单元的输入和输出直接引出。为了解决这个矛盾，在存储器中给每个存储单元编写一个地址，只有被输入地址代码指定的那些存储单元才能与公共的输入/输出引脚接通，进行数据的读出或写入（以"字"为单位进行读写）。一个字的字长通常为 8bit（1B）或 16bit。

存储器的容量有两种表示方法：一种是字数×字长，如 512K×8bit；另一种用总的位数来表示，如 4Mbit。

从存取功能上可以将半导体存储器分为 ROM 和 RAM 两大类。

ROM 在正常工作状态下只能从中读取数据，不能快速地随时修改或重新写入数据。ROM 的优点是电路结构简单，而且在断电以后数据不会丢失；缺点是只适用于存储固定数据的场合。

RAM 在正常工作状态下就可以随时快速地向存储器中写入数据或从中读出数据。根据所采用的存储单元工作原理的不同，RAM 又可分为静态随机存储器（static random access memory，SRAM）和动态随机存储器（dynamic random access memory，DRAM）。由于 DRAM 存储单元的结构非常简单，因此它所能达到的集成度远高于 SRAM。但是 DRAM 的存取速度不如 SRAM 快。

5.4.1 只读存储器

按存储内容的写入方式，ROM 可分为掩模型只读存储器（mask ROM）、可编程只读存储器（programmable read only memory，PROM）和可擦编程只读存储器（erasable programmable read only memory，EPROM）几种不同类型。掩模型 ROM 中的数据在制作时已经确定，无法更改。PROM 中的数据可以由用户根据自己的需要写入，一经写入不可更改。EPROM 中的数据不但可以由用户根据自己的需要写入，而且能够擦除重写，具有更大的灵活性。

1. 掩模型 ROM

ROM 包含存储矩阵、地址译码器和输出缓冲器 3 个组成部分，如图 5.29 所示。

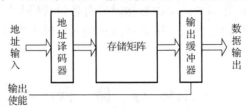

图 5.29　ROM 的结构框图

存储矩阵由许多存储单元排列而成。存储单元可以用二极管构成，也可以用双极型晶体管或 MOS 场效晶体管构成，每个单元能存放 1 位二值代码。一组存储单元称为 1 个"字"，有一个对应的地址代码。

地址译码器的作用是将输入的地址代码译成相应的控制信号，利用这个控制信号从存储矩阵中将指定的字选出，并把其中的数据送到输出缓冲器。

输出缓冲器的作用有两个：一是提高存储器的带负载能力；二是实现对输出状态的三态控制，以便与系统的总线连接。

图 5.30 所示是一个具有 2 位地址输入码和 4 位数据输出的 ROM 电路图，其中图 5.30（a）是 ROM 中的地址译码器部分，图 5.30（b）是存储矩阵和输出缓冲器部分。从图中可以看出，它的地址译码器由 4 个二极管与门组成。2 位地址码 A_1A_0 能给出 4 个不同的地址。地址译码器将这 4 个地址代码分别译成 $W_0 \sim W_3$ 4 根线上的高电平信号。存储单元由二极管构成，存储矩阵实际上是由 4 个二极管或门组成的编码器，当 $\overline{EN}$ 为有效的低电平，$W_0 \sim W_3$ 每根线上给出高电平信号时，都会在 $D_0 \sim D_3$ 这 4 根线上输出一个 4 位二值代码。每个输出代码称为一个"字"，$W_0 \sim W_3$ 称为字线，将 $D_0 \sim D_3$ 称为位线（或数据线），而 A_1、A_0 称为地址线。输出端的缓冲器用来提高带负载能力，并将输出的高、低电平变换为标准的逻辑电平。同时，还可以通过给定 $\overline{EN}$ 信号实现对输出的三态控制。

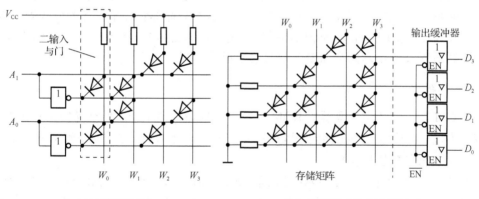

（a）地址译码器部分　　　（b）存储矩阵和输出缓冲器部分

图 5.30　二极管 ROM 电路图

在读取数据时，只要输入指定的地址码并令 $\overline{EN}=0$，则指定地址内各存储单元所存的数据便会出现在输出数据线上。例如，当 $A_1A_0=10$ 时，$W_2=1$，而其他字线均为低电平。由于只有 D_3 和 D_0 两线与 W_2 之间接有二极管，因此这两个二极管导通后使 D_3 和 D_0 为高电平，而其余位线为低电平。于是在数据输出端得到 $D_3D_2D_1D_0=1001$。

不难看出，字线和位线的每个交叉点都是一个存储单元。交叉点处接有二极管时相当于存 1，没有接二极管时相当于存 0。交叉点的数目也就是存储单元数。图 5.30 中 ROM 的存储容量为 4×4 位。

采用 MOS 工艺制作 ROM 时，译码器、存储矩阵和输出缓冲器全用 MOS 场效晶体管组成。图 5.31 给出了 MOS 场效晶体管存储矩阵的原理图。在大规模集成电路中，MOS 场效晶体管多做成对称结构。

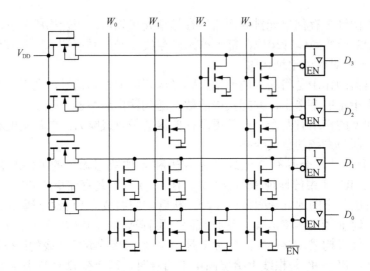

图 5.31　MOS 场效晶体管构成的存储矩阵

图 5.31 中用 N 沟道增强型 MOS 场效晶体管代替了图 5.30 中的二极管。字线与位线的交叉点上接有 MOS 场效晶体管时相当于存 **1**，没有接 MOS 场效晶体管时相当于存 **0**。

当给定地址代码后，经译码器译成 $W_0 \sim W_3$ 中某一根字线上的高电平，使接在这根字线上的 MOS 场效晶体管导通，并使与这些 MOS 场效晶体管漏极相连的位线为低电平，经输出缓冲器反相后，在数据输出端得到高电平，输出为 1。图 5.31 所示存储矩阵中所存的数据与图 5.30 所示的存储矩阵中的数据相同。

2. 可编程只读存储器

PROM 的总体结构与掩模型 ROM 一样，同样由存储矩阵、地址译码器和输出电路组成。不过在出厂时已经在存储矩阵的所有交叉点上全部制作了存储元件，即相当于在所有存储单元中都存入了 **1**。

图 5.32 所示是熔丝型 PROM 存储单元的电路图，每个小单元由一只晶体管和串在发射极上的快速熔丝组成。晶体管的发射结相当于接在字线与位线之间的二极管。熔丝用很细的低熔点合金丝或多晶硅导线制成。在写入数据时只要设法将需要存入 0 的那些存储单元上的熔丝烧断就行。因为这种熔丝在集成电路中所占的面积较大，所以后来又出现了反熔丝结构的 PROM。反熔丝结构的 PROM 中的可编程连接点上不是熔丝，而是一个绝缘连接件（通常用特殊的绝缘材料或两个反相串联的肖特基势垒二极管组成）。未编程时所有的连接件均不导通，而在连接件上施加编程电压以后，绝缘被永久性击穿，连接点的两根导线被接通。

在 PROM 的输出电路模块中，加入了读写控制器，供读出和写入之用。在写入时需要接 12V 或 20V 的编程电压，使选中单元的熔丝可以通过足够大的电流而被烧断；而读出时接+5V 正常工作电压即可。

可见，PROM 的内容一经写入就不能修改，它只能写入一次。因此，PROM 仍不能满足研制过程中经常修改存储内容的需要。这就要求生产一种可以擦除重写的 ROM。

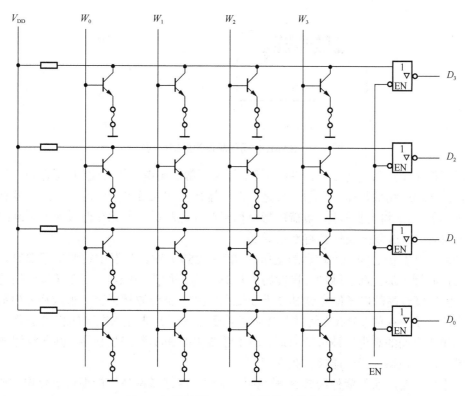

图 5.32 熔丝型 PROM 存储单元的电路图

3. 可擦除可编程只读存储器

最早研究成功并投入使用的 EPROM 是用紫外线照射进行擦除的，称为 EPROM，现在提到的 EPROM 就是指的这种用紫外线擦除的可编程只读存储器（ultra-violet erasable programmable read only memory，UVEPROM)。

之后又出现了电可擦编程只读存储器（electrically-erasable programmable read only memory，EEPROM)。后来又研制成功了新一代的电可擦编程只读存储器——闪速存储器（flash memory）。

1）EPROM（UVEPROM）

EPROM 与前面讲过的 PROM 在总体结构形式上没有多大区别，只是采用了不同的存储单元。EPROM 中采用叠栅雪崩注入 MOS（stack-gate avalanche injection type MOS，SAMOS）场效晶体管存储器。

图 5.33 所示是 SAMOS 场效晶体管的结构与符号。它是一个 N 沟道增强型 MOS 场效晶体管，有两个重叠的栅极——控制栅 G_c 和浮置栅 G_f。控制栅 G_c 用于控制读出和写入，浮置栅 G_f 用于长期保存注入电荷。

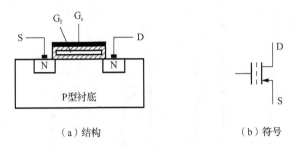

（a）结构　　　　　　　　　　　（b）符号

图 5.33　SAMOS 场效晶体管的结构与符号

浮置栅上未注入电荷以前,在控制栅上加入正常的高电平能够使漏-源之间产生导电沟道,SAMOS 场效晶体管导通。反之,在浮置栅上注入负电荷以后,必须在控制栅上加入更高的电压才能抵消注入电荷的影响而形成导电沟道,因此在栅极加上正常的高电平信号时 SAMOS 场效晶体管将不会导通。

当漏极和源极之间加上较高的电压（+20～+25V）时,将发生雪崩击穿现象。如果同时在控制栅上加上高压脉冲（幅度约为+25V,宽度约为 50ms）,则在栅极电场的作用下,一些速度较高的电子便穿越 SiO_2 层到达浮置栅,被浮置栅俘获而形成注入电荷。浮置栅上注入了电荷的SAMOS场效晶体管相当于写入了 **1**,未注入电荷的相当于存入了 **0**。漏极和源极之间的高电压被去掉以后,由于浮置栅被 SiO_2 绝缘层包围,注入浮置栅上的电荷没有放电通路,因此能够长久保存。

如果用一定波长的紫外线或 X 射线照射 SAMOS 场效晶体管的栅极氧化层,则 SiO_2 层中将产生电子-空穴对,为浮置栅上的电荷提供泄放通道,使之放电,这个过程称为擦除。擦除时间需要 20～30min。为便于擦除操作,在器件外壳上装有透明的石英盖板。在写好数据以后应使用不透明的胶带将石英盖板遮蔽,防止数据丢失。EPROM 的写入和擦除一般需要专用的编程器才能实现。

2）EEPROM

在 EEPROM 的存储单元中采用了一种称为浮栅隧道氧化层（floating gate tunnel oxide,Flotox）MOS 场效晶体管,它的结构如图 5.34（a）所示。

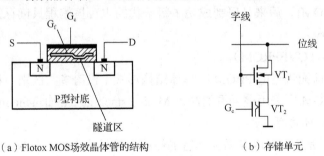

（a）Flotox MOS场效晶体管的结构　　　　　　（b）存储单元

图 5.34　Flotox MOS 场效晶体管的结构及存储单元电路图

Flotox MOS 场效晶体管与 SAMOS 场效晶体管相似,也属于 N 沟道增强型 MOS 场效晶体管,并且有两个栅极——控制栅 G_c 和浮置栅 G_f。不同的是,Flotox MOS 场效晶体管的浮置栅与漏区之间有一个氧化层极薄的隧道区（厚度在 2×10^{-8}m 以下）。当隧道区的电场强度大到一定程度时（> 10^7V/cm），便在漏区和浮置栅之间出现导电隧道，电子可以双向通过，形成电流。这种现象称为隧道效应。

加到控制栅 G_c 和漏极 D 上的电压是通过浮置栅-漏极之间的电容和浮置栅-控制栅之间的电容分压加到隧道区上的。为了使加到隧道区上的电压尽量大，需要尽可能减小浮置栅和漏区之间的电容，因而要求把隧道区的面积做得非常小。可见，在制作 Flotox MOS 场效晶体管时对隧道区氧化层的厚度、面积和耐压的要求都很严格。

为了提高擦、写的可靠性，并保护隧道区超薄氧化层，在 EEPROM 的存储单元中除 Flotox MOS 场效晶体管以外还附加了一个选通管，如图 5.34（b）所示。图中的 VT_2 为 Flotox MOS 场效晶体管（也称为存储管），VT_1 为普通的 N 沟道增强型 MOS 场效晶体管（也称为选通管）。根据浮置栅上是否充有负电荷来区分单元的 **1** 或 **0** 状态。由于存储单元用了两个 MOS 场效晶体管，这无疑限制了 EEPROM 集成度的进一步提高。

3）闪速存储器

闪速存储器既吸收了 EPROM 结构简单、编程可靠的优点，又保留了 EEPROM 用隧道效应擦除的快捷特性，而且集成度可以做得很高。图 5.35（a）所示是闪速存储器采用的叠栅 MOS 场效晶体管的结构示意图。它的结构与 PROM 中的 SAMOS 场效晶体管极为相似，两者最大的区别是闪速存储器中浮置栅与衬底之间氧化层的厚度不到 SAMOS 场效晶体管的一半，而且浮栅与源区重叠的部分是由源区的横向扩散形成的，面积极小，因而浮置栅-源极之间的电容要比浮置栅-控制栅之间的电容小得多。当控制栅和源极之间加上电压时，大部分电压都将降在浮置栅与源极之间的电容上。闪速存储器的存储单元就是用这样一个单管组成的，如图 5.35（b）所示。

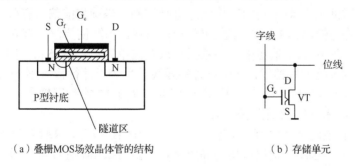

（a）叠栅MOS场效晶体管的结构　　　　　　　（b）存储单元

图 5.35　闪速存储器中的 MOS 场效晶体管结构及存储单元电路图

闪速存储器的编程和擦除操作不需要使用编程器，写入和擦除的控制电路集成于存储器芯片中，工作时只需要 5V 的低压电源，使用极其方便。自从 20 世纪 80 年代末期闪速存储器问世以来，其便以高集成度、大容量、低成本和使用方便等优点而引起普遍关注。随着产品集成度的逐年提高，闪速存储器的应用领域迅速扩展，有可能在不久的将来成为较大容量磁性存储器（如个人计算机中的硬磁盘）的替代产品。

5.4.2　静态随机存储器

SRAM 电路结构与 ROM 类似，通常由存储矩阵、地址译码器和读/写控制电路（也称输入/输出电路）3 个部分组成，如图 5.36 所示。

　　当存储器的存储容量很大时，地址译码器输出的字线非常多，电路很复杂，因此，地址译码器一般分成行地址译码器和列地址译码器两部分。行地址译码器将输入地址代码的若干位译成行地址输出线上的高、低电平信号，从存储矩阵中选中一行存储单元；列地址译码器将输入地址代码的其余几位译成列地址输出线上的高、低电平信号，从被选中的一行存储单元中再选出其中的某个字（1 位或几位存储单元），使被选中的字经读/写控制电路与输入/输出端接通，以便对这些存储单元进行读、写操作。图 5.37 所示为一个 1024 字的存储矩阵示意图，其行、列地址各 5 位，共同译码确定其中的一个字。

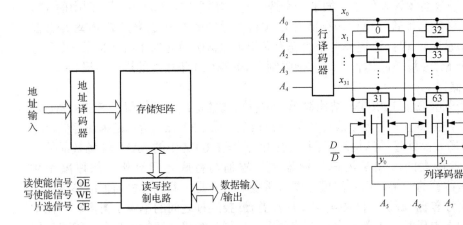

图 5.36　SRAM 电路结构框图　　　　图 5.37　1024 字的存储矩阵示意图

　　读/写控制电路用于对电路的工作状态进行控制。当读使能信号有效，即 $\overline{OE} = 0$ 时，执行读操作，将存储单元中的数据送到输入/输出端。当写使能信号有效，即 $\overline{WE} = 0$ 时，执行写操作，将加到输入/输出端上的数据写入存储单元中。图 5.36 中的双向箭头表示一组可双向传输数据的数据线，它所包含的导线数目等于并行输入/输出数据的位数。也有一些 RAM 集成电路用一根读/写控制线（如 $R/\overline{W}$）控制读/写操作，当 $R/\overline{W} = 1$ 时执行读操作，当 $R/\overline{W} = 0$ 时执行写操作。

　　在读/写控制电路上都设有片选输入端 $\overline{CE}$。当 $\overline{CE} = 0$ 时，RAM 为正常工作状态；当 $\overline{CE} = 1$ 时，所有的输入/输出端均为高阻态，不能对 RAM 进行读/写操作。

　　能够随意读/写的 RAM 存储单元与 ROM 存储单元截然不同，它是在 SR 锁存器的基础上附加门控管而构成的。因此，RAM 存储单元是靠锁存器的自保功能存储数据的。图 5.38 所示是用 6 个 N 沟道增强型 MOS 场效晶体管组成的 SRAM 静态存储单元。

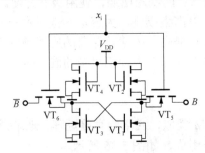

图 5.38　SRAM 静态存储单元电路图

图中，$VT_1 \sim VT_4$ 组成 SR 锁存器，用于记忆 1 位二值代码；VT_5 和 VT_6 是门控管，作为模拟开关使用，以控制锁存器的输出和位线 B、$\overline{B}$ 之间的联系。VT_5 和 VT_6 的开关状态由字线 x_i 的状态决定。当 $x_i = 1$ 时，VT_5 和 VT_6 导通，锁存器的输出端与位线 B、$\overline{B}$ 接通；当 $x_i = 0$ 时，VT_5 和 VT_6 截止，锁存器与位线之间的联系被切断。

5.4.3　动态随机存储器

DRAM 的存储单元是由门控管和电容器组成的，电容器上是否存储电荷用 **1** 或者 **0** 来表示。为了防止因电荷泄露而丢失信息，需要周期性地对这种存储器的内容进行重写，称为刷新。

图 5.39 所示是 DRAM 结构框图。从总体上讲，它仍然包含存储矩阵、地址译码器和输入/输出电路 3 个组成部分。

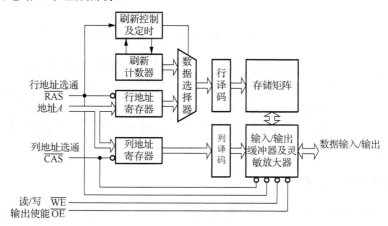

图 5.39　DRAM 结构框图

存储矩阵中的单元仍按行、列排列。在采用地址分时输入的 DRAM 中，地址代码是分两次从同一组引脚 A 输入的，分时操作由 $\overline{RAS}$ 和 $\overline{CAS}$ 两个信号来控制。首先令 $\overline{RAS} = 0$，输入行地址；然后令 $\overline{CAS} = 0$，输入列地址。行、列地址分别送入对应的寄存器。

当 $\overline{WE} = 1$ 时进行读操作，被输入地址代码选中单元中的数据经过输出锁存器、输出三态缓冲器到达数据输入/输出端；当 $\overline{WE} = 0$ 时进行写操作，加到输入/输出端的数据经过输入缓冲器写入由输入地址指定的单元中。

RAM 的动态存储单元是利用 MOS 场效晶体管栅极电容可以存储电荷的原理制成的。由于存储单元的结构能做得非常简单，因此在大容量、高集成度的 RAM 中得到了普遍应用。由于栅极电容的容量很小（通常仅为几皮法），而漏电流又不可能绝对等于零，因此电荷保存的时间有限。为了及时补充漏掉的电荷以避免存储的信号丢失，必须定时刷新。因此，DRAM 工作时必须辅以必要的刷新控制电路（控制电路通常是制作在 DRAM 芯片内部的），同时也使操作复杂化了。尽管如此，DRAM 仍然是目前大容量 RAM 的主流产品。

早期采用的动态存储单元为四管电路或三管电路。这两种电路的优点是外围控制电路比较简单，读出信号也比较大，而缺点是电路结构仍不够简单，不利于提高集成度。单管动态存储单元是所有存储单元中电路结构最简单的一种。虽然它的外围控制电路比较复杂，但是它在提高集成度上所具有的优势，使它成为目前所有大容量 DRAM 首选的存储单元。

图 5.40 所示是单管动态 MOS 存储单元的电路图。存储单元由一个 N 沟道增强型 MOS 场效晶体管 VT 和一个电容器 C 组成。

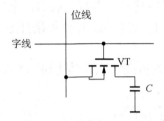

图 5.40　单管动态 MOS 存储单元的电路图

在进行写操作时，字线给出高电平，使 VT 导通，位线上的数据经过 VT 存入 C 中。在进行读操作时，字线同样应给出高电平，并使 VT 导通。这时 C 经 VT 向位线上的电容提供电荷，使位线获得读出的信号电平。但是每读一次，C 上的电荷要减少很多，造成所谓破坏性读出，为解决这个问题，需要配置灵敏放大器，在每次读出时实现对所存储数据的刷新。

5.4.4　存储器容量的扩展

半导体存储器的种类很多，存储容量有大有小。当一片 ROM 或 RAM 不能满足存储容量需要时，就需要将若干片 ROM 或 RAM 组合起来，构成满足存储容量要求的存储器。存储器容量的扩展分为位扩展和字扩展两种。

1. 位扩展

如果每一片 ROM 或 RAM 中的字数已经够用而每个字的位数不够用，应采用位扩展的连接方式。将多片 ROM 或 RAM 组合成位数更多的 RAM 的位扩展连接方法，如图 5.41 所示。在这个例子中，用 4 片 256×1 位的 RAM 接成了一个 256×4 位的 RAM。

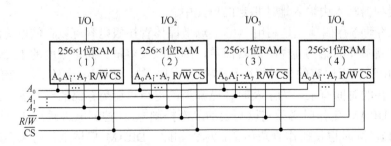

图 5.41　RAM 的位扩展接法

连接的方法十分简单，只需将 8 片 256×1 位的 RAM 的所有地址线、$R/\overline{W}$、$\overline{CS}$ 分

别连接。每一片的 I/O 端作为整个 RAM 输入/输出数据端的一位。总的存储容量为每一片存储容量的 4 倍。

ROM 芯片上没有读/写控制端 $R/\overline{W}$，在进行位扩展时其余引出端的连接方法和 RAM 完全相同。

2. 字扩展

如果每一片存储器的数据位数够用而字数不够用，则需要采用字扩展方式，将多片存储器（RAM 或 ROM）芯片接成一个字数更多的存储器。

图 5.42 所示是用字扩展方式将 4 片 256×8 位的 RAM 接成一个 1024×8 位 RAM 的例子。因为 4 片中共有 1024 字，所以必须给它们编成 1024 个不同的地址。然而每片集成电路上的地址输入端只有 8 位（$A_0 \sim A_7$），给出的地址范围全都是 0～255，无法区分 4 片中同样的地址单元。因此，必须增加 2 位地址代码 A_8、A_9，使地址代码增加到 10 位，这样才能得到 $2^{10}=1024$ 个地址。如果取第一片的 $A_9 A_8 = \textbf{00}$，第二片的 $A_9 A_8 = \textbf{01}$，第三片的 $A_9 A_8 = \textbf{10}$，第四片的 $A_9 A_8 = \textbf{11}$，那么 4 片中所有 1024 字的地址就完全分配开了。

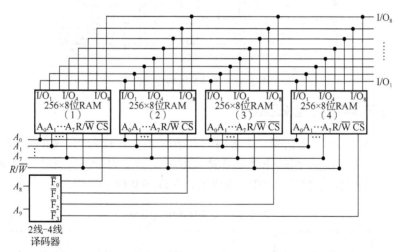

图 5.42　RAM 的字扩展接法

4 片 RAM 的低 8 位地址是相同的，接线时将它们分别连接起来即可。由于每片 RAM 上只有 8 个地址输入端，因此 A_8、A_9 的输入端只好借用片选端。图 5.42 中使用 2 线-4 线译码器将 A_8、A_9 两个地址位的译码输出分别控制 4 片 RAM 的 $\overline{CS}$ 端。

由于每一片 RAM 的数据 $I/O_1 \sim I/O_8$ 端都设置了由 $\overline{CS}$ 控制的三态输出缓冲器，而现在它们的 $\overline{CS}$ 任何时候只有一个处于低电平，故可将它们的数据端并联起来，作为整个 RAM 的 8 位数据输入/输出端。

上述字扩展接法也同样适用于 ROM 电路。

如果一片 RAM 或 ROM 的位数和字数都不够用，就需要同时采用位扩展和字扩展方法，用多片器件组成一个大的存储器系统，以满足对存储容量的要求。

例 5.3 试用 1024×4 位 RAM 实现 4096×8 位存储器。

解: 4096×8 位存储器需要 1024×4 位 RAM 的芯片数为

$$C = \frac{总存储器容量}{一片存储容量} = \frac{4096 \times 8}{1024 \times 4} = 8(片)$$

根据 2^n =字数,求得 4096 个字的地址线数 n =12。两片 1024×4 位 RAM 并联实现位扩展,达到 8 位的要求。

地址线 A_{11}、A_{10} 接译码器输入端,译码器的每一条输出线对应接到 2 片 1024×4 位 RAM 的片选端。连接方式如图 5.43 所示。

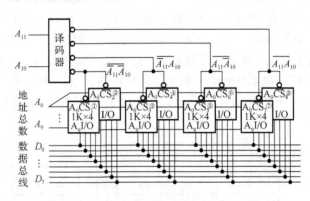

图 5.43 例 5.3 电路连接图

5.4.5 用存储器实现组合逻辑函数

表 5.11 是某 ROM 的数据表。如果将输入地址 A_1、A_0 视为两个输入逻辑变量,同时将输出数据 $D_0 \sim D_3$ 视为一组输出逻辑变量,则 D_0、D_1、D_2 和 D_3 就是一组 A_1、A_0 的组合逻辑函数,表 5.11 也就是这一组多输出组合逻辑函数的真值表。

表 5.11 某 ROM 的真值表

A_1	A_0	D_0	D_1	D_2	D_3
0	0	0	1	0	1
0	1	1	0	1	1
1	0	0	1	1	0
1	1	1	1	0	0

输出数据与输入地址之间的逻辑关系为

$$D_0 = \overline{A_1} A_0 + A_1 A_0 = A_0 \qquad (5.6)$$

$$D_1 = \overline{A_1}\,\overline{A_0} + A_1 \overline{A_0} + A_1 A_0 = A_1 + \overline{A_0} \qquad (5.7)$$

$$D_2 = \overline{A_1} A_0 + A_1 \overline{A_0} \qquad (5.8)$$

$$D_3 = \overline{A_1}\,\overline{A_0} + \overline{A_1} A_0 = \overline{A_1} \qquad (5.9)$$

由图 5.30 所示的 ROM 电路图可以看到，译码器的输出 $W_0 \sim W_3$ 为输入变量全部的最小项，而每一位数据输出 $D_0 \sim D_3$ 又是若干个最小项之和，因而任何形式的组合逻辑函数均能通过向 ROM 中写入相应的数据来实现。

不难推想，用具有 n 位输入地址、m 位数据输出的 ROM 可以获得一组（最多 m 个）任何形式的 n 变量组合逻辑函数，只要根据函数的形式向 ROM 中写入相应的数据即可。这个原理也适用于 RAM。

在使用 PROM 或掩模 ROM 时，为了简化作图，还可以画出存储矩阵的节点连接图，如图 5.44 所示。在接入存储器的矩阵交叉点上画一个圆点，以代替存储器。图 5.44 中以有圆点表示存 **1**，以没有圆点表示存 **0**。该图所描述的存储器的存储内容与表 5.11 相同，也可以说，用该存储器实现了式（5.6）～式（5.9）4 个组合逻辑函数。

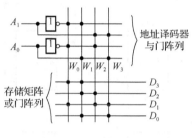

图 5.44　ROM 点阵图

本 章 小 结

本章介绍了触发器、寄存器和半导体存储器。触发器可以保存 1 位二值信息，N 个触发器组成的寄存器能够存储一组 N 位的二值信息，半导体存储器能够存储更多的数据或信息。

触发器根据逻辑功能和电路结构的不同，有不同的分类。在选择触发器时不仅需要知道它的逻辑功能类型，还必须了解它的触发方式，这样才能掌握它的动作特点，做出正确的设计。半导体存储器根据读、写功能，存储单元电路结构和工作原理的不同也分为不同的类型。掌握各种类型半导体存储器在电路结构和性能上的不同特点，将为合理选用这些器件提供理论依据。

重点：各类存储电路的电路结构及逻辑功能。

难点：ROM、RAM 电路结构、功能、扩展方法及应用。

习　　题

5-1　现有一个 TTL 与非门和一个或非门，能否组成一个触发器？画出电路图及状态转换图。

5-2　已知电路及输入信号波形如图 5.45 所示。试画出主从 JK 触发器的输出端 Q、$\overline{Q}$ 的波形。设触发器的初始状态为 **0**。

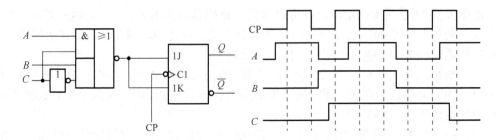

图 5.45 习题 5-2

5-3   试画出图 5.46 中各触发器的 Q 端波形图。

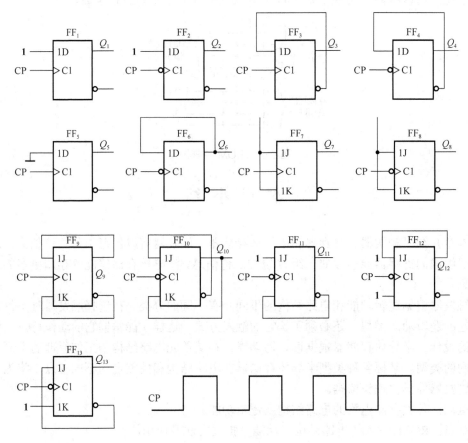

图 5.46 习题 5-3

5-4   试将 D 触发器转换成 T 触发器，画出电路图。

5-5   一个触发器的特性方程为 $Q^{n+1} = X \oplus Y \oplus Q^n$，试分别用 JK 触发器和 D 触发器来实现这个触发器。

5-6   电路如图 5.47（a）所示，试对应图 5.47（b）中的 CP 脉冲画出 Q_1 和 Q_2 的波形（设初始状态 $Q_1 = 0$，$Q_2 = 0$）。

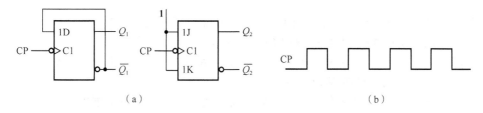

（a）　　　　　　　　　　　　　　　　　　　　（b）

图 5.47　习题 5-6

5-7　电路如图 5.48（a）所示，试对应图 5.48（b）中的 A、B 及 CP 波形画出 Q_1 和 Q_2 的波形（设初始状态 $Q_1 = 0$，$Q_2 = 0$）。

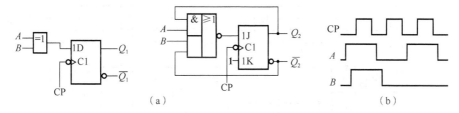

（a）　　　　　　　　　　　　　　　　　　　（b）

图 5.48　习题 5-7

5-8　在图 5.49（a）所示各电路中，A、B 及 CP 波形如图 5.49（b）所示。

（1）写出触发器次态 Q^{n+1} 的逻辑函数式。

（2）画出 Q_1、Q_2、Q_3、Q_4 的波形图（设各触发器初始状态均为 0）。

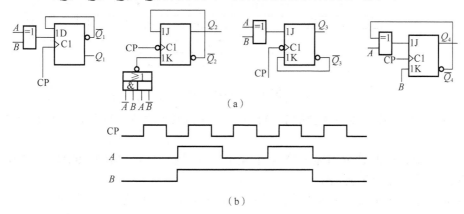

（a）

（b）

图 5.49　习题 5-8

5-9　试分析并行输入、并行输出的 4 位寄存器 74HC175（电路图见图 5.28）的电路功能，并列出逻辑功能表。

5-10　某台计算机的内存储器设置有 32 位的地址线、16 位并行数据输入/输出端，试计算它的最大存储量是多少。

5-11　ROM 和 RAM 有什么相同之处和不同之处？ROM 写入信息有几种方式？

5-12　设一片 RAM 芯片的字数为 n，位数为 d；扩展后的字数为 N，位数为 D。写出需要这种 RAM 芯片片数的计算公式。

5-13　试用 2 片 1024×8 位的 ROM 组成 1024×16 位的存储器。

5-14　试用 4 片 $4K \times 8$ 位的 RAM 接成 $16K \times 8$ 位的存储器。

5-15　4 片 16×4 位 RAM 和逻辑门构成的电路如图 5.50 所示。试回答：

（1）扩展后总的存储容量为多少？

（2）该图的扩展方式属于位扩展、字扩展，还是位、字同时扩展？

（3）当地址码为 **00010110** 时，这 4 片 RAM 中哪几片被选中？

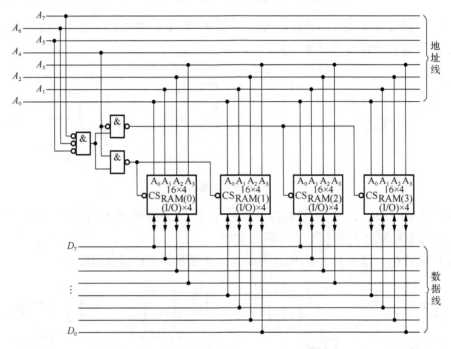

图 5.50　习题 5-15

5-16　试用 6 片 1024×4 位的 RAM 和 3 线-8 线译码器 74138 接成一个 $8K \times 8$ 位的 RAM。

5-17　已知掩模 ROM 中存放的 4 个 4 位二进制数 **0101**、**1010**、**0010**、**0100**，试画出该 ROM 存储矩阵的点阵图。

5-18　写出如图 5.51 所示点阵图对应的逻辑函数式和真值表，并说明其功能。

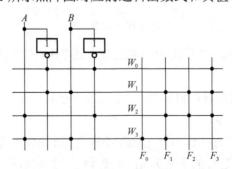

图 5.51　习题 5-18

5-19　用 ROM 设计一个组合逻辑电路，用来产生下列逻辑函数，画出点阵图。

$$\begin{cases} Y_1 = \overline{A}\,\overline{B}\,\overline{C}\,\overline{D} + \overline{A}\,B\,\overline{C}\,D + A\,\overline{B}\,C\,\overline{D} + A\,B\,C\,D \\ Y_2 = \overline{A}\,\overline{B}\,C\,\overline{D} + \overline{A}\,B\,C\,D + A\,\overline{B}\,\overline{C}\,\overline{D} + A\,B\,\overline{C}\,D \\ Y_3 = \overline{A}\,B\,D + \overline{B}\,C\,\overline{D} \\ Y_4 = \overline{B}\,\overline{D} + B\,D \end{cases}$$

5-20　试用 ROM 设计一个能实现函数 $y = x^2$ 的运算表电路，x 的取值范围为 0～15 的正整数，画出点阵图。

第6章 时序逻辑电路

本章首先概述时序逻辑电路在电路结构及逻辑功能上的特点，并详细讲述时序逻辑电路分析的方法和步骤；然后介绍典型的时序逻辑电路（如寄存器、计数器、顺序脉冲发生器等）的结构、工作原理和使用方法；最后讲解时序逻辑电路的设计方法。

6.1 时序逻辑电路概述

组合逻辑电路的特点是任一时刻电路的输出信号仅取决于电路当前的输入信号。在实际应用中，还有一类电路，任一时刻电路的输出信号不仅仅取决于电路当前的输入信号，还取决于电路原来的状态，即电路之前的输入。例如，十字路口的交通灯，下一时刻南北、东西方向灯的颜色、点亮的时间，除了与当前的秒信号有关，还与上一时刻是什么颜色的灯，亮了多少秒有关。具有这种逻辑功能特点的电路称为时序逻辑电路，简称时序电路。

6.1.1 时序逻辑电路的特点

时序逻辑电路任一时刻的输出和状态取决于电路当前的输入和之前的状态，这个功能特点决定了时序电路中必须有存储元件，即记忆元件。第 5 章介绍的触发器就是一种存储单元，可以用来存储电路之前的状态。所以，时序电路中一定含有触发器，而且触发器可能有多个。

时序电路在电路结构上的特点可以表述如下：

（1）时序电路中通常包含组合逻辑电路和存储电路两部分，其中存储电路是必不可少的。存储电路由有记忆功能的锁存器或触发器构成。

（2）存储电路的输出和电路状态必须反馈到组合逻辑电路的输入端，与外部输入信号一起共同决定组合逻辑电路的输出。

时序电路的结构框图如图 6.1 所示。

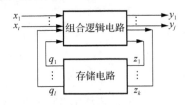

图 6.1 时序电路的结构框图

图中，x 代表电路的输入信号，y 代表电路的输出信号，z 代表存储电路的输入信号或者激励，q 代表存储电路的输出信号，这些信号之间的逻辑关系可以用以下 3 组方程来描述。

（1）输出方程。时序电路的输出信号与外部输入信号和存储电路的状态之间可用如下方程组描述：

$$\left\{\begin{array}{l} y_1 = f_1\left(x_1, x_2, \cdots, x_i, Q_1^n, Q_2^n, \cdots, Q_l^n\right) \\ \qquad\qquad\vdots \\ y_j = f_j\left(x_1, x_2, \cdots, x_i, Q_1^n, Q_2^n, \cdots, Q_l^n\right) \end{array}\right. \Rightarrow 输出方程 Y = F\left(X, Q^n\right) \qquad (6.1)$$

（2）驱动方程（即激励方程）。存储电路的输入是电路新状态的驱动，表示它与外部输入和电路的现态之间的关系的函数式如下：

$$\left\{\begin{array}{l} z_1 = g_1\left(x_1, x_2, \cdots, x_i, Q_1^n, Q_2^n, \cdots, Q_l^n\right) \\ \qquad\qquad\vdots \\ z_k = g_k\left(x_1, x_2, \cdots, x_i, Q_1^n, Q_2^n, \cdots, Q_l^n\right) \end{array}\right. \Rightarrow 驱动方程 Z = G\left(X, Q^n\right) \qquad (6.2)$$

（3）状态方程。时序电路的新状态与现态和驱动之间的函数关系式如下：

$$\left\{\begin{array}{l} Q_1^{n+1} = h_1\left(z_1, z_2, \cdots, z_i, Q_1^n, Q_2^n, \cdots, Q_l^n\right) \\ \qquad\qquad\vdots \\ Q_l^{n+1} = h_l\left(z_1, z_2, \cdots, z_i, Q_1^n, Q_2^n, \cdots, Q_l^n\right) \end{array}\right. \Rightarrow 状态方程 Q^{n+1} = H\left(Z, Q^n\right) \qquad (6.3)$$

在式（6.1）～式（6.3）中，Q^n 代表存储电路当前的状态，简称为现态；Q^{n+1} 表示存储电路下一个状态，简称为次态。在具体的时序电路中，有些并不具备图 6.1 所示的完整结构。例如，有些时序电路没有输入信号，有的没有组合逻辑电路部分，但是只要它们在逻辑功能上具有时序电路的基本特征，仍然属于时序电路。

时序电路的分类方法有很多，可以按照电路结构中多个触发器的翻转方式不同，将时序电路分为两类，即同步时序电路和异步时序电路。在同步时序电路中，所有触发器共用一个时钟信号，所有触发器的状态翻转发生在同一时刻。在异步时序电路中，所有触发器不再共用一个时钟信号，一个触发器的时钟信号可能是前一个触发器的输出信号。时序电路按照其输出是否与输入有关，又可分为米利（Mealy）型和摩尔（Moore）型。米利型时序电路的输出由电路当前输入和电路当前状态决定，而摩尔型时序电路的输出只取决于电路的当前状态，与输入无关。

典型的时序电路有计数器、寄存器、顺序脉冲发生器等。

6.1.2 时序逻辑电路的表示方法

从理论上讲，有了输出方程、驱动方程、状态方程以后，时序电路的逻辑功能就已经描述清楚了。然而，很多时候这一组方程不能形象生动地获得电路的逻辑功能的完整描述。这主要是由于电路每一时刻的状态都与电路的历史状态有关。由此可以想到，如果将电路在一系列时钟信号作用下的状态转换过程描述出来，则电路的逻辑功能也就清楚了。实际上，上述寻求时序电路时钟信号下状态转换的过程，即时序电路的状态转换表、状态转换图、时序波形图等。

1．状态转换表

将任何一组输入变量及电路初态的取值代入状态方程和输出方程，即可以算出电路的次态和现态下的输出值；以得到的次态作为新的初态，与此时的输入再一次代入状态方程和输出方程进行计算，又一次得到一个新的次态和输出。以此类推，将全部计算结果列成真值表的形式，就得到了状态转换表。

2．状态转换图

为了以更加形象的方式直观地显示时序电路的逻辑功能，有时还进一步将状态转换表的内容表示成状态转换图的形式。画时序电路的状态转换图，除了以圆圈表示电路的各个状态，以箭头表示状态转换的方向，还应在箭头旁标明状态转换前的输入变量取值和输出变量取值。

3．时序波形图

在输入信号和时钟脉冲序列作用下，电路状态、输出信号随时间变化的波形图称为时序波形图。

6.2　时序逻辑电路的分析方法

分析一个时序电路，就是找出给定时序电路的逻辑功能。具体地说，就是找出电路的状态和输出在输入变量和时钟信号作用下的变化规律。由于同步时序电路中所有触发器都是在一个时钟信号操作下工作的，因此其电路分析过程相对简单。异步时序电路的分析稍显复杂，它们的基本方法是一致的，不同之处在于分析异步时序电路时，必须分别分析各个触发器的时钟信号，根据时钟信号是否到来，求触发器的次态。

6.2.1　同步时序电路的分析方法

分析时序电路的逻辑功能一般按照下述步骤进行：

（1）从给定的电路图中写出每个触发器的驱动方程（即存储电路中每个触发器的输入信号的逻辑函数式）和电路的输出方程；

（2）将得到的驱动方程代入相应触发器的特性方程，得出每个触发器的状态方程，从而得到由这些状态方程组成的整个时序电路的状态方程组；

（3）求出该时序电路的状态转换表（或者状态转换图）；

（4）画出时序波形图，即画出时钟脉冲作用下的输入、输出波形图；

（5）描述时序电路的逻辑功能。

下面以具体的例子讲解同步时序电路的分析过程。

例 6.1　分析图 6.2 所示时序电路，写出电路的驱动方程、状态方程和输出方程，画出电路的状态转换图和时序波形图，并分析其逻辑功能。FF_1、FF_2、FF_3 是 3 个边沿结构的触发器。

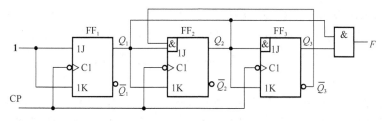

图 6.2 例 6.1 的时序电路图

解：图 6.2 所示电路没有输入，输出 F 只与电路的状态有关，是摩尔型同步时序电路。

（1）从图 6.2 给定的电路图写出电路的驱动方程如下：

$$\begin{cases} J_1 = 1 \\ K_1 = 1 \end{cases} \quad \begin{cases} J_2 = Q_1^n \overline{Q_3^n} \\ K_2 = Q_1^n \end{cases} \quad \begin{cases} J_3 = Q_1^n Q_2^n \\ K_3 = Q_1^n \end{cases} \tag{6.4}$$

（2）将式（6.4）代入 JK 触发器的特性方程 $Q^{n+1} = J\overline{Q^n} + \overline{K}Q^n$，得到电路的状态方程如下：

$$\begin{cases} Q_1^{n+1} = \overline{Q_1^n} \\ Q_2^{n+1} = Q_1^n \overline{Q_3^n} \overline{Q_2^n} + \overline{Q_1^n} Q_2^n \\ Q_3^{n+1} = Q_1^n Q_2^n \overline{Q_3^n} + \overline{Q_1^n} Q_3^n \end{cases} \tag{6.5}$$

（3）根据电路图写出输出方程为

$$F = Q_1^n Q_3^n \tag{6.6}$$

（4）假设电路的初始状态 $Q_3^n Q_2^n Q_1^n =$ **000**，将 **000** 代入式（6.5）和式（6.6），可得在现态下，时钟信号作用后的次态 $Q_3^{n+1} Q_2^{n+1} Q_1^{n+1} =$ **001**，即第一个时钟信号的下降沿后，电路的状态为 **001**，且此时电路的输出为 $F =$ **0**。第二个时钟下降沿到达之前将根据电路此时的状态 $Q_3^n Q_2^n Q_1^n =$ **001** 计算电路的次态 $Q_3^{n+1} Q_2^{n+1} Q_1^{n+1} =$ **010**，当第二个时钟下降沿到达时，电路的次态变为 **010**，依此类推。可得到电路的完整状态转换表，如表 6.1 所示。

表 6.1 例 6.1 电路的状态转换表

CP	Q_3^n	Q_2^n	Q_1^n	Q_3^{n+1}	Q_2^{n+1}	Q_1^{n+1}	F
1	0	0	0	0	0	1	0
2	0	0	1	0	1	0	0
3	0	1	0	0	1	1	0
4	0	1	1	1	0	0	0
5	1	0	0	1	0	1	0
6	1	0	1	0	0	0	1
	1	1	0	1	1	1	0
	1	1	1	0	0	0	1

注意，当电路现态为 $Q_3^n Q_2^n Q_1^n$=101时，第 6 个脉冲之后电路的状态为 000，返回最初的状态。3 个触发器 8 个状态中的 6 个构成了一个循环，另外的 2 个状态 $Q_3^n Q_2^n Q_1^n$=110 和 $Q_3^n Q_2^n Q_1^n$=111 在循环中没有出现，必须单独再计算它们的次态，并列入表 6.1 中，才能得到完整的状态转换表。

由状态转换表画出例 6.1 的状态转换图与时序波形图，如图 6.3 所示。时序波形图是在时钟脉冲作用下电路的状态和输出随时间变换的波形图，又称为时序图。

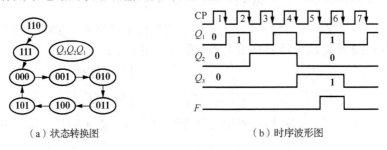

（a）状态转换图　　　　　　　　　　（b）时序波形图

图 6.3　图 6.2 所示电路的状态转换图与时序波形图

从上述分析可以看出，每输入 6 个时钟信号，电路的状态循环变化一次，所以这个电路具有对时钟信号计数的功能。同时，因为每经过 6 个时钟信号作用后，在输出端 F 获得一个脉冲信号，所以图 6.2 所示电路是一个六进制计数器，F 端的输出是进位脉冲。

例 6.1 中的六进制计数器用到的 000～101 这 6 个状态称为有效状态，构成的循环称为有效循环。110 和 111 不在有效循环中，它们称为无效状态。由图 6.3 看出，2 个无效状态在 CP 作用下能够进入有效循环，说明该电路能够自启动。自启动的意思是，电路加电后无论处于触发器 8 个状态中的哪一个，都能经过若干有限个脉冲后，自动进入六进制计算器内部，这样的电路能够自启动。因此，本电路的完整逻辑功能描述是：能够自启动的同步六进制计数器。

例 6.2　分析图 6.4 所示时序电路的逻辑功能，写出电路的驱动方程、状态方程和输出方程，画出电路的状态转换图。

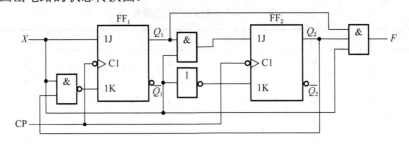

图 6.4　例 6.2 的时序电路图

解：根据图 6.4 写出电路的驱动方程、状态方程和输出方程。

驱动方程如下：

$$\begin{cases} J_1 = X \\ K_1 = \overline{X Q_2^n} \end{cases} \qquad \begin{cases} J_2 = X Q_1^n \\ K_2 = \overline{X} \end{cases} \tag{6.7}$$

状态方程如下:

$$\begin{cases} Q_1^{n+1} = X\overline{Q_1^n} + XQ_2^n Q_1^n \\ Q_2^{n+1} = XQ_1^n \overline{Q_2^n} + XQ_2^n \end{cases} \tag{6.8}$$

输出方程如下:

$$F = Q_2^n Q_1^n X \tag{6.9}$$

将两个触发器的 4 个不同状态和输入 X 的两种情况组合成的 8 种情况,代入式(6.8)、式(6.9),可以得到例 6.2 的状态转换表(表 6.2)及状态转换图(图 6.5)。

表 6.2 例 6.2 状态转换表

X	Q_2^n	Q_1^n	Q_2^{n+1}	Q_1^{n+1}	F
0	0	0	0	0	0
0	0	1	0	0	0
0	1	0	0	0	0
0	1	1	0	0	0
1	0	0	0	1	0
1	0	1	1	0	0
1	1	0	1	1	0
1	1	1	1	1	1

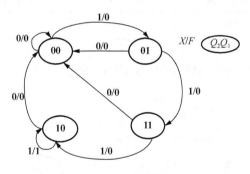

图 6.5 状态转换图

由例 6.2 的状态转换表及状态转换图可以看出,输入 X 为 **0** 时,无论电路处于什么状态,电路的次态都为 **00**,且 $F = 0$;只有输入 X 连续为 4 个或者 4 个以上 **1** 时,电路的输出才变为 $F = 1$,该电路的逻辑功能是对输入信号 X 进行检测,检测输入端是否出现了连续的 4 个或者 4 个以上的 **1**,称为序列检测电路。

例 6.3 分析图 6.6 所示时序电路的逻辑功能,写出电路的驱动方程、状态方程和输出方程,画出电路的状态转换图。

解:由图 6.6 可得电路的驱动方程为

$$\begin{cases} D_1 = \overline{Q_1^n} \\ D_2 = A \oplus Q_1^n \oplus Q_2^n \end{cases} \tag{6.10}$$

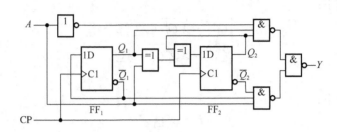

图 6.6　例 6.3 的时序电路图

将驱动方程代入 D 触发器的特性方程 $Q^{n+1}=D$，可得例 6.3 电路的状态方程为

$$\begin{cases} Q_1^{n+1}=\overline{Q_1^n} \\ Q_2^{n+1}=A \oplus Q_1^n \oplus Q_2^n \end{cases} \qquad (6.11)$$

电路的输出方程为

$$Y=\overline{\overline{AQ_1^nQ_2^n}\cdot\overline{\overline{A}\,\overline{Q_1^n}\,\overline{Q_2^n}}}=\overline{A}Q_1^nQ_2^n+A\overline{Q_1^n}\,\overline{Q_2^n} \qquad (6.12)$$

将输入 A 和电路的不同状态列成如表 6.3 所示的状态转换表。

表 6.3　例 6.3 电路的状态转换表

A	$Q_2^{n+1}Q_1^{n+1}/Y$			
	$Q_2^nQ_1^n=00$	$Q_2^nQ_1^n=01$	$Q_2^nQ_1^n=10$	$Q_2^nQ_1^n=11$
0	01/0	10/0	11/0	00/1
1	11/1	00/0	01/0	10/0

根据表 6.3 画出电路的状态转换图，如图 6.7 所示。

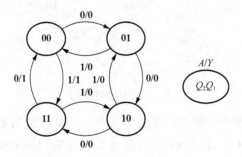

图 6.7　例 6.3 电路的状态转换图

由图 6.7 所示的状态转换图可以看出，图 6.6 所示电路可以作为可控计数器使用。当 $A=0$ 时，是一个加法计数器，在时钟信号连续作用下，Q_2Q_1 的数值从 00 递增到 11。如果从 $Q_2Q_1=00$ 状态开始加入时钟信号，则 Q_2Q_1 的数值可以表示输入的时钟脉冲数目。当 $A=1$ 时，是一个减法计数器，在连续加入时钟脉冲时，Q_2Q_1 的数值从 11 递减到 00。

6.2.2 异步时序电路的分析方法

异步时序电路的分析方法与同步时序电路的分析方法有所不同。在异步时序电路中，每次电路状态发生转换时并不是所有的触发器都有时钟信号。只有那些时钟信号到达的触发器才需要根据状态方程求得此时的次态，而没有时钟信号的触发器保持原来的状态不变。因此，在分析异步时序电路时，还需要找出每个触发器的时钟信号，可见异步时序电路的分析相比同步时序电路要复杂很多。

下面通过一个具体的例子讲解异步时序电路的分析方法和步骤。

例 6.4 已知异步时序电路的电路图如图 6.8 所示，试分析它的逻辑功能，并画出电路的状态转换图和时序波形图。

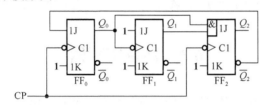

图 6.8 例 6.4 的异步时序电路图

解： 首先根据电路图写出各个触发器的驱动方程，即

$$\begin{cases} J_0 = \overline{Q_2} \\ K_0 = 1 \end{cases} \quad \begin{cases} J_1 = 1 \\ K_1 = 1 \end{cases} \quad \begin{cases} J_2 = Q_1^n Q_0^n \\ K_2 = 1 \end{cases} \quad (6.13)$$

图 6.8 所示电路由 3 个下降沿触发的 JK 触发器构成，且 3 个触发器的时钟信号不是同一个，将式（6.13）代入 JK 触发器的特性方程 $Q^{n+1} = J\overline{Q^n} + \overline{K}Q^n$ 后得出电路的状态方程的同时，在每个状态方程中标注当前触发器的时钟信号，如式（6.14）所示：

$$\begin{cases} Q_0^{n+1} = \overline{Q_2^n Q_1^n} & CP_0 = CP \\ Q_1^{n+1} = \overline{Q_1^n} & CP_1 = Q_0 \\ Q_2^{n+1} = \overline{Q_2^n} Q_1^n Q_0^n & CP_2 = CP \end{cases} \quad (6.14)$$

为了画出电路的状态转换图，需要列出电路的状态转换表。根据式（6.14）计算触发器的次态时，首先找出每次电路状态转换时各个触发器是否有时钟信号。假设电路的初始状态为 **000**，可得电路的状态转换图（图 6.9）。注意，当电路的现态为 **100** 时，CP 到达时电路的次态回到 **000**，构成一个有效循环，**101**、**110**、**111** 这 3 个状态没有在有效循环中出现，需要分别计算电路现态是上述 3 种情况时电路的次态，才能得到完整的状态转换图。图 6.10 所示是该异步电路的时序波形图。

从图 6.9 所示的状态转换图可以看出，3 个触发器构成的状态有 8 个，而图中有 5 个状态构成一个循环，实现了计数 5 个脉冲的作用。并且，3 个无效状态 **101**、**110**、**111** 都可以在时钟信号作用下进入五进制循环中，该电路可以自启动，所以例 6.4 中的时序电路是一个异步五进制计数器。

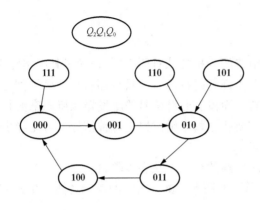
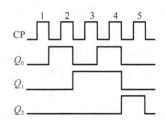

图 6.9　例 6.4 时序电路的状态转换图　　　　图 6.10　例 6.4 时序电路的时序波形图

6.3　移位寄存器

　　寄存器用于暂时存放一组二值代码（参与运算的数据、结果、指令、地址等），它被广泛用于各类数字系统和数字计算机中。

　　移位寄存器（shift register，SR）除具有存储代码的功能外，还具有移位功能。移位是指寄存器里的代码（主要指数据）在脉冲作用下依次右移或左移。因此，移位寄存器不但可以存储代码，还可以实现数据的串-并转换、数值运算及数据处理。

　　图 6.11 所示是由边沿触发方式的 D 触发器组成的 4 位移位寄存器，其中第一个触发器 FF_0 的输入端接收输入信号，其余每个触发器的输入端均与前一个触发器的 Q 端相连。

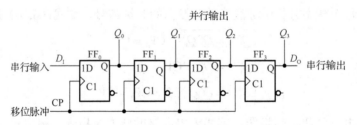

图 6.11　用 D 触发器构成的移位寄存器

　　因为从 CP 上升沿到达到当前触发器新状态的建立需要经过一段传输延迟时间，所以当 CP 信号的上升沿同时作用于 4 个触发器时，FF_1、FF_2、FF_3 输入端的状态还没有改变。于是，FF_1 按照 Q_0 原来的状态翻转，FF_2 按照 Q_1 原来的状态翻转，FF_3 按照 Q_2 原来的状态翻转。同时加到寄存器输入端的 D_1 存入 FF_0，总体效果实现了代码的依次右移 1 位。

　　例如，在 4 个时钟周期内输入数据依次为 **1-0-1-1**，而触发器的初始状态为 $Q_3Q_2Q_1Q_0=0000$，在脉冲作用下，移位寄存器的移动情况如图 6.12 所示。可以看到，经过 4 个 CP 后，串行输入的 4 位代码全部移入了移位寄存器中，同时在 4 个触发器的输出端得到了并行输出的代码。因此，利用移位寄存器可以实现代码的串-并转换。如果继续加入 4 个脉冲，移位寄存器的 4 位代码依次从 D_O 输出端输出。数据从串行输入端 D_I 输入，从串行输出端 D_O 输出的方式，称为串行输入-串行输出。

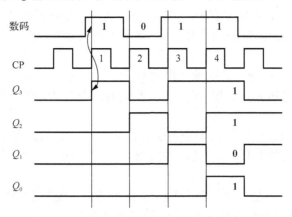

图 6.12 图 6.11 所示电路的电压时序波形图

为便于扩展逻辑功能和增加使用的灵活性，定型生产的移位寄存器集成电路上附加了左、右移控制，数据并行输入、保持、异步清零（复位）等功能。图 6.13 所示的双向移位寄存器 74LS194 就是一个典型的例子。

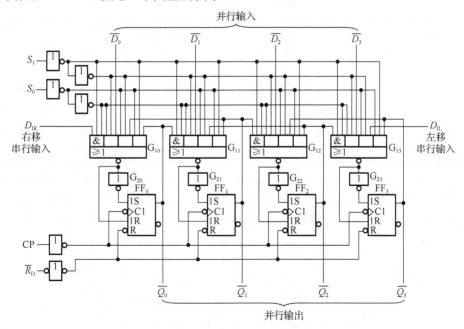

图 6.13 双向移位寄存器 74LS194 电路图

74LS194 由 4 个下降沿触发的 RS 触发器 FF_0、FF_1、FF_2、FF_3 和各自的输入控制组成。图 6.13 中 D_{IR} 为数据右移串行输入端，D_{IL} 为数据左移串行输入端。D_0、D_1、D_2、D_3 为数据并行输入端，Q_0、Q_1、Q_2、Q_3 为数据并行输出端。移位寄存器的工作状态由控制端 S_1 和 S_0 的值决定。

当 $\overline{R_D} = 0$ 时，4 个触发器同时被清零，即 $Q_0Q_1Q_2Q_3 = 0000$。移位寄存器工作时应使 $\overline{R_D}$ 置于高电平。以图中第二个触发器 FF_1 为例，分析 S_1、S_0 为不同取值时移位寄存器的工作状态。

当 $S_1S_0 = 00$ 时，G_{11} 最右边的输入信号 Q_1 被选中，使触发器 FF_1 的输入为 $S = Q_1$，$R = \overline{Q_1}$，当 CP 信号的上升沿到达时，FF_1 被置为恒为 $Q_1^{n+1} = Q_1^n$。因此移位寄存器工作在保持状态。

当 $S_1S_0 = 01$ 时，G_{11} 最左边的输入信号 Q_0 被选中，使触发器 FF_1 的输入为 $S = Q_0$，$R = \overline{Q_0}$，当 CP 信号的上升沿到达时，FF_1 被置为恒为 $Q_1^{n+1} = Q_0^n$。移位寄存器工作在右移工作状态。

当 $S_1S_0 = 10$ 时，G_{11} 右边第二个输入信号 Q_2 被选中，使触发器 FF_1 的输入为 $S = Q_2$，$R = \overline{Q_2}$，当 CP 信号的上升沿到达时，FF_1 被置为恒为 $Q_1^{n+1} = Q_2^n$。移位寄存器工作在左移工作状态。

当 $S_1S_0 = 11$ 时，G_{11} 左边第二个输入信号 D_1 被选中，使触发器 FF_1 的输入为 $S = D_1$，$R = \overline{D_1}$，当 CP 信号的上升沿到达时，FF_1 被置为恒为 $Q_1^{n+1} = D_1$。移位寄存器工作在数据并行输入状态。

其他 3 个触发器的工作原理与 FF_1 基本相同，不再赘述。综上所述，可得 74LS194 的功能表如表 6.4 所示。

表 6.4　74LS194 功能表

输入										输出				逻辑功能
$\overline{R_D}$	CP	D_{IR}	D_{IL}	D_0	D_1	D_2	D_3	S_1	S_0	Q_0^{n+1}	Q_1^{n+1}	Q_2^{n+1}	Q_3^{n+1}	
0	×	×	×	×	×	×	×	×	×	0	0	0	0	清零
1	↑	×	×	D_0	D_1	D_2	D_3	**1**	**1**	D_0	D_1	D_2	D_3	置数
1	↑	×	×	×	×	×	×	**0**	**1**	D_{IR}	Q_0^n	Q_1^n	Q_2^n	右移
1	↑	×	×	×	×	×	×	**1**	**0**	Q_1^n	Q_2^n	Q_3^n	D_{IL}	左移
1	×	×	×	×	×	×	×	**0**	**0**	Q_0^n	Q_1^n	Q_2^n	Q_3^n	保持

用 74LS194 接成多位双向移位寄存器的方法很简单，图 6.14 所示是用两片 74LS194 接成 8 位双向移位寄存器的电路图。需要将其中一片的 Q_3 接到另一片的 D_{IR} 端，而将另一片的 Q_0 接到这一片的 D_{IL}，同时还需要将两片的 S_1、S_0、CP 和 $\overline{R_D}$ 分别并联。

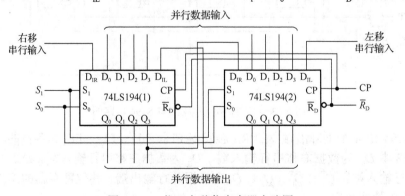

图 6.14　8 位双向移位寄存器电路图

例 6.5 分析图 6.15 所示电路的逻辑功能。

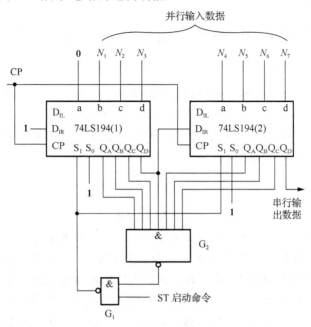

图 6.15 例 6.5 的电路图

解： 两片 74LS194 组成 8 位右移移位寄存器。并行输入数据为 $0N_1N_2N_3N_4N_5N_6N_7$，右移串行输入数据为 **1**，启动命令 ST=1 使 S_1S_0=11，并行输入数据进入移位寄存器。74LS194(1)的 $Q_A^n=a=0$，门 G_2 输出为 **1**。当 ST 由 **0** 变为 **1** 滞后，S_1S_0=01，数据右移，串行输入端输入数据。7 个 CP 后，除 74LS194(2)中的 Q_D^n 之外，两片 74LS194 的输出均为 **1**，门 G_2 输出为 **0**，代替了启动命令。这时 S_1S_0=11，自动为下一次并行输入数据做准备。电路实现并行-串行数据转换。

6.4 计 数 器

在数字系统中使用频率最高的时序电路是计数器。计数器不仅能用于对时钟脉冲计数，还可以用于分频、定时、产生节拍脉冲和脉冲序列等。

计数器种类繁多，分类方法多样。按照计数器中的触发器是否同时翻转（所有触发器时钟信号都来自同一个时钟），计数器可分为同步式和异步式两种。

按照计数过程中的数字增减分类，计数器可分为加法计数器、减法计数器和可逆计数器（或加/减计数器）。其中的可逆计数器可随着控制信号的不同执行加法或者减法计数。

按照计数器中数字的编码方式分类，计数器可分为二进制计数器、二-十进制计数器、格雷码计数器等。

此外，计数器还可以按照其技术容量进行分类，分为十进制计数器、六十进制计数器等。

6.4.1 同步计数器

目前市场上可见的同步计数器基本上分为两种：一种是二进制，另一种是十进制。

1. 同步二进制加法计数器

二进制加法计数器是根据二进制的加法运算规则"逢二进一"来设计的。由二进制的加法运算规则可知，在一个多位二进制的末位加 1 时，若其中第 i 位（即任意一位）以下各位皆为 **1**，则第 i 位应改变状态（由 **0** 变为 **1** 或者由 **1** 变为 **0**），而最低位的状态在每次加 1 时都要改变。例如：

$$\begin{array}{r} 10011\boxed{011} \\ +\qquad\boxed{1} \\ \hline 10011\boxed{100} \end{array}$$

按照上述规则，最低的 3 位数都改变了，而高 5 位状态未变。

同步计数器通常用 T 触发器构成，计数形式有两种。一种是控制输入端 T 的状态。当每次 CP 信号（即计数脉冲）到达时，该翻转的触发器输入控制端 $T_i=\mathbf{1}$，不该翻转的 $T_i=\mathbf{0}$。另一种形式是控制时钟信号，每次计数脉冲到达时，只能作用到该翻转的那些触发器的时钟输入端，而不会作用到不翻转的触发器。同时将所有 T 触发器的 $T=\mathbf{1}$，这样就可以用计数器的不同状态来对 CP 进行计数。

由此可知，当通过控制 T 端的状态来设计二进制计数器时，第 i 位触发器输入端的逻辑函数式应为

$$T_i = Q_{i-1}Q_{i-2}\cdots Q_1Q_0 = \prod_{j=0}^{i-1} Q_j \qquad (i=1,2,\cdots,n-1) \tag{6.15}$$

只有最低位例外，按照计数规则，每次输入计数脉冲时它都要翻转，故 $T_0=\mathbf{1}$。

图 6.16 所示是根据式（6.15）接成的 4 位二进制同步加法计数器，各触发器的驱动方程为

$$\begin{cases} T_0 \equiv \mathbf{1} \\ T_1 = Q_0 \\ T_2 = Q_0Q_1 \\ T_3 = Q_0Q_1Q_2 \end{cases} \tag{6.16}$$

将式（6.16）代入 T 触发器的特性方程可得电路的状态方程为

$$\begin{cases} Q_0^{n+1} = \overline{Q_0} \\ Q_1^{n+1} = Q_0^n \oplus Q_1^n \\ Q_2^{n+1} = Q_0^n \oplus Q_1^n \oplus Q_2^n \\ Q_3^{n+1} = Q_0^n \oplus Q_1^n \oplus Q_2^n \oplus Q_3^n \end{cases} \tag{6.17}$$

电路的输出方程为

$$C = Q_0^n Q_1^n Q_2^n Q_3^n \tag{6.18}$$

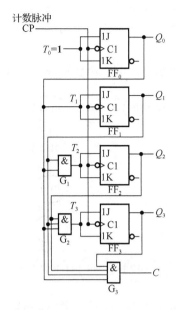

图 6.16 T 触发器构成的 4 位二进制同步加法计数器

由式（6.17）和式（6.18）画出电路的时序波形图，如图 6.17 所示。第 16 个脉冲到达时，C 端电平的下降沿可作为向高位计数器进位的输出信号。

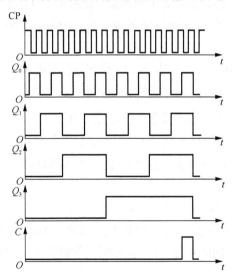

图 6.17 电路的时序波形图

由图 6.17 所示的时序波形图可知，若计数器输入脉冲的频率为 f_0，则 Q_0、Q_1、Q_2、Q_3 端输出脉冲的频率依次为 $\frac{1}{2}f_0$、$\frac{1}{4}f_0$、$\frac{1}{8}f_0$、$\frac{1}{16}f_0$。针对计数器的这种分频能力，也将图 6.16 所示的电路称为分频器。

此外，每输入 16 个计数脉冲，计数器工作一个循环，并在输出端 C 产生一个进位输出信号，所以这个电路又被称为十六进制计数器。计数器中能够计到的最大数称为计数容量，它等于计数器所有各位全为 1 时的数值。N 位二进制计数器的计数容量为 2^n-1。

同样，可以画出图 6.16 所示电路的状态转换图，如图 6.18 所示。

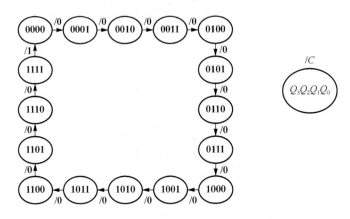

图 6.18 图 6.16 所示电路的状态转换图

在实际生产的计数器芯片中，往往还附加一些控制端，以增加电路的功能和灵活性。图 6.19 所示为中规模集成的 4 位同步二进制加法计数器 74161 的电路图。这个电路除具有二进制加法计数的功能外，还增加了预置数、保持和异步清零等附加功能。图中 $\overline{\text{LD}}$ 为预置数输入端，$D_3D_2D_1D_0$ 为并行数据输入端，Q_{CC} 为进位输出端，$\overline{R_{\text{D}}}$ 为异步清零端，P 和 T 为工作状态控制端。

只要 $\overline{R_{\text{D}}}=0$，$\text{FF}_1$ 被清零，其余 3 个触发器也被清零，计数器的状态为 $Q_3^n Q_2^n Q_1^n Q_0^n = 0000$。执行计数工作状态时应该让 $\overline{R_{\text{D}}}=1$。

以图中第二个触发器 FF_1 为例分析 74161 的功能：

当 $\overline{R_{\text{D}}}=1$ 且 $\overline{\text{LD}}=0$ 时，$G_5=1$，$G_{17}=1$，$G_{11}=\overline{D_1}$，$G_{10}=D_1$，$J_1=\overline{D_1}$，$K_1=D_1$。时钟上升沿到达时，$Q_1^{n+1}=D_1$，同理 $Q_3^{n+1}Q_2^{n+1}Q_1^{n+1}Q_0^{n+1}=D_3D_2D_1D_0$，计数器工作于并行置数状态。不置数时应该让 $\overline{\text{LD}}=1$。

当 $\overline{R_{\text{D}}}=1$ 且 $\overline{\text{LD}}=1$ 时，$G_5=0$，$G_{11}=G_{10}=1$，$G_{17}=PT\cdot Q_0^n$，$J_1=K_1=PT\cdot Q_0^n$。由触发器知识可知：对于 JK 触发器，当 $J=K$ 时触发器的逻辑功能就是 T 触发器，也就是说当 $\overline{R_{\text{D}}}=\text{LD}=1$ 时，74161 中的 4 个 JK 触发器从逻辑功能上等同于 4 个 T 触发器，且 $T_i=PT\cdot Q_0^n$。

根据 T 触发器的逻辑功能：当 $T=1$ 时，每个时钟到来，触发器的状态都会发生变化；当 $T=0$ 时，触发器的状态不会发生变化。

$PT=0$ 时，$T_1=0$，$Q_1^{n+1}=Q_1^n$，$Q_3^{n+1}Q_2^{n+1}Q_1^{n+1}Q_0^{n+1}=Q_3^nQ_2^nQ_1^nQ_0^n$；保持。

$PT=1$ 时，$T_1=Q_0^n$，$Q_1^{n+1}=Q_0^n\oplus Q_1^n$，$Q_2^{n+1}=Q_0^nQ_1^n\oplus Q_2^n$，$Q_3^{n+1}=Q_0^nQ_1^nQ_2^n\oplus Q_3^n$，$Q_0^{n+1}=\overline{Q_0^n}$；计数。

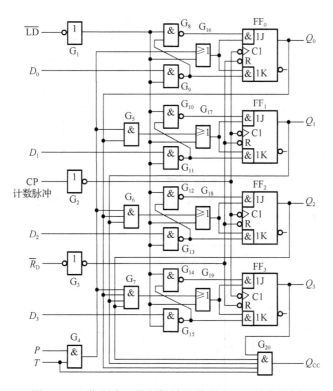

图 6.19　4 位同步二进制加法计数器 74161 的电路图

$Q_{CC} = Q_0 Q_1 Q_2 Q_3 T$，所以 $\overline{R_D} = \mathrm{LD} = \mathbf{1}$，$P = \mathbf{0}$，$T = \mathbf{1}$，74161 保持当前状态，$Q_{CC}$ 也保持；当 $\overline{R_D} = \mathrm{LD} = \mathbf{1}$，$P$ 为任意值，$T = \mathbf{0}$ 时，74161 保持当前状态，但是 Q_{CC} 变为 $\mathbf{0}$。

图 6.20 展示了 74161 所有情况下的工作原理波形图。表 6.5 所示为 74161 的功能表。

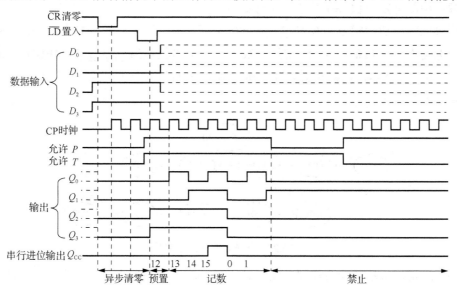

图 6.20　74161 工作原理波形图

表6.5 74161功能表

输入									输出			
CP	$\overline{R_D}$	$\overline{LD}$	P	T	D_0	D_1	D_2	D_3	Q_0	Q_1	Q_2	Q_3
×	0	×	×	×	×	×	×	×	0	0	0	0
↑	1	0	×	×	D_0	D_1	D_2	D_3	D_0	D_1	D_2	D_3
×	1	1	×	0	×	×	×	×	保持（$Q_{cc}=0$）			
×	1	1	0	×	×	×	×	×	保持（Q_{cc} 也保持）			
↑	1	1	1	1	×	×	×	×	计数			

例 6.6 74161 和与非门构成的电路如图 6.21 所示。请分析图示电路的逻辑功能，并画出电路的状态转换图。

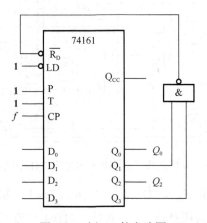

图 6.21 例 6.6 的电路图

解：由图可知：$LD=1$，$T=P=1$。

假设电路的初始状态为 $Q_3Q_2Q_1Q_0=0000$，$\overline{R_D}=1$，74161 工作于计数状态。脉冲上升沿后电路次态为 **0001**，$\overline{R_D}=1$，继续计数……当电路状态为 $Q_3Q_2Q_1Q_0=1010$ 时，$\overline{R_D}=0$，4 个触发器同时清零，电路状态回到 **0000**。所以电路是一个十进制加法计数器，状态转换图如图 6.22 所示。

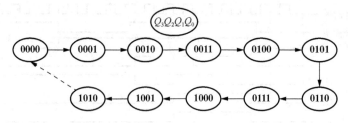

图 6.22 例 6.6 的状态转换图

根据二进制减法的计数规则，在 n 位二进制减法计数器中，只有当第 i 位以下各位触发器同时为 **0** 时，再减 **1** 才会使第 i 位发生翻转，例如：

$$1001\boxed{1000}$$
$$-\qquad\qquad 1$$
$$\overline{1001\boxed{0111}}$$

因此，采用 T 触发器组成同步二进制减法计数器时，第 i 位触发器输入端 T_i 应为

$$T_i = \overline{Q}_{i-1}\overline{Q}_{i-2}\cdots\overline{Q}_0 = \prod_{j=0}^{i-1}\overline{Q}_j \qquad (i=1,2,\cdots,n-1) \qquad (6.19)$$

图 6.23 所示电路是根据式（6.19）接成的 4 位同步二进制减法计数器，其中的 T 触发器是将 JK 触发器的 J 和 K 连在一起作为 T 输入端得到的。

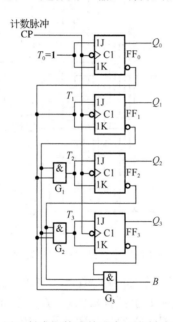

图 6.23　用 T 触发器构成的同步二进制减法计数器

在实际应用中需要计数器既能进行递增的加法计数，又能进行递减的减法计数，这就需要将加法计数的功能和减法计数的功能合在一起实现加/减计数器（或称为可逆计数器）。

将图 6.16 所示的加法计数器和图 6.23 所示的减法计数器电路合并，再通过一根加/减控制线选择当前执行的是加法计数还是减法计数，就构成了加/减计数器。图 6.24 所示的 4 位同步二进制加/减计数器就是基于上述原理设计而成的。图 6.24 所示电路的驱动方程如式（6.20）所示，当 $\overline{U}/D=0$ 时，式（6.20）与加法计数器的驱动方程相同；当 $\overline{U}/D=1$ 时，式（6.20）与减法计数器的驱动方程一致，所以 $\overline{U}/D$ 是 74191 的加/减控制端。

$$\begin{cases} T_i = (\overline{\overline{U}/D})\prod_{j=0}^{i-1}Q_j + (\overline{U}/D)\prod_{j=0}^{i-1}\overline{Q}_j & (i=1,2,\cdots,n) \\ T_0 = 1 \end{cases} \qquad (6.20)$$

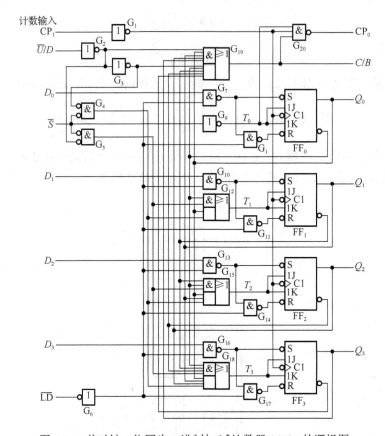

图 6.24　单时钟 4 位同步二进制加/减计数器 74191 的逻辑图

由图 6.24 可以看出，除能进行加/减计数外，74191 还有一些附加功能。图中 $\overline{LD}$ 为预置数控制端。当 $\overline{LD}=0$ 时，电路处于预置数状态，$D_0 \sim D_3$ 的数据立刻被置入 $FF_0 \sim FF_3$ 中，而不受时钟信号 CP_1 的控制，因此它的预置数是异步的，这一点与 74161 不一样。

$\overline{S}$ 是使能控制端，当 $\overline{S}=1$ 时，$T_0 \sim T_3$ 全部为 0，故 $FF_0 \sim FF_3$ 保持不变。C/B 是进位/借位信号输出端。当计数器做加法计数且 $Q_3Q_2Q_1Q_0 = 1111$ 时，$C/B=1$ 有进位输出；当计数器做减法计数且减到最小值，即 $Q_3Q_2Q_1Q_0 = 0000$ 时，$C/B=1$ 有借位输出。CP_0 是串行脉冲输出端。在 $C/B=1$ 的情况下，在下一个 CP_1 上升沿到达前，CP_0 端有一个负脉冲输出。表 6.6 是 74191 功能表。

表 6.6　4 位同步二进制加/减计数器 74191 的功能表

CP_1	$\overline{S}$	$\overline{LD}$	$\overline{U}/D$	工作状态
×	1	1	×	保持
×	×	0	×	预置数（异步）
⊓	0	1	0	加计数
⊓	0	1	1	减计数

由于 74191 这种类型的加/减计数器只有一个时钟信号输入端，因此这种类型的可逆计数器也称为单时钟的加/减计数器。倘若加法计数脉冲和减法计数脉冲来自两个不同的

脉冲源，则需要使用双时钟结构的加/减计数器，如 74193，在此不再赘述。

2. 同步十进制加法计数器

图 6.25 所示电路是用 T 触发器构成的同步十进制加法计数器。它是在图 6.16 所示同步二进制加法计数器的基础上修改而成的。由图可知，如果电路的初始状态是 **0000**，则计数到 **1001** 时，$\overline{Q_3}$ 的低电平使 4 个 T 触发器的输入驱动信号分别为 $T_0=1$、$T_1=0$、$T_2=1$、$T_3=1$。因此，在下一个脉冲信号到达时，FF_1 和 FF_2 维持 **0** 状态不变，而 FF_0、FF_3 从 **1** 变为 **0**，故电路返回 **0000** 状态。

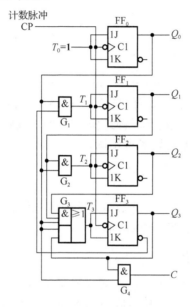

图 6.25 同步十进制加法计数器电路图

十进制计数器 74160 是典型的 TTL 型十进制加法计数器。CC40160 是 MOS 型十进制加法计数器，两者的逻辑功能和引脚排列完全一致。

为了增加芯片的灵活性和适用性，十进制计数器也增加了一些扩展端口，增加了置数控制端和置数数据输入端，可以并行置入任意二进制数。电路内部采用快速提前进位，为多片 160 级联实现更大容量的计数器提供了方便。图 6.26 所示为 CC40160 的状态转换图。

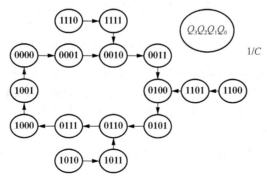

图 6.26 CC40160 状态转换图

表 6.7 是 CC40160 的功能表。由表可知 CC40160 与 74161 功能类似，区别在于 74161 是 4 位二进制加法计数器，有 16 个状态，而 CC40160 只有 BCD8421 对应的 10 个状态。

表 6.7　CC40160 的功能表

输入									输出			
$\overline{CR}$	$\overline{LD}$	EP	ER	CP	D_0	D_1	D_2	D_3	Q_0	Q_1	Q_2	Q_3
L	×	×	×	×	×	×	×	×	L	L	L	L
H	L	×	×	↑	D_0	D_1	D_2	D_3	D_0	D_1	D_2	D_3
H	H	H	H	↑	×	×	×	×	计数			
H	H	L	×	×	×	×	×	×	保持			
H	H	×	L	×	×	×	×	×	保持			

同步十进制的加/减计数器主要有 74190、74168、CD4510、74192、CD40192 等，其中 74190、74168、CD4510 采用单时钟结构，74192、CD40192 采用双时钟结构。74190 与 74191 功能极为相似，只是计数长度不同。

6.4.2　异步计数器

异步二进制计数器在做"加 1"计数时是采用从低位到高位逐位进位的方式工作的。因此，其中的各个触发器不是同步翻转的。

1.　异步二进制加法计数器

按照二进制加法计数规则，某一位如果已经是 **1**，再来脉冲时应变为 **0**，同时向高位发出进位信号，使高位翻转。若使用下降沿动作的 T 触发器组成计数器并令 $T=1$，只需将低位触发器的 Q 作为高位触发器的时钟脉冲信号即可。图 6.27 所示是用上述原理设计的 3 位二进制异步加法计数器。其中的 T 触发器是令 JK 触发器的 $J=K=1$ 而得到的。

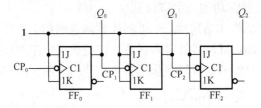

图 6.27　下降沿触发的 3 位二进制异步加法计数器

根据 T 触发器的翻转规律可以画出在一系列 CP_0 脉冲作用下，Q_0、Q_1、Q_2 的电压波形，如图 6.28 所示。图中显示触发器输出端新状态的建立比 CP_0 下降沿滞后一个触发器的传输延迟时间 t_{pd}。从时序图还可以列出电路的状态转换表、画出状态转换图。这些都与同步二进制计数器相同。

用上升沿触发的 T 触发器同样可以组成异步计数器，但是每级触发器的脉冲信号应该连接到前一级触发器的 $\overline{Q}$ 端。

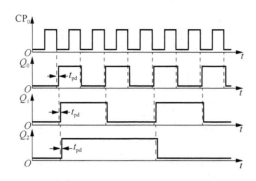

图 6.28　图 6.27 所示电路的时序波形图

2. 异步十进制加法计数器

异步十进制加法计数器是在异步二进制加法计数器的基础上修改得到的。修改的目的是使异步 4 位二进制计数器在计数过程中跳过 **1010～1111** 这 6 个状态。

图 6.29 所示是典型的异步十进制加法计数器的电路图。图中 JK 触发器输入端悬空，相当于接逻辑电平 **1**。该电路可以分为两个部分：一个是 FF_0 构成的 1 位二进制计数器；另一个是 FF_1、FF_2、FF_3 构成的五进制计数器。它们独立使用时，分别是二进制计数器和五进制计数器。

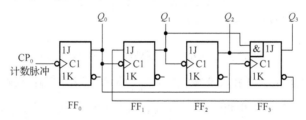

图 6.29　异步十进制加法计数器的典型电路图

假设电路的初始状态为 $Q_3Q_2Q_1Q_0 = 0000$，在 $Q_3Q_2Q_1Q_0 = 0111$ 之前，虽然 Q_0 作为 Q_3 的脉冲一直送给了 FF_0，但是之前 $J_3 = Q_2^n Q_1^n = 0$，因此 Q_3 一直保持 0 不变。当第 8 个脉冲到达后，即 $Q_3Q_2Q_1Q_0 = 0111$ 时，$J_3 = Q_2^n Q_1^n = 1$，$K_3 = 1$，Q_0 下降沿后 Q_3 由 0 变为 1，同时 J_1 跟随 $\overline{Q_3}$ 变为 0。第 9 个脉冲输入后，电路的状态变为 $Q_3Q_2Q_1Q_0 = 1001$。第 10 个脉冲输入后电路从 **1000** 返回 **0000**，跳过了 **1010～1111** 这 6 个状态，实现了异步十进制加法计数的功能。电路的上述过程用时序波形图描述，如图 6.30 所示。

74LS290 就是按照图 6.29 所示电路的原理设计而成的异步十进制加法计数器。它的电路图如图 6.31 所示。为了增加电路的灵活性，FF_1、FF_3 的脉冲输入端并没有与 Q_0 端连接在一起，而是单独有 CP_1 输入端。如果 CP 从 CP_0 输入，Q_0 连接 CP_1，则实现了将 **1** 位二进制加法计数器与五进制计数器的级联，此时 Q_3、Q_2、Q_1、Q_0 为计数器输出端，构成了 8421 编码的十进制计数器。如果计数脉冲 CP 从 CP_1 输入，Q_2 连接 CP_0，则 Q_3、Q_2、Q_1、Q_0 构成 5421 编码的十进制计数器。

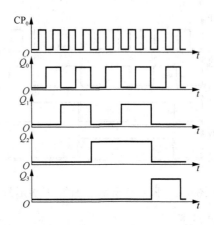

图 6.30 图 6.29 所示电路的时序波形图

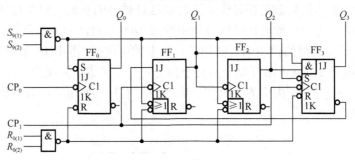

图 6.31 二-五-十进制异步计数器 74LS290

此外,电路还设置了置0和置9输入端。$R_{0(1)}$ 和 $R_{0(2)}$ 为两个置0输入端,当 $R_{0(1)}$ 和 $R_{0(2)}$ 全部为 **1** 时,将计数器置为 **0000**。$S_{9(1)}$ 和 $S_{9(2)}$ 为置9输入端,当 $S_{9(1)}$、$S_{9(2)}$ 全部为 **1** 时,将计数器置为 **1001**。

例 6.7 由 74LS290 和与门构成的电路的电路图如图 6.32 所示,请分析电路的逻辑功能。

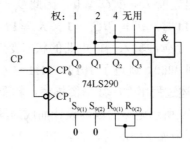

图 6.32 例 6.7 的电路图

解:CP 从 CP_0 输入,Q_0 连接 CP_1,Q_3、Q_2、Q_1、Q_0 构成 8421 编码的十进制加法计数器,且 $S_{9(1)}S_{9(2)}=\textbf{00}$,说明电路没有置9的情况。

假设电路的初始状态为 **0000**,则 $R_{0(1)}R_{0(2)}=\textbf{00}$,电路计数,时钟信号到达时电路进

入 **0001**，$R_{0(1)}R_{0(2)} = $ **00**，继续计数，一直到 $Q_3Q_2Q_1Q_0 = $ **0111** 时，$R_{0(1)}R_{0(2)} = $**11**，电路立刻清零，回到 **0000** 状态。所以电路是一个七进制加法计数器。

6.4.3 任意进制计数器的设计方法

从控制成本的角度考虑，集成电路的定型产品必须有足够大的批量。因此，市场上常见的计数器芯片在计数进制上并不是那么丰富，只有应用较广的几种类型，如十进制、十六进制、7 位二进制、12 位二进制等。而实际中的需要又是多种多样的，在需要任意一种进制的计数器时，就需要利用已有的产品进行连接设计任意进制的计数器。

假定已有 N 进制计数器，而实际需要的是 M 进制的计数器。根据 N 和 M 的大小数值关系有两种情况，其电路设计思路和方法有较大区别，下面分情况进行讨论。

1. 当 $M<N$ 时

在 N 进制计数器顺序计数过程中，使之跳过 $N-M$ 个状态，就可以实现 M 进制计数器的设计。跳过这 $N-M$ 个状态的方法有清零法（利用电路 $\overline{R_D}$ 或者 $\overline{CR}$）和置数法（使用 $\overline{LD}$，配合数据输入端 $D_3D_2D_1D_0$）两种。

清零法适用于有清零输入端的计数器。对于有异步清零功能的计数器，其清零是立即生效的，判断电路的状态 M，而 M 状态不会出现在状态转换中，因此电路的稳定状态是 $0 \sim M-1$，共 M 个状态。如果电路的清零是同步的，则需要少判断一个状态，即判断 $M-1$ 个状态，电路也能实现 M 进制计数器的功能。注意：使用清零法设计 M 进制计数器时，电路的状态一定是 $0 \sim M-1$。

置数法与清零法不同，它是通过给计数器置入某个数值的方法来跳过 $N-M$ 个状态，从而获得 M 进制计数功能的。这种方法适用于有置数控制端的计数器。使用计数器不同，其置数也有同步置数和异步置数的区别，在使用集成电路中需要注意这个问题。

例 6.8 试用 4 位二进制加法计数器 74160 设计六进制加法计数器。

解：74160 既有清零功能又有置数功能，所以清零法、置数法均可以实现六进制加法计数的功能。

方法一：清零法。

图 6.33 所示电路是采用清零法设计的六进制计数器。当计数到 $Q_3Q_2Q_1Q_0 = $ **0110** 状态时，门 G 输出低电平信号给 $\overline{R_D}$，此时 74160 立刻回到 $Q_3Q_2Q_1Q_0 = $ **0000**。电路包含 0000～0101 共 6 个完整的状态，当 Q_2 从 **1** 变为 **0** 时，表示六进制结束。

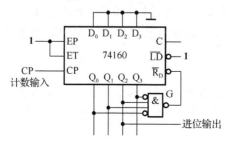

图 6.33 采用清零法将 74160 设计成六进制计数器

方法二：置最小数法。

图 6.34 所示是利用置数控制端 $\overline{\text{LD}}$ 置入最小数 **0000** 实现的六进制计数器。当 $Q_3Q_2Q_1Q_0 =$ **0101** 时，$\overline{\text{LD}} = \mathbf{0}$，下一个时钟信号上升沿到达时，将 $D_3D_2D_1D_0$ 端数据 **0000** 置入 $Q_3Q_2Q_1Q_0$，从而实现六进制计数的功能，进位信号同方法一。

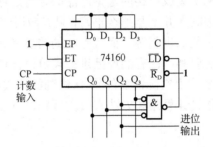

图 6.34 采用置最小数法实现六进制计数器

方法三：置最大数法。

图 6.35 所示是采用置最大数法实现的六进制计数器。假设电路的初始状态是 **0000**，当 $Q_3Q_2Q_1Q_0 =$ **0100** 时，$\overline{\text{LD}} = \mathbf{0}$，下一个脉冲上升沿将 $D_3D_2D_1D_0 =$ **1001** 置入电路，使 $Q_3Q_2Q_1Q_0 =$ **1001**。电路实现 **0100~1001** 六进制计数的功能，此六进制计数器的进位输出信号来自 74160 的 C 端。

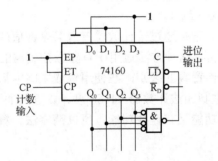

图 6.35 采用置最大数法实现六进制计数器

采用置数法时可以从计数循环中的任意一个状态置入适当的数值而跳过 $N\text{-}M$ 个状态，得到 M 进制计数器。而且，74160 的置数法是同步式的，即 $\overline{\text{LD}} = \mathbf{0}$ 以后，下一个 CP 信号到来时才进行置数操作，此时 $\overline{\text{LD}}=\mathbf{0}$ 信号已经稳定建立了，可以让电路内部的 4 个触发器同时进行置数操作。同步置数相比清零在实际电路设计中更加稳定。

2. 当 $M>N$ 时

此时需要多片 N 进制的计数器进行级联设计才能实现 M 进制计数的功能。多片之间的连接方式又可以分为串行进位方式、并行进位方式、整体清零方式和整体置数方式等几种。

当 M 可以分解为多个小于 N 的因数相乘时，即 $M = N_1 N_2 \cdots N_i$，可以采用串行进位的方式，即低位的进位输出作为高位的时钟信号；或者低位和高位的时钟信号接同一个时钟，而低位的进位输出作为高位的工作控制信号（计数器的使能端）。

例 6.9　试用 74160 实现一百进制计数器。

解： 74160 可实现十进制计数，将两片 74160 串行或者并行连接即可得一百进制计数器。

方法一：串行进位法。

图 6.36 所示电路是串行进位的连接方式。74160（2）的 CP 连接 74160（1）的进位输出 C。当 74160（1）进位输出 C 由 **1** 变为 **0**，74160（2）的 CP 得到一个上升沿信号，实现逢十进一功能。

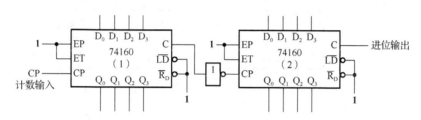

图 6.36　例 6.9 的串行进位方式

方法二：并行进位法。

图 6.37 所示电路是并行进位方式的一百进制计数器。74160（2）的 EP、ET 连接 74160（1）进位输出 C。当 74160（1）进位输出 C 时，下一个 CP 信号到达时，74160（2）才加 1，从而实现整体的一百进制的功能。

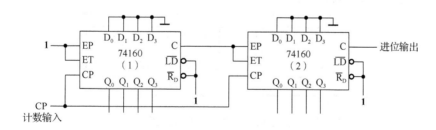

图 6.37　例 6.9 的并行连接方式

例 6.10　试用两片同步十进制计数器 74160 实现三十一进制计数器。

解： 因为 31 是一个素数，不能分解为小于等于 10 的两个数的乘积，所以必须使用整体清零法或者整体置数法构成三十一进制计数器。

将两片 74160 以并行进位的方式连接实现三十一进制计数器。计数器从全 0 状态开始计数，如图 6.38 所示，电路计数到 74160（2）$Q_3 Q_2 Q_1 Q_0$=**0011**，74160（1）$Q_3 Q_2 Q_1 Q_0$=**0001** 时，G_1 输出为 **0**，整个电路同时清零。图 6.39 所示电路是用置数法实现的三十一进制计数器，因为 74160 置数的同步特性，$\overline{LD}$=**0** 的条件是 74160（2）$Q_3 Q_2 Q_1 Q_0$=**0011**。

方法一：整体清零法（图6.38）。

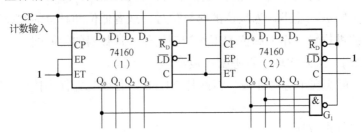

图6.38 例6.10的整体清零法

方法二：整体置数法（图6.39）。

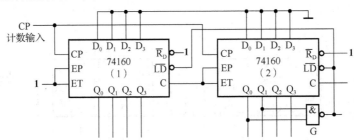

图6.39 例6.11的整体置数法

6.4.4 移位寄存器型计数器

1. 环形计数器

将移位寄存器首尾相接即构成环形计数器。不断输入时钟信号时，寄存器中的数据依次右移，电路图如图6.40所示。

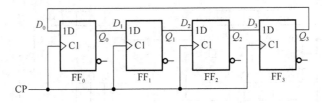

图6.40 环形计数器电路图

根据移位寄存器的工作原理，不必要列出环形计数器的状态方程即可直接画出图6.41所示的状态转换图。如果取由**1000**、**0100**、**0010**和**0001**组成的状态循环为所需要的有效循环，那么还存在其他几种无效循环。由状态转换图可知，电路一旦脱离有效循环，就不能自动返回有效循环中去。为了确保它能正常工作，必须首先通过串行输入端或者并行输入端将电路的状态置成有效循环中的某个状态。

环形计数器的突出优点是电路结构极其简单。而且，在有效循环的每个状态只包含一个**1**（或**0**）时，可以直接以各个触发器输出端的**1**状态表示电路的一个状态，而不需要另外的译码电路。

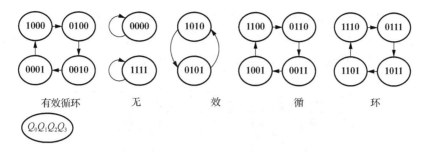

图 6.41　环形计数器状态转换图

其主要缺点是没有充分利用电路的状态。用 n 位触发器组成的环形计数器只用了 n 个状态，而电路总共状态数有 2^n 个，这显然是一种浪费。

2. 扭环形计数器

为了在不改变移位寄存器内部结构的条件下提高环形计数器的电路状态利用率，将电路进行改进，设计扭环形计数器，将环形计数器的反馈函数 $D_0 = Q_3^n$，改为 $D_0 = \overline{Q_3^n}$。电路图如图 6.42 所示。状态转换图如图 6.43 所示。

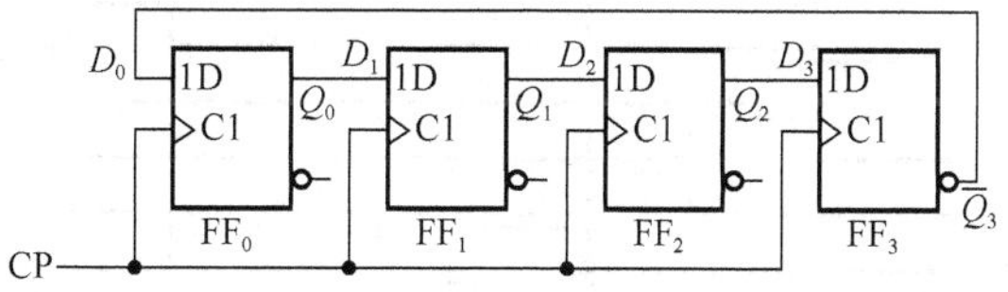

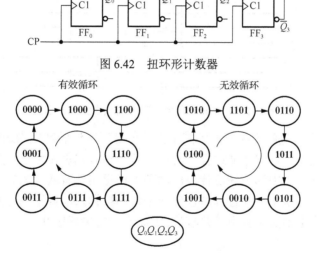

图 6.42　扭环形计数器

图 6.43　图 6.42 所示电路的状态转换图

6.5　顺序脉冲发生器

顺序脉冲发生器是指产生一组在时间上有先后顺序脉冲的电路。

例如，在计算机中，机器执行指令时，是将一条指令分成若干个基本动作，控制器发生一系列节拍脉冲，有顺序地控制这些基本动作的完成，实现一系列的操作或运算。

通常顺序脉冲发生器由两部分电路组成，即计数器和译码器。计数器按照设计要求计脉冲 CP 的个数，译码器将计数器状态翻译成对应输出端（脉冲信号）的高低电平顺序输出。当然，也有不带译码器的顺序脉冲发生器。图 6.44 所示为由 3 位二进制计数器和输出高电平有效的译码器构成的顺序脉冲发生器的电路图。图 6.45 给出了它的工作波形图，图中的尖脉冲是竞争-冒险在输出端产生的干扰脉冲。

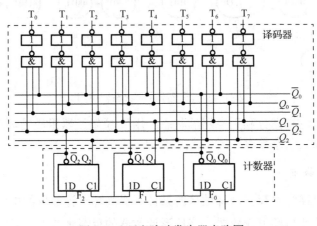

图 6.44 顺序脉冲发生器电路图

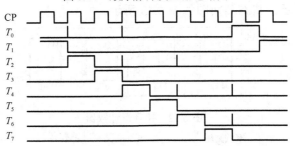

图 6.45 顺序脉冲发生器产生的顺序脉冲波形图

消除图 6.45 所示电路中尖脉冲的简单方法就是用时钟脉冲作为选通信号，译码器只有在时钟信号的低电平期间才能进行译码；另外一种方式是使用扭环形计数器作为顺序脉冲发生器的计数器。因为扭环形计数器循环中任意相邻有效状态之间只有一个触发器的状态不同，所以在状态转换过程中任何一个译码器输入端都不会有两个输入信号同时发生变化，从根本上消除了竞争-冒险以及由此产生的尖峰脉冲。

6.6 时序逻辑电路的设计

时序电路的设计就是根据给定的逻辑问题，求出实现这一逻辑功能的时序电路。时序电路的设计通常按照下述步骤进行。

（1）画出状态转换图或列出状态转换表。首先确定电路的输入变量、输出变量和状态数。通常取原因或者条件作为输入变量，取结果作为输出变量。其次对输入、输出和电路状态进行定义，并对电路状态顺序进行编号。最后画出电路的状态转换图或者状态转换表。

（2）状态化简。第（1）步得到的状态转换图中可能包含等价状态，因此需要进行状态化简。等价状态指的是两个或者多个状态在输入相同的条件下，电路的次态和输出分别相同，那么这两个状态或者多个状态称为等价状态。等价状态可以合并为一个状态，使电路的状态数目减少，减小时序电路的复杂性。

（3）状态分配。时序电路的状态，通常是用触发器的状态组合来表示的，因此首先要确定触发器的数目。因为 n 个触发器有 2^n 个状态，所以电路要用到的状态 M 和触发器的个数 n 之间应该满足 $2^{n-1} < M \leqslant 2^n$。

其次要给电路的每一个状态规定与其相应的触发器状态组合。由于每一组触发器的状态组合都是一组二进制代码，状态分配也称为状态编码。状态分配是否合理对于电路的复杂程度至关重要。

（4）确定触发器类型并求出驱动方程和输出方程。因为不同逻辑功能的触发器特性方程不同，所以只有选定触发器后，才能求出状态方程和输出方程。

（5）按照驱动方程和输出方程画出电路图。

（6）检查电路能否自启动。如果无效状态能够在时钟脉冲的作用下进入有效循环，则说明该电路能够自启动，否则电路不能自启动。如果检查电路的结果是不能自启动，就要修改设计，使之能够自启动。另外，还可以在电路开始工作时，将电路的状态置成有效循环中的某一个。

用中规模集成电路设计时序电路时，第（4）步以后的几步不完全适用。由于中规模集成电路已经具有一定的逻辑功能，因此希望设计结果与命题要求之间有明显的对应关系，以便于修改。

例 6.11 试设计一个五进制加法计数器。

解： 由于计数器能够在时钟脉冲作用下自动地依次从一个状态转换到下一个状态，因此计数器无信号输入，只有进位输出信号。进位输出 $C=1$ 表示有进位输出，$C=0$ 表示无进位输出。

（1）画状态转换图或列状态转换表。五进制加法计数器应有 5 个有效状态，它的状态转换图如图 6.46 所示。

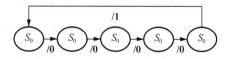

图 6.46 例 6.11 电路的原始状态转换图

（2）状态化简。无等价状态。无须状态化简。

（3）状态分配。因为有 5 个状态，所以应在 3 位二进制代码（3 个触发器）的 8 种组合中取 5 种组合得到二进制编码的状态转换图。

（4）求状态方程、驱动方程和输出方程。由次态卡诺图（图 6.47）写出的状态方程的形式，应与选用的触发器的特性方程的形式相似。以便于状态方程和特性方程对比，求出驱动方程。例如，选用 D 触发器，由于 $Q^{n+1} = D$，状态方程要尽量简单。如果选用 JK 触发器，状态方程的形式应尽量与 JK 触发器的特性方程 $Q^{n+1} = J\overline{Q^n} + \overline{K}Q^n$ 相似。

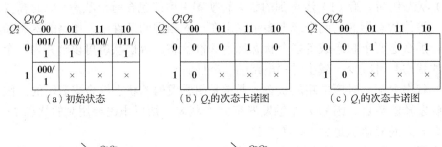

（a）初始状态　　　（b）Q_2的次态卡诺图　　　（c）Q_1的次态卡诺图

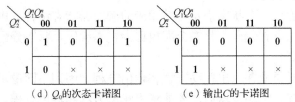

（d）Q_0的次态卡诺图　　　（e）输出C的卡诺图

图 6.47　例 6.12 次态卡诺图及分解

本例选用 JK 触发器，通过次态卡诺图化简，求得状态方程和输出方程为

$$\begin{cases} Q_2^{n+1} = Q_0^n Q_1^n \overline{Q_2^n} \\ Q_1^{n+1} = Q_0^n \overline{Q_1^n} + \overline{Q_0^n} Q_1^n \\ Q_0^{n+1} = \overline{Q_2^n Q_0^n} \\ C = Q_2 \end{cases} \tag{6.21}$$

将各个状态方程和 JK 触发器的特性方程进行对比，可以求得各个触发器的驱动方程为

$$\begin{cases} J_0 = Q_0^n Q_1^n, & K_0 = 1 \\ J_1 = Q_0^n, & K_1 = Q_0^n \\ J_2 = Q_0^n Q_1^n, & K_2 = 1 \end{cases} \tag{6.22}$$

（5）根据驱动方程和输出方程画出电路图，如图 6.48 所示。

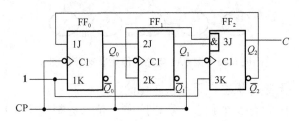

图 6.48　JK 触发器构成的五进制加法计数器

（6）检查电路能否自启动。将电路的无效状态 **101**、**110**、**111** 代入式（6.21）可得 3 种情况下电路的次态，画出电路的完整状态转换图，如图 6.49 所示。由图可知，该电路可以实现自启动。

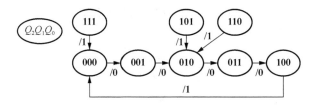

图 6.49 例 6.11 电路的完整状态转换图

若选用 D 触发器来设计这个五进制加法计数器，则状态方程分别为

$$
\begin{cases}
Q_2^{n+1} = Q_0^n Q_1^n \\
Q_1^{n+1} = Q_0^n \overline{Q_1^n} + \overline{Q_0^n} Q_1^n = Q_0^n \oplus Q_1^n \\
Q_0^{n+1} = \overline{Q_2^n Q_0^n}
\end{cases}
\tag{6.23}
$$

进而可求得驱动方程为

$$
D_2 = Q_0^n Q_1^n, \quad D_1 = Q_0^n \oplus Q_1^n, \quad D_0 = \overline{Q_2^n Q_0^n}
\tag{6.24}
$$

根据驱动方程和输出方程画出由 D 触发器构成的计数器，如图 6.50 所示。经检查，该电路也可以实现自启动。

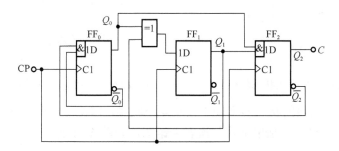

图 6.50 D 触发器构成的五进制计数器

例 6.12 试设计一个串行数据 **1111** 序列检测器，连续输入 4 个或 4 个以上 1 时，输出 F 为 **1**，否则 F 为 **0**。

解：根据题意该电路只有一个输入端 X，检测结果或者为 **1** 或者为 **0**，故也只有一个输出端 F。令

S_0 状态为没有输入 **1** 以前的状态；

S_1 状态为输入一个 **1** 后的状态；

S_2 状态为连续输入两个 **1** 以后的状态；

S_3 状态为连续输入 3 个 **1** 以后的状态；

S_4 状态为连续输入 4 个或 4 个以上 **1** 的状态。

确定状态数和状态含义之后，列出电路的状态转换表（表 6.8）并画出状态转换图（图 6.51）。

表6.8　例6.12 的状态转换表

S^n	S^{n+1}/F	
	$X=0$	$X=1$
S_0	$S_0/0$	$S_1/0$
S_1	$S_0/0$	$S_2/0$
S_2	$S_0/0$	$S_3/0$
S_3	$S_0/0$	$S_4/0$
S_4	$S_0/0$	$S_4/0$

观察状态转换表可以发现，S_3、S_4 两个状态在输入 $X=0$ 时，次态都为 S_0，输出为 **0**；在输入 $X=1$ 时，次态都为 S_4，输出全为 **1**。因此，S_3 和 S_4 两个状态为等价状态，可以合并为一个状态，化简后的状态转换图如图 6.52 所示。

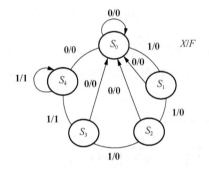

图 6.51　例6.12 电路的状态转换图 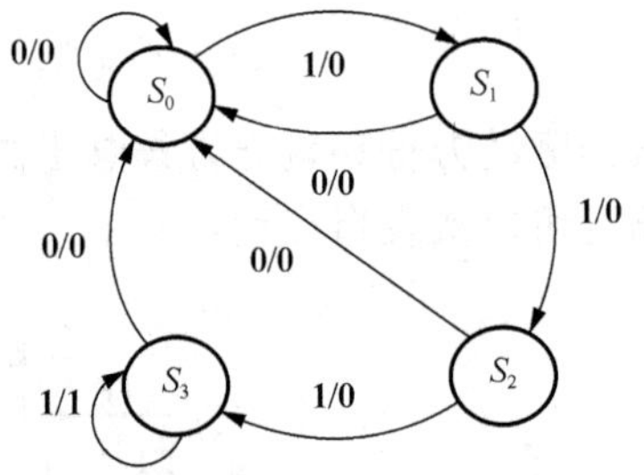　　　图 6.52　例6.12 化简后的状态转换图

状态化简之后的最简状态转换图中只有 4 个状态，因此需要两个触发器。令 $S_0=00$，$S_1=01$，$S_2=10$，$S_3=11$，可画出电路的次态卡诺图，如图 6.53 所示。

X \ $Q_1^n Q_2^n$	00	01	11	10
0	00/0	00/0	00/0	00/0
1	01/0	11/0	10/0	10/1

X \ $Q_1^n Q_2^n$	00	01	11	10
0	0	0	0	0
1	0	1	1	1

X \ $Q_1^n Q_2^n$	00	01	11	10
0	0	0	0	0
1	1	1	0	0

图 6.53　例6.12 次态卡诺图及分解

经过化简后求得状态方程为

$$\begin{cases} Q_1^{n+1} = XQ_1^n + XQ_2^n = X\overline{\overline{Q_1^n Q_2^n}} \\ Q_2^{n+1} = X\overline{Q_1^n} \end{cases} \tag{6.25}$$

输出方程为

$$F = XQ_1^n \overline{Q_2^n} \tag{6.26}$$

如果选用 D 触发器设计该序列检测器，由状态方程求得驱动方程为

$$D_1 = X\overline{\overline{Q_1^n Q_2^n}}, \quad D_2 = X\overline{Q_1^n} \tag{6.27}$$

根据驱动方程和输出方程画出电路图，如图 6.54 所示。

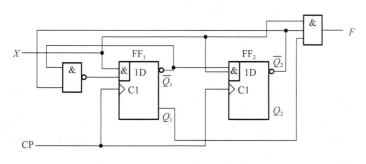

图 6.54　序列检测器电路图

例 6.13　试设计一个能管控制光点右移、左移、停止的控制电路。光点右移表示电机正转，光点左移表示电机反转，光点停止移动表示电机停转。电机运转规律如下：正转 20s—停 10s—反转 20s—停 10s—正转 20s……

解：光点移动可通过发光二极管的亮、灭变化显示出来，控制电路应包含两部分：发光二极管的驱动电路和产生控制脉冲的电路。如果 4 个发光二极管中只有一个亮，并能从左向右或从右向左依次亮，则会形成光点的移动。

4 位双向移位寄存器 74194 具有送数、左移、右移、保持功能。用 74194 驱动发光二极管，便可得到符合题目要求的功能。

由题意可知，光点循环以 10s 为一个单元，所以首先需要有一个十进制计数器，该计数器接收周期为 1s 的时钟信号，每计数 10s，输出一个信号。

由电机运转规律：正转 20s—停 10s—反转 20s—停 10s—正转 20s……可知，一个循环有 5 个状态，还有一个状态是对电路置初值，所以一个循环状态数是 $S_0 \sim S_5$，周而复始，这一部分需要一个六进制计数器来实现。

74194 在 S_0 状态时置数，在 S_1、S_2 状态时右移，在 S_3 状态时保持，在 S_4、S_5 状态时左移。上述时序关系整理成表格如表 6.9 所示。

表 6.9　例 6.13 的时序关系表

控制	计数器状态			寄存器控制		说明
M	Q_2	Q_1	Q_0	S_1	S_0	
0	×	×	×	1	1	送数
1	0	0	0	0	1	右移
1	0	0	1	0	1	右移
1	0	1	0	0	0	保持
1	0	1	1	1	0	左移
1	1	0	0	1	0	左移
1	1	0	1	0	0	保持

由表 6.9 可以得出 S_1S_0 和计数器的状态之间的逻辑函数式。利用译码器 74138 实现逻辑函数式，最终电路设计结果如图 6.55 所示。

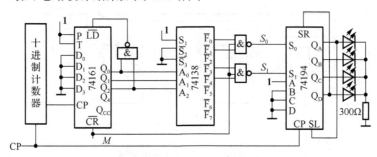

图 6.55　光点控制电路电路图

本 章 小 结

时序逻辑电路与组合逻辑电路不同，在逻辑功能及描述方法、电路结构、分析和设计方法上都具有区别于组合逻辑电路的特点。

在时序电路中，任意时刻电路的输出和状态不仅仅取决于电路当前的输入，还与电路之前的状态有关系，这是时序电路在功能上的特点。因此，时序电路当前的输出和状态都可以表示为输入和电路原来状态的逻辑函数。时序电路功能上具有的上述特点，决定了其在电路结构上必须包含存储元件（或称为记忆元件）。

描述时序电路逻辑功能的方法有方程组法（由驱动方程、状态方程、输出方程构成）、状态转换图、状态转换表、时序波形图等。分析时序电路的逻辑功能时，一般首先写出电路的方程组；再将不同的状态和输入的组合代入状态方程和输出方程，依次计算出电路的次态和此时输出；然后画出状态转换图或者状态转换表。有了状态转换图或者状态转换表，电路的逻辑功能就一目了然了。

时序电路的结构一般包含记忆元件和组合电路，组合电路和当前的输入决定电路的输出，这是时序电路结构上的特点。在实际中，时序电路并非一定包含上述两个部分。例如，可以没有输入变量（如计数器），有的甚至没有组合电路部分（如环形计数器）。然而只要是时序电路，它就必须包含存储电路。

实际应用中的时序电路种类不胜枚举。本章介绍了移位寄存器、计数器、顺序脉冲发生器等常见的几种。掌握上述几种时序电路的功能，并根据实际需要，利用上述时序电路进行设计以满足应用是本章学习的重点。

习 题

6-1　写出图 6.56 所示电路的驱动方程、状态方程和输出方程，画出电路的状态转换图和时序波形图，分析该电路的逻辑功能，并检查电路能否自启动。

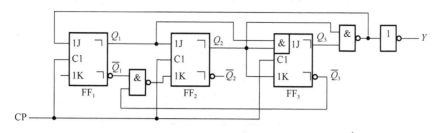

图 6.56 习题 6-1

6-2 写出图 6.57 所示电路的驱动方程、状态方程和输出方程，画出电路的状态转换图和时序波形图，分析该电路的逻辑功能，并检查电路能否自启动。

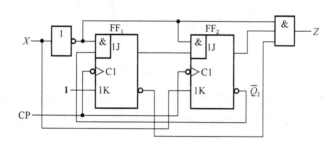

图 6.57 习题 6-2

6-3 写出图 6.58 所示异步时序电路的驱动方程、状态方程和输出方程，画出电路的状态转换图和时序波形图，分析该电路的逻辑功能，并检查电路的自启动情况。

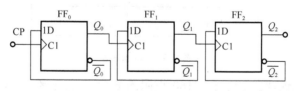

图 6.58 习题 6-3

6-4 写出图 6.59 所示异步时序电路的驱动方程、状态方程和输出方程，画出电路的状态转换图和时序波形图，分析该电路的逻辑功能，并检查电路的自启动情况。

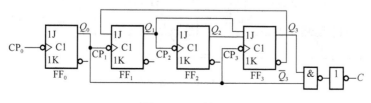

图 6.59 习题 6-4

6-5 参照书中 74194 和 74138 功能表，分析图 6.60 所示电路的逻辑功能。

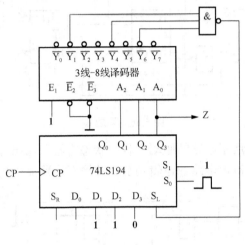

图 6.60 习题 6-5

6-6 4 位同步二进制加法计数器 74161 和与非门电路构成的电路如图 6.61 所示，分析该电路的逻辑功能，列出完整状态转换表，并检查电路能否自启动。

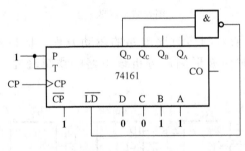

图 6.61 习题 6-6

6-7 两片十进制加法计数器 74160 按照图 6.62 所示连接，分析该电路是实现了多少进制的计数器。

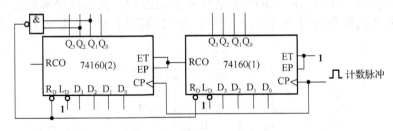

图 6.62 习题 6-7

6-8 二-五-十进制加法计数器 74290 和与门电路相结合，设计成如图 6.63 所示电路，分析该电路的逻辑功能（包括编码方式和计数长度）。

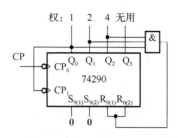

图 6.63 习题 6-8

6-9 分析图 6.64 所示两片 74161 级联设计的电路的逻辑功能，并指出进位输出在哪一个时刻表征该电路一个循环的结束。

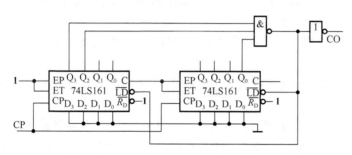

图 6.64 习题 6-9

6-10 4 位二进制加法计数器 74161 具有同步置数和异步清零功能，请分别用这两种功能设计一个十进制加法计数器。

6-11 可逆计数器 74LS193 连接成如图 6.65 所示电路，请分析该电路的逻辑功能。（74LS193 的功能表如表 6.10 所示。）

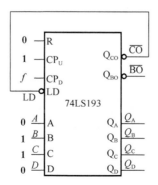

图 6.65 习题 6-11

表 6.10 习题 6-11、6-12 表

输入								输出			
R	$\overline{\text{LD}}$	CP_U	CP_D	D	C	B	A	Q_3	Q_2	Q_1	Q_0
1	×	×	×	×	×	×	×	0	0	0	0
0	0	×	×	D	C	B	A	D	C	B	A
0	1	↑	1	×	×	×	×	加法计数			
0	1	1	↑	×	×	×	×	减法计数			
0	1	1	1	×	×	×	×	保持			

6-12 可逆计数器 74LS193 功能表如表 6.10 所示,分别使用它的置数和清零功能实现六进制减法计数的功能。

6-13 使用 74161 和 3 线-8 线译码器 74138 设计一个序列发生器,在一系列 CP 信号作用下该序列发生器周期性地输出 **00010111**。

6-14 如果使用环形计数器产生一个长度为 6 的序列 **010011**,那么需要几个触发器?请画出该电路的设计图。

6-15 使用 JK 触发器和门电路设计一个同步七进制计数器,并为该电路设计进位输出端。

6-16 试用 D 触发器和相应的门电路设计一个同步十一进制加法计数器,并检查该电路能否自启动。

6-17 使用多片同步十进制加法计数器 74161 设计一个数字时钟电路,该电路能够实现逢 60 秒进 1 分,逢 60 分进 1 时,小时是十二进制,并用七段显示数码管验证电路功能。

第 7 章　脉冲波形的产生和整形电路

在数字电路中需要矩形脉冲波，因此本章仅介绍矩形脉冲波形的产生和整形电路。获得矩形脉冲波的方法通常有两种：一种是利用多谐振荡器直接产生；另一种则是通过整形电路将已有的周期性变化波形变换为矩形脉冲。本章介绍两个常用整形电路：施密特触发电路和单稳态触发器。

矩形脉冲波常作为时钟信号，波形的好坏直接关系到电路能否正常工作。为了定量描述矩形脉冲波，通常采用如图 7.1 所示的参数。

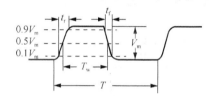

图 7.1　矩形脉冲的主要参数

脉冲周期 T——在周期性重复的脉冲序列中，相邻两个脉冲之间的时间间隔。

脉冲频率 f——表示单位时间内脉冲重复的次数，$f=1/T$。

脉冲幅度 V_m——脉冲波形的电压最大变化幅度。

脉冲宽度 T_w——从脉冲波形上升沿上升到 $0.5V_m$ 至下降沿下降到 $0.5V_m$ 的时间。

上升时间 t_r——脉冲波形的上升沿从 $0.1V_m$ 上升到 $0.9V_m$ 所需的时间。

下降时间 t_f——脉冲波形的下降沿从 $0.9V_m$ 下降到 $0.1V_m$ 所需的时间。

占空比 q——脉冲宽度 T_w 与脉冲周期 T 之比，通常用百分比形式表示。

本章首先介绍由门电路组成的施密特触发电路、单稳态触发器、多谐振荡器，然后介绍广为应用的 555 定时器和用它构成的脉冲波形的产生和整形电路。

7.1　矩形波发生器及整形电路

7.1.1　施密特触发电路

施密特触发电路是一种受输入信号电平直接控制的双稳态电路。由施密特触发电路构成的反相器的符号如图 7.2 所示。

$$v_I \ \boxed{} \ v_O$$

图 7.2　由施密特触发电路构成的反相器的符号

施密特触发电路在性能上有两个重要的特点：

（1）具有回差特性，即输入信号从低电平上升的过程中电路状态转换时对应的输入电平，与输入信号从高电平下降过程中对应的输入转换电平不同。输入电压上升的翻转电平为上限阈值电平 V_{T+}；输入电压下降的翻转电平为下限阈值电平 V_{T-}。两者之差用ΔV_T表示，$\Delta V_T = |V_{T+}-V_{T-}|$称为回差电压。

（2）在电路状态转换时，通过电路内部的正反馈过程使输出电压波形的边沿变得很陡。将缓慢变化的输入信号，变换成矩形波输出。

利用以上两个特点，不仅能够将边沿变化缓慢的信号波形整形为边沿陡峭的矩形波，而且可以将叠加在矩形脉冲高、低电平上的噪声有效地清除。

施密特触发电路与前面讲过的触发器是性质完全不同的两个电路。施密特触发电路输出端的逻辑状态随输入端的逻辑状态而改变，不具有存储功能。由于最初译成中文时使用了"施密特触发器"这个名称，很容易令初学者误认为两者为同一类电路。本书为避免误解，使用"施密特触发电路"这个名称。图7.3为施密特触发电路的电压传输特性。

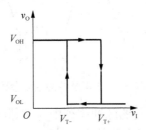

图 7.3 施密特触发电路电压传输特性

1. 由门电路构成的施密特触发电路

图7.4所示是利用反相器和电阻器接成的施密特触发电路。假定图中CMOS反相器的阈值电压 $V_{TH} \approx 1/2V_{DD}$（V_{DD}为电源电压），设电阻 $R_1 < R_2$。

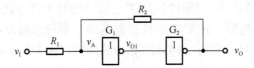

图 7.4 用CMOS反相器构成的施密特触发电路

经分析可得

$$V_{T+} = \left(1 + \frac{R_1}{R_2}\right)V_{TH} \tag{7.1}$$

$$V_{T-} = \left(1 - \frac{R_1}{R_2}\right)V_{TH} \tag{7.2}$$

电路输出的状态由输入电压的大小决定，改变 R_1 和 R_2 就可调节回差电压ΔV_T的大小。

$$\Delta V_T = V_{T+} - V_{T-} = 2(R_1/R_2)V_{TH} \tag{7.3}$$

2. 施密特触发电路的应用

（1）用于波形变换。如图 7.5 所示，只要输入的周期信号的幅度大于 V_{T+}，就可在输出端得到同频率的矩形脉冲信号。

（2）用于脉冲鉴幅。如图 7.6 所示，输入一系列幅度各异的脉冲信号时，当幅度小于 V_{T+} 时无脉冲输出，当幅度大于 V_{T+} 时才输出一个脉冲，因此可实现鉴幅功能。

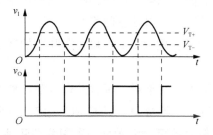

图 7.5　用施密特触发电路实现波形的变换

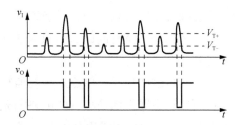

图 7.6　用施密特触发电路实现脉冲鉴幅

（3）用于脉冲整形。矩形脉冲经传输后往往发生波形畸变。当传输线上的电容较大时，上升沿和下降沿变坏，波形如图 7.7（a）所示；当上升沿和下降沿上产生振荡现象时，波形如图 7.7（b）所示；当有其他脉冲信号干扰叠加到矩形脉冲时，波形如图 7.7（c）所示。无论出现上述哪一种情况，当施密特触发电路的 V_{T+} 和 V_{T-} 设置合适值时，都可以获得比较理想的矩形脉冲波形。

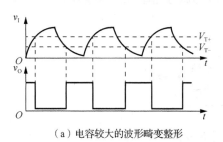

（a）电容较大的波形畸变整形

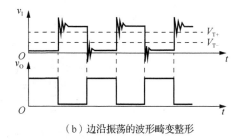

（b）边沿振荡的波形畸变整形

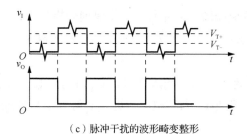

（c）脉冲干扰的波形畸变整形

图 7.7　用施密特触发电路对脉冲整形

此外，施密特触发电路可构成多谐振荡器。施密特触发电路最突出的特点是它的电压传输特性有回差特性（ΔV_T），如果能使它的输入电压在 V_{T+} 和 V_{T-} 之间不停地往复变化，那么在输出端就可以得到矩形脉冲波了。

7.1.2 单稳态触发器

单稳态触发器是一种用于整形、延时、定时的脉冲电路。它的工作特性具有如下特点：

（1）它有稳态和暂稳态两个不同的工作状态。

（2）在无外界触发脉冲作用下，单稳态触发器保持稳态；在外界触发脉冲作用下，能从稳态翻转到暂稳态，在暂稳态维持一段时间以后，再自动返回稳态。

（3）暂稳态维持时间的长短只取决于电路本身的参数 R、C，与触发脉冲的宽度和幅度无关。

由于具备这些特点，单稳态触发器被广泛应用于脉冲整形、延时及定时等。单稳态触发器的暂稳态通常都是靠 RC 电路的充、放电过程来维持的。根据 RC 电路的不同接法（接成微分电路形式或积分电路形式），单稳态触发器可分为微分型和积分型两种。积分型单稳态触发器的输出波形边沿较差，故本节不讨论。

1. 微分型单稳态触发器

当 v_I 的脉冲宽度很宽时，在单稳态触发器的输入端加一个 RC 微分电路，否则，当电路由暂稳态返回到稳态时，由于门 G_1 被 v_I 封住了，会使 v_O 的下降沿变缓而影响波形。图 7.8 所示是用 CMOS 门电路和 RC 微分电路构成的微分型单稳态触发器。

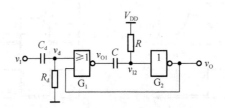

图 7.8 微分型单稳态触发器

电路中各点的电压波形如图 7.9 所示。工作原理分析如下：

（1）初始状态（稳态）。没有触发脉冲时，v_I 为低电平，v_{O1} 为高电平，v_O 为低电平。

（2）触发状态（暂稳态）。当 v_I 正跳变时，v_{O1} 由高到低，由于电容器上的电压不能突变，v_{I2} 跳变为低电平，于是 v_O 为高电平。即使 v_I 触发信号撤除，由于 v_O 的作用，v_{O1} 仍可为低电平。

（3）自动翻转。在暂稳态期间，电源经电阻 R 和门 G_1 对电容 C 充电，v_{I2} 升高，经过 t_w 时间后，v_{I2} 升到 G_2 的阈值电压 v_{TH} 时，G_2 翻转，$v_O = \mathbf{0}$。暂稳态结束，回到稳态。

输出脉冲幅度 $V_{Om} \approx V_{DD}$。根据 RC 电路过渡过程的分析，求得输出脉冲宽度为

$$t_w = RC\ln 2 \approx 0.69RC \tag{7.4}$$

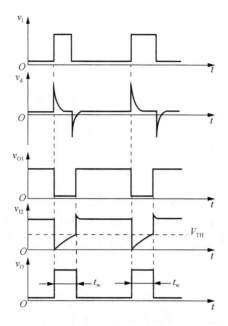

图 7.9　电路中各点的电压波形图

2. 集成单稳态触发器

图 7.10 所示是 TTL 集成单稳态触发器 74121 的电路图。它是在普通微分型单稳态触发器的基础上附加输入控制电路和输出缓冲电路形成的。

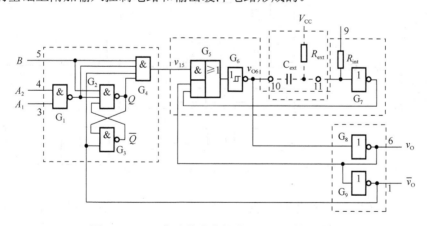

图 7.10　TTL 集成单稳态触发器 74121 的电路图

目前使用的集成单稳态触发器有不可重复触发型和可重复触发型两种。不可重复触发型单稳态触发器一旦被触发进入暂稳态以后，再加入触发脉冲不会影响电路的工作过程，必须在暂稳态结束以后，它才能接受下一个触发脉冲而转入暂稳态，如图 7.11（a）所示。可重复触发型单稳态触发器就不同了，在电路被触发而进入暂稳态以后，如果再次加入触发脉冲，电路将重新被触发，使输出脉冲再继续维持一个宽度，如图 7.11（b）所示。

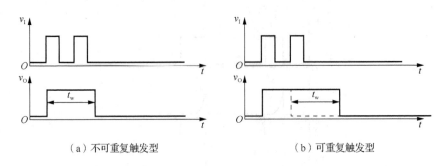

（a）不可重复触发型 　　　　　　　　（b）可重复触发型

图 7.11　不可重复触发型与可重复触发型单稳态触发器的工作波形图

74121、74221 是不可重复触发型单稳态触发器。属于可重复触发型单稳态触发器的有 74122、74123 等。有些集成单稳态触发器（如 74221、74122、74123 等）上还设置有复位端，通过在复位端加入低电平信号能够立即终止暂稳态过程，使输出端返回低电平。

3. 应用

单稳态触发器被广泛应用于脉冲整形（将不规则的波形变换成宽度、幅度都相等的矩形脉冲）、延时（产生滞后于触发脉冲的输出脉冲）及定时（产生固定时间宽度的矩形脉冲）等。脉冲定时电路图如图 7.12 所示，只有在脉冲宽度 t_{po} 内的信号才能通过。单稳态触发器可将脉冲宽度不等的矩形脉冲甚至不规则的输入信号整形成脉冲幅度和宽度都相等的矩形波，如图 7.13 所示。

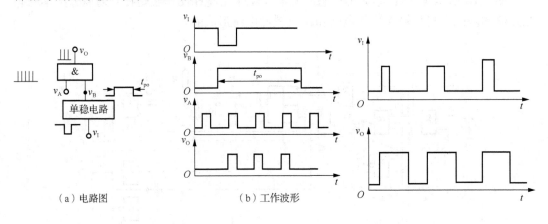

（a）电路图　　　　　　　　　（b）工作波形

图 7.12　脉冲定时电路图　　　　　　　图 7.13　脉冲整形波形图

7.1.3　多谐振荡器

多谐振荡器是一种能够产生矩形脉冲的自激振荡电路。在接通电源以后，不需要外加触发信号，便能自动地产生矩形脉冲。由于矩形波中含有丰富的高次谐波分量，因此习惯上又将矩形波振荡器称为多谐振荡器。多谐振荡器具有如下性能特点：

（1）多谐振荡器起振之后，没有稳态，只有两个暂稳态；

（2）工作不需要外加输入信号，只需要电源便自激振荡，可以产生矩形脉冲；

（3）产生的矩形脉冲含有丰富的高次谐波分量。

可由门电路、石英晶体、555 定时器等构成多谐振荡器。当需要频率稳定性高的时钟脉冲时，应采用石英晶体多谐振荡器。

1. 对称式多谐振荡器

图 7.14 所示是对称式多谐振荡器。它是由两个反相器 G_1、G_2 经耦合电容器 C_1、C_2 连接起来的正反馈电路。

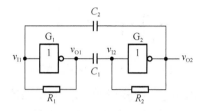

图 7.14　对称式多谐振荡器

对于 74×××系列的门电路而言，R_1 的取值应为 0.5～1.9kΩ。为了产生自激振荡，电路不能有稳定状态，即要保证环路放大倍数大于 1，应使反相器工作在放大状态（传输特性的转折区）。为此，在反相器的两端接入负反馈电阻器 R_1 和 R_2。

由于电路的对称性，C_1 充电、C_2 放电的过程完全对应。当 v_{I1} 上升到 V_{TH} 时，电路将迅速返回 v_{O1} 为低电平而 v_{O2} 为高电平的暂稳态。电路不停地在两个暂稳态之间往复振荡，输出矩形脉冲。各点电压的波形如图 7.15 所示，考虑 TTL 门电路输入端钳位二极管的影响，在 v_{I2} 负跳变时只能下跳到输入端负的钳位电压 V_{IK}。

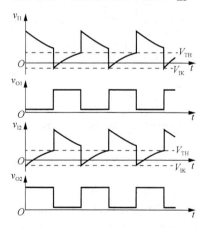

图 7.15　电路各点电压的波形图

只要 G_1 或 G_2 的输入端有极小的扰动，就会被正反馈回路放大而引起振荡。如果 G_1、G_2 为 74LS 系列反相器，在 $R_1 = R_2 = R_F$、$C_1 = C_2 = C$ 的条件下，电路的振荡周期可由式（7.5）近似估算：

$$T = 2T_1 \approx 1.3 R_F C \tag{7.5}$$

2. 环形振荡器

利用闭合回路中的正反馈作用可以产生自激振荡，利用闭合回路中的延迟负反馈作用同样也能产生自激振荡，只要负反馈信号足够强。

图 7.16 所示电路是一个简单的环形振荡器，它是利用门电路的传输延迟时间将 3 个反相器首尾相接构成的。该电路利用延迟负反馈产生振荡。

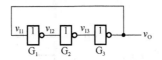

图 7.16　简单的环形振荡器

图 7.17 是图 7.16 所示电路的工作波形图，t_{pd} 为反相器的传输延迟时间。若 v_{I1} 的周期为 $6t_{pd}$，则 v_{I1} 与 v_O 波形同相，此时，电路就可以自激。

同理，若将任何大于、等于 3 的奇数个反相器首尾相连构成环形电路，则它们都能产生自激振荡，振荡周期为

$$T = 2nt_{pd} \tag{7.6}$$

式中，n 为反相器的个数。环形振荡器电路虽然简单，但是门电路的传输时间很短，故振荡频率很高，频率很难调节。

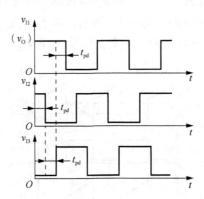

图 7.17　环形振荡器的工作波形图

为了克服上述缺点，可以在电路上附加 RC 延迟电路，改进电路图如图 7.18 所示，其中增加了 RC 积分环节，加大了第二节的延迟时间。图中的 R_s 为保护电阻。通过电容器 C 上的充放电过程使两个暂稳态周而复始地转换，输出矩形脉冲。

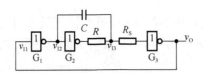

图 7.18　改进的环形振荡电路图

对于 TTL 门电路，其振荡周期可由式（7.7）估算：

$$T \approx 2.2RC \tag{7.7}$$

3．用施密特触发电路构成的多谐振荡器

将施密特触发电路的输出端经 RC 积分电路接回输入端，即可得到如图 7.19 所示的多谐振荡器。当接通电源以后，因为电容器上的初始电压为零，所以输出为高电平，并开始经电阻器 R 向电容器 C 充电。当充到输入电压为 $v_C=V_{T+}$ 时，输出跳变为低电平，电容器 C 又经过电阻器开始放电；当放电至 $v_C=V_{T-}$ 时，输出电位又跳变成高电平，电容器 C 重新开始充电。如此周而复始，电路便形成振荡。电压波形如图 7.20 所示。

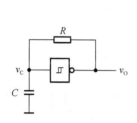

图 7.19　用施密特触发电路构成的多谐振荡器

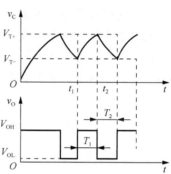

图 7.20　电路的电压波形图

4．石英晶体多谐振荡器

许多应用场合都对多谐振荡器的振荡频率稳定性有严格的要求。例如，多谐振荡器作为数字钟的脉冲源使用时，它的频率稳定性直接影响计时的准确性。在这种情况下，前面所讲的几种多谐振荡器难以满足要求，因为在这些多谐振荡器中振荡频率主要取决于门电路输入电压在充、放电过程中达到转换电平所需的时间，所以频率稳定性不可能很高。

将石英晶体与对称式多谐振荡器中的耦合电容器串联起来，组成图 7.21 所示的石英晶体多谐振荡器。石英晶体在电路中的作用是选频网络，当电路的振荡频率等于石英晶体的固有谐振频率 f_0 时，通过晶体和 C_1 形成正反馈，促使输出矩形脉冲。石英晶体的谐振频率由石英晶体的结晶方向和外形尺寸决定，与外接电阻器、电容器无关，具有极高的频率稳定性。它的相对频率稳定度为 $10^{-11} \sim 10^{-10}$，可满足大多数数字系统的要求。

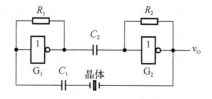

图 7.21　石英晶体多谐振荡器

7.2 集成 555 定时器及其应用

　　555 定时器是一种多用途的数字-模拟混合集成电路。该电路功能灵活、适用范围广，只要在其外部配接少量阻容元件就可构成单稳态触发器、多谐振荡器或施密特触发电路，因而可应用于定时、测量、控制、报警等方面。尽管厂家不同，但是各种类型的 555 定时器的功能及外部引脚排列都是相同的，如图 7.22 所示。555 定时器有 8 个引出端：1—地端、2—低触发端、3—输出端、4—复位端、5—电压控制端、6—高触发端、7—放电端、8—正电源端，可在 5~18V 范围内使用。

　　集成 555 定时器因为其内部有 3 个 5kΩ 电阻器（图 7.23）而得名，又名时基电路，按照内部元件的不同，分为双极型（TTL）和单极型（CMOS）。按单片集成电路中定时器的个数，分为单时基和双时基。555 定时器为双极型产品，7555 为 CMOS 型产品。为了实际需求，又出现了双极型 556 和 CMOS 型 7556。

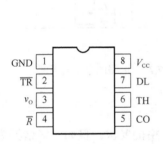

图 7.22　555 引脚排列图

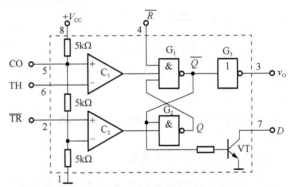

图 7.23　555 定时器的电路图

7.2.1 电路组成及工作原理

1. 电路组成

　　555 定时器的电路图如图 7.23 所示，由电阻分压器、电压比较器、基本 RS 触发器、放电管 VT 和输出缓冲器 5 个部分组成。输出端（引脚 3）电流可达 200mA，直接驱动继电器、发光二极管、扬声器、指示灯等，输出电压低于电源电压 1~3V；电压控制端（引脚 5）可外加一电压，以改变比较器的参考电压，不用时可悬空或通过 0.01μF 的电容接地，防止高频干扰。放电端（引脚 7），当触发器的 $Q=0$（$\bar{Q}=1$）时，晶体管 VT 导通，外接电容器 C 通过此管放电。

　　（1）电阻分压器：由 3 个阻值均为 5kΩ 的电阻器串联而成，为电压比较器 C_1、C_2 提供参考电压。如果在电压控制端 5 另加控制电压，则可以改变比较器 C_1、C_2 参考电压的值。若工作中不使用控制端 5，则控制端 5 通过一个 0.01μF 的电容器接地。分压器上端 8 接 V_{CC}，下端 1 接地。

（2）电压比较器（C_1 和 C_2）：C_1 的同相输入端接参考电压 $V_+=V_{REF1}=2V_{CC}/3$，反向输入端用 TH 表示，称为高触发端；C_2 的同相输入端用 $\overline{\text{TR}}$ 表示，称为低触发端，反向输入端接参考电压 $V_-=V_{REF2}=V_{CC}/3$。对于电压比较器（C_1 和 C_2），当 $V_+>V_-$ 时，输出为高电平（逻辑 **1**）；当 $V_+<V_-$ 时，输出为低电平（逻辑 **0**）。

（3）基本 RS 触发器：由两个与非门（G_1 和 G_2）构成，是可以从外部进行置 **0** 的复位端 4，当 $\overline{R}=0$ 时，使 $\overline{Q}=1$，$v_O=0$。正常工作时 $\overline{R}$ 处于高电平，基本 RS 触发器的状态受比较器输出 V_{C1} 和 V_{C2} 的控制。

（4）放电管 VT：在此电路中作为开关使用，其状态受触发器 $\overline{Q}$ 端控制，当 $\overline{Q}=0$ 时，VT 截止；当 $\overline{Q}=1$ 时，VT 饱和导通。

（5）输出缓冲级：由接在输出端的非门 G_3 构成，其作用是提高定时器的带负载能力，隔离负载对定时器的影响。非门 G_3 的输出为定时器的输出端 3（v_O）。

2. 555 集成定时器的工作原理

当 $V_{TH}>2V_{CC}/3$ 时，比较器 C_1 的输出为 **0**；当 $V_{TR}>V_{CC}/3$ 时，C_2 的输出为 **1**；基本 RS 触发器被置 **0**，晶体管 VT 导通，v_O 输出为低电平。当 $V_{TH}<2V_{CC}/3$，比较器 C_1 的输出为 **1**；当 $V_{TR}<V_{CC}/3$ 时，C_2 的输出为 **0**；基本 RS 触发器被置 **1**，晶体管 VT 截止，v_O 输出为高电平。当 $V_{TH}<2V_{CC}/3$ 时，比较器 C_1 的输出为 **1**；当 $V_{TR}>V_{CC}/3$ 时，C_2 的输出为 **1**；基本 RS 触发器处于保持状态，晶体管 VT 的状态也不变，v_O 输出也不变。当 $V_{TH}>2V_{CC}/3$ 时，比较器 C_1 的输出为 **0**；当 $V_{TR}<V_{CC}/3$ 时，C_2 的输出为 **0**；基本 RS 触发器处于"不定"（$Q=\overline{Q}=1$）状态，v_O 输出高电平。

这样就得到了表 7.1 所示的 555 定时器的功能表。

表 7.1　555 定时器的功能表

输入			输出	
$\overline{R}$	V_{TH}	V_{TR}	v_O	VT
0	×	×	**0**	导通
1	$<2V_{CC}/3$	$<V_{CC}/3$	**1**	截止
1	$>2V_{CC}/3$	$>V_{CC}/3$	**0**	导通
1	$<2V_{CC}/3$	$>V_{CC}/3$	不变	不变
1	$>2V_{CC}/3$	$<V_{CC}/3$	**1**	截止

7.2.2　集成 555 定时器的应用

1. 555 定时器构成的施密特触发电路

将 555 定时器的高触发端 TH（引脚 6）和低触发端 $\overline{\text{TR}}$（引脚 2）连接起来就构成了施密特触发电路，如图 7.24（a）所示。

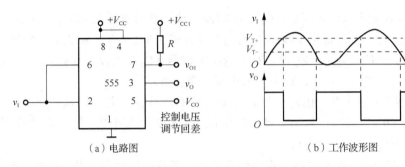

(a)电路图 （b）工作波形图

图 7.24　555 定时器构成的施密特触发电路及其工作波形

如果输入信号如图 7.24（b）所示，则在输出端得到矩形波输出。具体分析如下：

（1）当 $v_I < V_{CC}/3$，$Q=1$（$v_O = V_{OH}$），$\bar{Q}=0$；当 v_I 增大时，$2V_{CC}/3 > v_I > V_{CC}/3$，$Q=1$，$\bar{Q}=0$，触发器保持原状态；当 $v_I > 2V_{CC}/3$ 时，$Q=0$（$v_O = V_{OL}$），$\bar{Q}=1$。

（2）当 $v_I > 2V_{CC}/3$ 时，$Q=0$，$\bar{Q}=1$；当 v_I 减小时，$2V_{CC}/3 > v_I > V_{CC}/3$，$Q=0$，$\bar{Q}=1$，触发器保持原状态；当 v_I 减小到 $v_I < V_{CC}/3$，$Q=1$（$v_O = V_{OH}$），$\bar{Q}=0$。

故其正向阈值电压 $V_{T+}=2V_{CC}/3$，负向阈值电压 $V_{T-}=V_{CC}/3$。

比较器 C_1 和 C_2 的参考电压不同，RS 触发器的置 0 信号（$V_{TH}=V_{TR}>2V_{CC}/3$）和置 1 信号（$V_{TH}=V_{TR}<V_{CC}/3$）发生在输入信号的不同电平。因此，输出电压 v_O 由高电平变为低电平和由低电平变为高电平所对应的值也不相同，这样就形成了施密特触发特性。图 7.25 所示是电路的电压传输特性，其回差电压为

$$\Delta V_T = V_{T+} - V_{T-} = V_{CC}/3 \tag{7.8}$$

回差电压 ΔV_T 越大，电路的动作电压就越高，抗干扰能力越强。若要改变回差电压的大小，则可通过 5 脚外接电压 V_{CO} 来实现。

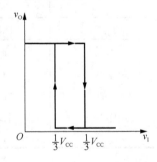

图 7.25　电路的电压传输特性曲线

2．555 定时器构成的多谐振荡器

用 555 定时器很容易构成多谐振荡器，如图 7.26（a）所示。图中的 R_1、R_2 和 C 是外接电阻器和电容器，是定时元件。

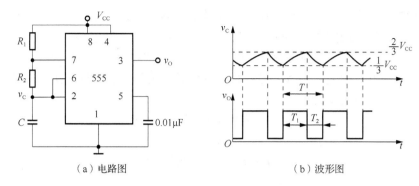

（a）电路图　　　　　　　　　　（b）波形图

图 7.26　用 555 定时器接成的多谐振荡器及其电压波形

电路连接如下：8 脚接电源；1 脚接地；4 脚接高电平，使复位功能无效；当控制电压端 V_{CO} 没有外接的电压时，5 脚一般通过一个 $0.01\mu F$ 的电容接地（交流接地），以旁路高频干扰；2 脚、6 脚接电容器，使两比较器输入电压都为电容器上的电压 v_C；7 脚接在外接两个电阻器之间，使放电电阻为 R_2，与充电电阻不同。$v_C=0V$，TH、$\overline{TR}$ 的电位为 0，即 $v_{TH}=v_{TR}=0V$。电路接通电源 V_{CC} 开始时，由于电容器上的电压不能突变，所以 TH、$\overline{TR}$ 均处于低电位，则 $v_{TH}<V_{CC}/3$，使比较器 C_2 输出 $V_{C2}=0$。此时，基本 RS 触发器处于 **1** 状态，$Q=1$，$\overline{Q}=0$，定时器输出 $v_O=1$ 使晶体管开关截止，电源 V_{CC} 通过 R_1、R_2 给电容器充电，使 TH、$\overline{TR}$ 的电位逐渐升高。电路处于暂稳态，定时器输出 v_O 保持高电平。

当电容器 C 充电使 v_C 上升到 $2V_{CC}/3$ 时，TH、$\overline{TR}$ 的电位同时也上升到 $2V_{CC}/3$，使比较器 C_1 的输出 $V_{C1}=0$，比较器 C_2 的输出 $V_{C2}=1$，此时，基本 RS 触发器置 **0**，$Q=0$，$\overline{Q}=1$，定时器 v_O 跳变为低电平（$v_O=0$），同时使晶体管开关 VT 导通，电容器 C 经 R_2 和晶体管 VT 放电，TH、$\overline{TR}$ 的电位逐渐下降，电路处于另一个暂稳态，定时器输出 v_O 保持低电平。

当电容器 C 放电使 v_C 下降到 $V_{CC}/3$ 时，TH、$\overline{TR}$ 的电位同时也下降到 $V_{CC}/3$，使比较器 C_1 的输出 $V_{C1}=1$，比较器 C_2 的输出 $V_{C2}=0$，此时，基本 RS 触发器置 **1**，$Q=1$，$\overline{Q}=0$，定时器 v_O 跳变为高电平（$v_O=1$），同时又使 VT 截止，电源 V_{CC} 又通过 R_1 和 R_2 给电容器 C 充电……如此周而复始地，两个暂稳态不停地相互转换，在定时器的输出端就得到矩形波脉冲信号输出。工作波形如图 7.26（b）所示。

根据电容器的充放电时间求得振荡周期 T 的近似计算公式如下：

$$T_1 = (R_1 + R_2)C\ln 2 \approx 0.7(R_1 + R_2)C \tag{7.9}$$

$$T_2 = R_2 C\ln 2 \approx 0.7 R_2 C \tag{7.10}$$

$$T = T_1 + T_2 = (R_1 + 2R_2)C\ln 2 \approx 0.7(R_1 + 2R_2)C \tag{7.11}$$

输出脉冲幅度为 $V_{om} \approx V_{CC}$，由式（7.9）和式（7.11）求出脉冲的占空比为

$$q = \frac{T_1}{T} = \frac{R_1 + R_2}{R_1 + 2R_2} \tag{7.12}$$

式（7.12）说明，图7.26（a）所示电路的输出脉冲的占空比始终大于50%。为了得到小于或等于 50% 的占空比，可以采用如图 7.27 所示的改进电路。由于接入了二极管 VD_1 和 VD_2，电容器的充电电流和放电电流流经不同的路径，当 VT 截止时，V_{CC} 通过 R_A、VD_1 给电容器 C 充电；当 VT 导通时，电容器 C 通过 R_B、VD_2 放电。因此电容器 C 的充电时间和放电时间变为

$$T_1 = R_A C \ln 2$$

$$T_2 = R_B C \ln 2$$

$$T = T_1 + T_2 = (R_A + R_B) C \ln 2 \tag{7.13}$$

$$q = \frac{T_1}{T} = \frac{R_A}{R_A + R_B} \tag{7.14}$$

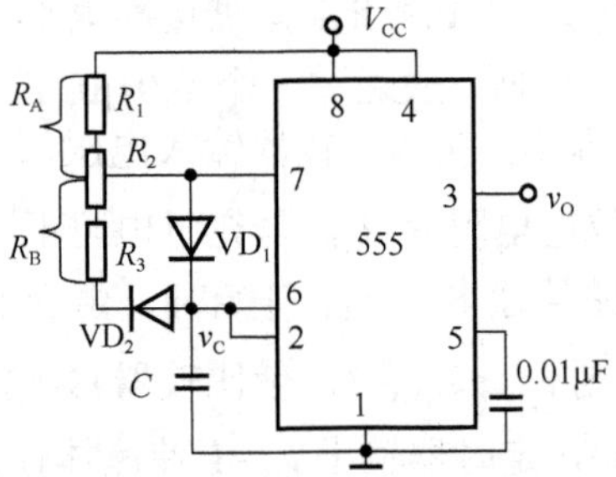

图 7.27　用 555 组成的占空比可调多谐振荡器

调节滑动电阻器的位置，即可调整输出矩形脉冲的占空比，而振荡周期保持不变。

例 7.1　用 555 定时器设计的多谐振荡器，如图 7.26（a）所示。已知 V_{CC}=12V，C=0.01μF，R_1=R_2=5.1kΩ。求该振荡器的振荡周期和输出脉冲的占空比。

解：根据式（7.11）和式（7.12）可得

$$T = T_1 + T_2 = (R_1 + 2R_2) C \ln 2 \approx 0.7(R_1 + 2R_2) C$$

$$= 0.7 \times 3 \times 5.1 \times 10^3 \times 0.01 \times 10^{-6} = 107 (\mu s)$$

$$q = \frac{T_1}{T} = \frac{R_1 + R_2}{R_1 + 2R_2} = \frac{2}{3} \approx 67\%$$

由分析可得，当外接电阻取值相等时，占空比是67%。若需要得到占空比为50%的矩形脉冲，应选用如图7.27所示的电路。

3．555 定时器构成的单稳态触发器

图7.28（a）是555定时器构成的单稳态触发器，图中 R、C 是定时元件；单稳态触发器的输入信号 v_I 加在低触发端 $\overline{TR}$ 端，3端是单稳态触发器的输出脉冲端（v_O）。高触发端 TH（引脚6）和放电端 D（引脚7）连接到 C 与 R 的连接处。

其工作过程分析如下：当没有触发信号时，电路的输入端为 v_I=1（高电平），电路处于 v_O=0 的状态。假定接通电源后 RS 触发器处于 Q=0 状态，则 $\overline{Q}$=1，VT 导通，$v_C \approx$ **0**。如果接通电源后触发器 Q=1 状态，则 VT 截止，V_{CC} 通过 R 给 C 充电，v_C 上升，TH 和 D 端电位也随之上升。当上升到 $2V_{CC}/3$（v_C=v_{TH}=$2V_{CC}/3$）时，比较器 C_1 的输出 V_{C1}=**0**，

此时，RS 触发器处于置 0 状态，$Q=0$，$\overline{Q}=1$，同时 VT 导通，C 通过 VT 放电，$v_{TH}=v_C$ ≈ 0，两个电压比较器的输出 $V_{C1}=V_{C2}=1$，RS 触发器保持状态不变，定时器输出（单稳态触发器输出）$v_o=0$（低电平）。因此，通电后电路便自动地 $v_o=0$。

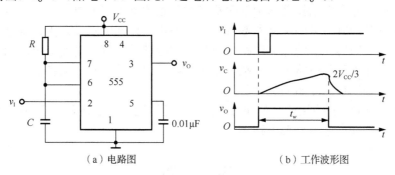

（a）电路图　　　　　　　（b）工作波形图

图 7.28　555 定时器构成的单稳态触发器及其工作波形

输入窄触发负脉冲到来后，即 v_I 由高电平跳变到低电平时，即 $v_I < V_{CC}/3$，比较器 $V_{C2}=0$，此时基本 RS 触发器置 1，$Q=1$，$\overline{Q}=0$，单稳态触发器电路的状态由稳态翻转到暂稳态；$v_o=1$，晶体管 VT 截止，电源 V_{CC} 又通过 R 给 C 充电。输入负跳变触发脉冲结束，v_I 由低电平又跳变到高电平。

在暂稳态期间，电源 V_{CC} 通过 R 给 C 充电，随着电容器 C 的充电，v_C 升高，TH 和 D 端电位也随之升高。当 TH 端电位上升到 $2V_{CC}/3$ 时，比较器 C_1 的输出 $V_{C_1}=0$，此时基本 RS 触发器恢复 0 状态，$Q=0$，$\overline{Q}=1$，输出 $v_o=0$。同时晶体管 VT 导通，电容器 C 通过 VT 放电，电路由暂稳态自动返回稳态。暂稳态时间由 RC 电路参数决定。

单稳态触发器在负脉冲触发作用下，由稳态翻转到暂稳态。由于电容器充电，暂稳态自动返回稳态。这一转换过程为单稳态触发器的一个工作周期。其工作波形如图 7.28（b）所示。

如果忽略晶体管的饱和压降，则 v_C 从零电平上升到 $2V_{CC}/3$ 的时间为暂稳态时间，即输出脉冲宽度 t_w 为

$$t_w = RC\ln 3 = 1.1RC \tag{7.15}$$

这种单稳态触发器电路要求输入触发脉冲宽度小于输出脉冲宽度 t_p，而输入 v_I 的周期要大于 t_w，使 v_I 的每一个负触发脉冲都起作用。如果输入负触发脉冲宽度大于输出脉冲宽度 t_w，则可在输入负触发脉冲和触发器输入端之间接一个 RC 微分电路，即 v_I 通过 RC 微分电路接到低触发端 $\overline{TR}$ 上。

本 章 小 结

本章主要介绍了脉冲整形与脉冲产生电路。施密特触发电路和单稳态触发器是常用的两种整形电路。施密特触发电路输出的高、低电平随输入信号的电平改变，属于电平触发型电路，所以输出脉冲的宽度由输入信号决定。由于它的回差特性和正反馈网络，输出电压波形的边沿得到改善。单稳态触发器的输出信号宽度则完全取决于电路的参数，

与输入信号无关。多谐振荡器是一种脉冲产生电路,它不需要外加输入信号,接通电源后就产生脉冲信号。本章介绍的施密特触发电路具有两个稳态,单稳态触发器具有一个稳态,而多谐振荡器没有稳态。

单稳态触发器和多谐振荡器中的暂稳态时间正比于电路的时间常数,也就是说,暂稳态过程通常是由其自身的电路参数决定的,不需要外部的触发。无论电路的具体结构如何,凡是含有阻容元件的脉冲电路,分析的关键就是电容器的充放电,而关键连接点就是与电容器相连的门电路的输入端。施密特触发电路是具有滞后特性的数字传输门,它的翻转不依赖于边沿陡峭的脉冲。

555 定时器是一种应用广泛的集成电路,它是早期模拟电路和数字电路结合的典范,可以构成各种脉冲产生与整形电路。

习　　题

7-1　在触发信号的作用下 555 定时器电路可以实现（　　　　　）、（　　　　　）和（　　　　　）3 种逻辑功能。

7-2　由 555 定时器组成的单稳态触发器每触发一次就会输出一个宽度和幅度一定的（　　　　　）脉冲。

7-3　施密特触发电路上限阈值电压和下限阈值电压的差称为（　　　　　）电压。

7-4　能否用施密特触发电路存储 1 位二值代码?为什么?

7-5　单稳态触发器输出脉冲的宽度（即暂稳态持续时间）由哪些因素决定?

7-6　由 CMOS 反相器构成的施密特触发电路如图 7.29 所示,设 $V_{TH}=3V$,$V_{DD}=6V$,输入电压 v_I 为峰-峰值为 6V 的三角波。试画出输出电压 v_O 的波形,注明 V_{T+} 和 V_{T-} 的大小,并求回差电压 ΔV_T。

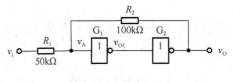

图 7.29　习题 7-6

7-7　555 定时器构成的多谐振荡器如图 7.30 所示,要求输出脉冲频率为 1Hz,占空比为 0.6。已知 $V_{CC}=5V$,电容 $C=1\mu F$,求 R_1、R_2。

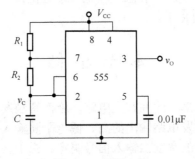

图 7.30　习题 7-7

第8章 数模和模数转换器

随着数字技术,特别是计算机技术的飞速发展与普及,在现代控制、通信及检测领域,信号的处理广泛地采用了计算机技术。由于自然界中的物理量(如压力、温度、位移、液位等)都是模拟量,若用数字技术处理这些模拟信号,则往往需要一种能在模拟信号与数字信号之间起转换作用的电路——模数转换器和数模转换器。

将模拟信号转换成数字信号的电路称为模数转换器(analog-to-digital converter),简称 ADC 或 A/D 转换器;将数字信号转换为模拟信号的电路称为数模转换器(digital-to-analog converter),简称 DAC 或 D/A 转换器。A/D 转换器和 D/A 转换器是数字系统中不可缺少的基本组成部分。A/D 转换器和 D/A 转换器在语音的存储与回放系统中的作用如图 8.1 所示。

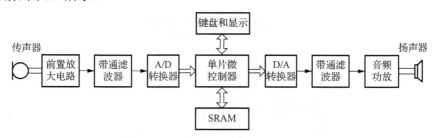

图 8.1 语音的存储与回放系统

本章主要介绍几种常用 D/A 转换器与 A/D 转换器的电路结构、工作原理及其应用。

8.1 数模转换器

8.1.1 二进制权电阻 D/A 转换器

n 位 D/A 转换器的一般结构框图如图 8.2 所示。数字量以串行或并行方式输入,并存储于数码寄存器中,寄存器的输出驱动对应的数位上的电子开关,将相应数位的权值送入求和电路。求和电路将各位的权值相加得到与数字量对应的模拟量。

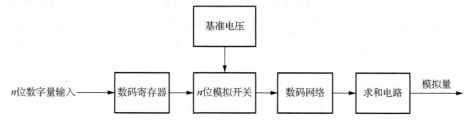

图 8.2 n 位 D/A 转换器的一般结构框图

　　根据解码网络结构的不同，D/A 转换器有多种类型，如电阻网络型（倒 T 形电阻网络 D/A 转换器、T 形电阻网络 D/A 转换器）、电容网络型（权电容网络 D/A 转换器）、电阻电容混合型及晶体管混合型等。D/A 转换器按照数字量输入方式的不同又分为并行输入 D/A 转换器和串行输入 D/A 转换器两种。

　　二进制权电阻 D/A 转换器由 4 个部分组成：基准电压 V_{REF}，阻值为 2^0R、2^1R、2^2R，2^3R 的电阻器组成的电阻网络，4 个模拟开关 $S_0 \sim S_3$，它受输入数字信号 $D_0 \sim D_3$ 控制，如图 8.3 所示。电阻网络中通过各电阻器的电流之和 i_F 的表达式如下：

$$i_F = D_3 \frac{V_{REF}}{2^0 R} + D_2 \frac{V_{REF}}{2^1 R} + D_1 \frac{V_{REF}}{2^2 R} + D_0 \frac{V_{REF}}{2^3 R}$$

$$= \frac{V_{REF}}{2^3 R} \sum_{i=0}^{3} 2^i D_i \tag{8.1}$$

扩展到 n 位权电阻 D/A 转换器就有

$$i_F = \frac{V_{REF}}{2^{n-1} R}\left(2^{n-1} D_{n-1} + 2^{n-2} D_{n-2} + \cdots + 2^0 D_0\right) = \frac{V_{REF}}{2^{n-1} R} \sum_{i=0}^{n-1} 2^i D_i \tag{8.2}$$

$$v_O = -i_F R_F = -\frac{V_{REF} R_F}{2^{n-1} R} \sum_{i=0}^{n-1} 2^i D_i \tag{8.3}$$

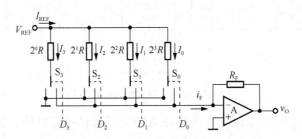

图 8.3　二进制权电阻 D/A 转换器

8.1.2　*R-2R* 倒 T 形电阻网络 D/A 转换器

　　当权电阻 D/A 转换器的位数较多时，电阻器的值域范围太宽，导致制成集成电路比较困难，对高位权电阻的精度和稳定性要求苛刻。*R-2R* 倒 T 形电阻网络 D/A 转换器只有 R 和 2R 两种电阻，克服了二进制权电阻 D/A 转换器电阻范围宽的缺点。在 D/A 转换器中，使用最多的是倒 T 形电阻网络 D/A 转换器。

　　下面以 4 位倒 T 形 D/A 转换器为例说明其工作原理。4 位倒 T 形电阻网络 D/A 转换器的电路图如图 8.4 所示。图中模拟开关 S_i 由输入端 D_i 控制，当 $D_i=0$ 时，S_i 接地；当 $D_i=1$ 时，S_i 接运算放大器反相端的虚地，倒 T 形的电阻网络与运算放大器组成"求和电路"。

　　该电路有两个特点：

　　（1）无论输入信号 D 是 **0** 还是 **1**，开关 S_i 接地和虚地均相当于接地，流入每个 2R 支路的电流是不变的；

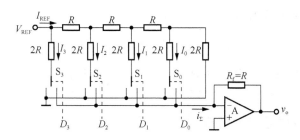

图 8.4　倒 T 形电阻网络 D/A 转换器

（2）从每个节点往上和往左看，两条支路的等效电阻都是 $2R$，所以每条支路的电流都是流入节点电流的一半。

由上述分析可以写出：

$$I_{REF}=\frac{V_{REF}}{R}, \quad I_3=\frac{V_{REF}}{2R}, \quad I_2=\frac{I_3}{2}=\frac{V_{REF}}{4R}, \quad I_1=\frac{I_2}{2}=\frac{I_3}{4}=\frac{V_{REF}}{8R}, \quad I_0=\frac{I_1}{2}=\frac{I_2}{4}=\frac{I_3}{8}=\frac{V_{REF}}{16R}$$

$$i_f=i_\Sigma=\frac{I_{REF}}{2}D_3+\frac{I_{REF}}{4}D_2+\frac{I_{REF}}{8}D_1+\frac{I_{REF}}{16}D_0=\frac{V_{REF}}{2^4 R}\cdot\sum_{i=0}^{3}2^i D_i \tag{8.4}$$

考虑数字量的控制作用，流入运算放大器的电流和输出电压分别为

$$i_\Sigma=\frac{V_{REF}}{2^n R}\left(2^{n-1}D_{n-1}+2^{n-2}D_{n-2}+\cdots+2^0 D_0\right)=\frac{V_{REF}}{2^n R}\cdot\sum_{i=0}^{n-1}2^i D_i \tag{8.5}$$

$$v_O=-i_f\cdot R_f=-i_\Sigma\cdot R_f=-\frac{V_{REF}}{2^n R}\cdot R_f\cdot\sum_{i=0}^{n-1}2^i D_i=-\frac{V_{REF}}{2^n}\cdot\sum_{i=0}^{n-1}2^i D_i \tag{8.6}$$

倒 T 形电阻网络 D/A 转换器的优点如下：

（1）所需电阻只有两种，有利于集成；

（2）由于支路电流不变，不需要电流建立时间，对提高工作速度有利；

（3）速度较快，使用普遍。

例 8.1　已知倒 T 形电阻网络 D/A 转换器的 $R_F=R$，$V_{REF}=10V$，试分别求出 4 位和 8 位 D/A 转换器的最小输出电压 V_{Omin}。

解：由式（8.6）可知，当 $D_0=1$，而其余各数字量均为 **0** 时输出电压最小，因此 4 位 D/A 转换器的最小输出电压为

$$V_{Omin}=-\frac{10}{2^4}=-0.625(V)$$

8 位 D/A 转换器的最小输出电压为

$$V_{Omin}=-\frac{10}{2^8}\approx-0.04(V)$$

例 8.2　已知倒 T 形电阻网络 D/A 转换器的 $R_f=R$，$V_{REF}=10V$，试分别求出 4 位和 8 位 D/A 转换器的最大输出电压 V_{Omax}。

解：当数字量各位均为 **1**，即 $D_i=1$ 时输出电压最大。由式（8.6）可得 4 位 D/A 转换器的最大输出电压为

$$V_{Omax}=-\frac{10}{2^4}\times(2^4-1)=-9.375(V)$$

8 位 D/A 转换器的最大输出电压为

$$V_{\text{Omax}} = -\frac{10}{2^8} \times (2^8 - 1) \approx -9.96(\text{V})$$

比较上述计算结果，在 V_{REF} 和 R_f 相同的条件下，位数越多，输出的最小电压越小，输出的最大电压越大；在 V_{REF} 和位数相同的条件下，R_f 越大，输出电压越大。

8.1.3　D/A 转换器的主要技术指标

1. 分辨率

分辨率是 D/A 转换器对输入微小量变化敏感程度的表征，即 D/A 转换器所能分辨的最小输出电压与满刻度输出电压之比。其中，最小输出电压是指输入数字量只有最低有效位为 1 时的输出电压；最大输出电压是指输入数字量各位全为 1 时的输出电压。

n 位 D/A 转换器的分辨率表示为

$$\text{分辨率} = \frac{1}{2^n - 1} \tag{8.7}$$

例如，10 位 D/A 转换器的分辨率为

$$\frac{1}{2^{10} - 1} = \frac{1}{1023} \approx 0.001$$

分辨率的公式表明 D/A 转换器的位数越多，它的分辨率的值越小。

2. 转换误差

转换误差常用输出刻度满量程（full scale，FS）的百分数来表示。有时转换误差用最低有效位（least significant bit，LSB）的倍数表示。D/A 转换器产生误差的主要原因有参考电压 V_{REF} 波动、运算放大器的零点漂移、电阻网络中电阻值的偏差等。

分辨率和转换误差共同决定了 D/A 转换器的精度。D/A 转换器的精度高，不仅需要选择位数高的 D/A 转换器，还要选用稳定度高的基准电压源和低漂移的运算放大器与其配合。

转换误差有比例系数误差、漂移误差和非线性误差等，如图 8.5 所示。

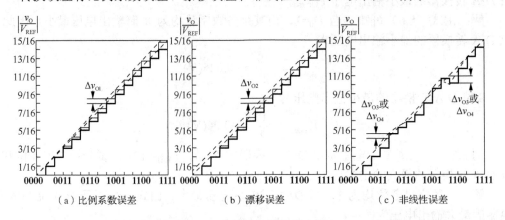

（a）比例系数误差　　　　　（b）漂移误差　　　　　（c）非线性误差

图 8.5　几种转换误差示意图

（1）比例系数误差：指实际转换特性曲线的斜率与理想特性曲线斜率的偏差。

（2）漂移误差：由运算放大器的零点漂移所造成的误差，与输入数字量的数值无关。

（3）非线性误差：开关的导通内阻和导通压降都不能真正等于零，因此它们的存在也必将在输出产生误差，此误差即为非线性误差。

3．转换速度

当 D/A 转换器输入的数字量发生变化时，输出的模拟量并不能立即达到所对应的量值，它要延迟一段时间。通常用建立时间和转换速率两个参数来描述 D/A 转换器的转换速度。

（1）建立时间：指数字信号由全 **0** 变为全 **1**，或由全 **1** 变为全 **0** 时，模拟信号电压或电流达到稳态值所需时间。建立时间短，说明 D/A 转换器的转换速度快，如图 8.6 所示。

（2）转换速率：指大信号工作状态下，模拟输出电压的最大变化率。

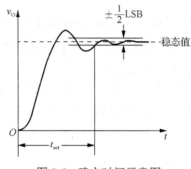

图 8.6　建立时间示意图

4．温度系数

在输入不变的情况下，输出模拟电压随温度变化而产生的变化量。一般用满刻度输出条件下温度每升高 1℃，输出电压变化的百分数作为温度系数。

8.1.4　集成 D/A 转换器应用举例

目前，D/A 转换器电路都做成集成电路供使用者选择。D/A 转换器按照输出方式可分为电流输出 D/A 转换器和电压输出 D/A 转换器。D/A 转换器的芯片型号繁多，常用的有并行输入的 DAC0832、串行输入的 AD7543 等，本节介绍 DAC0832。

1．DAC0832 电路结构

DAC0832 是美国国家半导体公司生产的采样频率为 8 位的 D/A 转换芯片。集成电路内有两级输入寄存器，使 DAC0832 芯片具备双缓冲、单缓冲和直通 3 种输入方式，以便适合各种电路的需要。DAC0832 为采用 CMOS 工艺制成的 20 脚双列直插式 8 位 D/A 转换器，可以直接与微处理器相连而无须加 I/O 接口，其结构框图如图 8.7 所示。

D/A 转换器内包含两个数字寄存器：8 位锁存器和 8 位 D/A 转换器寄存器，故称为双缓冲方式。两个寄存器可以同时保存两组数据，这样可以将 8 位输入数据先保存到输入寄存器中，当需要转换时，再将此数据由输入寄存器送到 D/A 转换器寄存器中锁存并进行 D/A 转换输出。

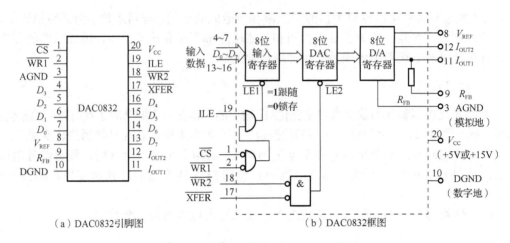

（a）DAC0832引脚图　　　　　　　　（b）DAC0832框图

图 8.7　DAC0832 集成 D/A 转换器的引脚图和框图

采用双缓冲方式的优点：一是可以防止输入数据更新期间模拟量输出出现不稳定情况；二是可以在一次模拟量输出的同时将下一次要转换的二进制数事先存入缓冲器中，从而提高转换速度；三是用这种工作方式可同时更新多个 D/A 转换的输出，这就为有多个 D/A 器件的系统及多处理器系统中的 D/A 器件协调一致地工作带来了方便。

2. 可编程增益控制放大器

在实践中，D/A 转换器应用很广，它不仅可作为数字系统和模拟系统之间的接口电路（如作为微机系统的接口电路），还可用于数字量对模拟信号进行处理。下面以数字式可编程增益放大电路和波形产生电路为例说明它的应用。

数字式可编程增益控制电路图如图 8.8 所示，AD7533 与运算放大器接成普通的反相比例放大电路形式。电路中 AD7533 内部的反馈电阻 R 为反相比例放大电路的输入电阻，而由数字量控制的倒 T 形电阻网络是它的反馈电阻。当输入数字量变化时，倒 T 形电阻网络的等效电阻随之改变。因此，在输入电阻固定时，随着电阻网络的等效电阻变化，反相比例放大器的增益也随之改变。

由式（8.4）和图 8.8 可写出 i_f 的表达式为

$$i_f = -\frac{v_O}{2^{10}R}\left(2^0 D_9 + 2^1 D_8 + \cdots + 2^9 D_0\right)$$

$$= -\frac{v_O}{R}\left(2^{-1}D_0 + 2^{-2}D_1 + \cdots + 2^{-10}D_9\right)$$

$$i_I = \frac{v_I}{R} = i_f$$

$$-\frac{v_O}{R}\left(2^{-1}D_0 + 2^{-2}D_1 + \cdots + 2^{-10}D_9\right) = \frac{v_I}{R} \tag{8.8}$$

运算放大器的电压放大倍数为

$$A_v = \frac{v_O}{V_I} = -\frac{1}{2^{-1}D_0 + 2^{-2}D_1 + \cdots + 2^{-10}D_9} \tag{8.9}$$

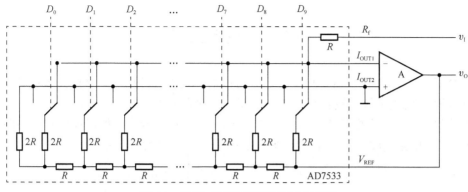

图 8.8　数字式可编程增益控制电路图

图 8.8 中 $D_0 \sim D_9$ 为 4 线-10 线译码器的输出端，且 10 个输出端只能有一个为 **1**，所以式（8.9）可写为

$$A_v = -2^{n+1}$$

式中，$n=0,1,2,\cdots,9$，为输入的二-十进制数字量。例如，输入的 BCD 码为 **0000** 时，**0** 号输出端为高电平，$D_0=1$，这时的放大倍数 $A_v=-2^1=-2$；当 BCD 码为 **1001** 时，9 号输出端为高电平，即 $D_9=1$，这时电压放大倍数 $A_v=-2^{10}=-1024$。因此，通过改变输入 BCD 码的值就可以改变电压放大倍数，从而达到增益数字控制的目的。

3．脉冲波产生电路

由 AD7533、运算放大器及 4 位同步二进制计数器 74LVC163（同步清零）组成的波形产生电路如图 8.9（a）所示。图中 74LVC163 采用反馈清零法，组成模 10 计数器，D/A 转换器的高位 $D_4 \sim D_9$ 均为 **0**，低 4 位输入是计数器的输出。在 CP 作用下，$Q_3Q_2Q_1Q_0$ 输出分别为 **0000 ~ 1001**。根据式（8.3）计算输出电压的值，可画出 v_o 的波形，如图 8.9（b）所示，输出波形是有 10 个阶梯的阶梯波。若改变计数器的模，则改变波形的阶梯数，如采用可逆计数器，经滤波后，在电路的输出端可得到三角波输出。

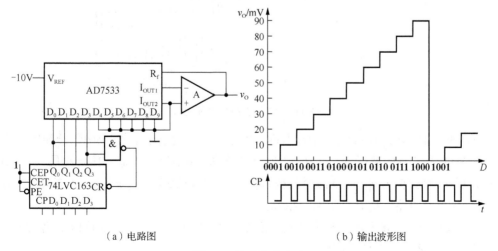

（a）电路图　　　　　　　　　　（b）输出波形图

图 8.9　波形产生电路

8.2　模数转换器

A/D 转换与 D/A 转换恰好相反，是将模拟电压或电流转换成与之成正比的数字量。将模拟量转换为数字量一般要经过 4 个步骤，分别为采样、保持、量化、编码。但是这 4 个步骤并不是由 4 个电路来完成的，其框图如图 8.10 所示。例如，采样和保持两步就由采样-保持电路完成，而量化与编码又常常在转换过程中同时完成。

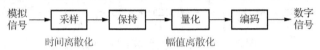

图 8.10　A/D 转换过程框图

8.2.1　基本概念

1. 采样与保持电路

采样就是按照一定时间间隔采集模拟信号。由于 A/D 转换需要时间，采样得到的"样值"在 A/D 转换过程中不能改变，就需要对采样得到的信号"样值"保持一段时间，直到下一次采样。采样-保持电路示意图如图 8.11 所示。

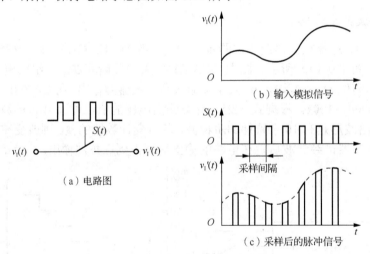

图 8.11　采样-保持电路示意图

开关受采样信号 $S(t)$ 控制，$v_1(t)$ 为输入信号，$v_1'(t)$ 为输出信号，$S(t)$ 断开和闭合就会得到图 8.11 中 $v_1'(t)$ 的波形图。当 $S(t)=1$ 时开关接通，输出信号与输入信号相同；当 $S(t)=0$ 时开关断开，输出信号 $v_1'(t)=0$，这样就将连续变化的模拟信号 $v(t)$ 变成了脉冲信号 $v_1'(t)$。

采样-保持电路主要有以下两个指标：

（1）采集时间。指发出采样命令后，采样-保持电路的输出由原保持值变化到输入值所需的时间。采集时间越小越好。

（2）保持电压下降速率：指在保持阶段采样-保持电路输出电压在单位时间内下降的幅值。

随着集成电路的发展，整个采样-保持电路已被制作在一块芯片上。例如，LF198 便是采用双极型场效晶体管工艺制造的单片采样-保持电路。

2. 采样定理

在进行模拟-数字信号的转换过程中，当采样频率大于信号中最高频率的 2 倍时，采样之后的数字信号完整地保留原始信号中的信息。一般在实际应用中保证采样频率为信号最高频率的 3～5 倍。

3. 量化与编码

采样-保持电路得到的信号在时间上是离散的，但是其幅值仍是连续的。在数字量表示中，只能以最低有效位数来区分，是不连续的。对采样-保持电路得到的信号用近似的方法进行取值。近似的过程称为量化，是将采样-保持后的信号幅值转换成某个最小数量单位，即量化单位 Δ 的整数倍。例如，有一模拟信号，幅值范围为 0～1V，转换为 3 位二进制代码，则其量化单位为 1LSB=1/8V，得到 8 个量化电平，分别为 0V、1/8V、…、7/8V。

将量化的结果用代码（二进制或其他进制）表示，称为编码。这些代码就是 A/D 转换的输出结果。

输入的模拟信号是连续的，不一定被量化单位 Δ 整除，因而产生量化误差。对于小于 Δ 的信号有如下两种量化方法：

（1）"只舍不入"（截断量化）：将不够 1 个量化单位的值舍掉，量化误差为 Δ。图 8.12 中的量化误差为 1/8V。

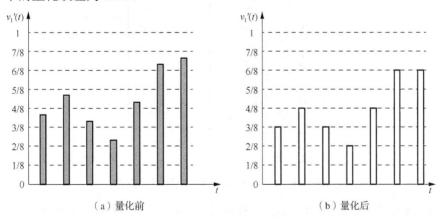

（a）量化前　　　　　　　　　　　（b）量化后

图 8.12　"只舍不入"量化方法

（2）"有舍有入"，即四舍五入法：它将 $v'_I(t) < \Delta/2$ 的值舍去，将 $\Delta/2 < v'_I(t) < \Delta$ 的视为数字量 Δ，量化误差为 $\Delta/2$。图 8.13 中的量化误差为 1/16V。

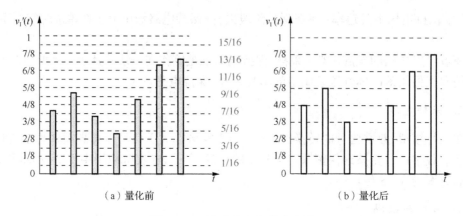

（a）量化前　　　　　　　　　　　　（b）量化后

图 8.13　"有舍有入"量化方法

8.2.2　并行比较 A/D 转换器

图 8.14 所示为 3 位并行比较 A/D 转换器电路图，电路由电阻分压器、电压比较器和编码器组成，采用只舍不入的量化方法。表 8.1 为 3 位并行比较 A/D 转换器输入与输出关系对照表。图 8.15 为 3 位并行比较 A/D 转换器的传输特性曲线。

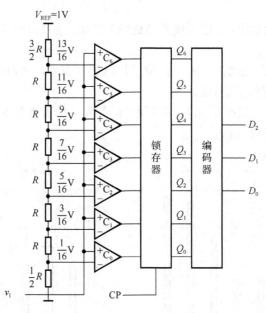

图 8.14　3 位并行比较 A/D 转换器电路图

电阻网络按照量化单位 $\varDelta = V_{REF}/8$ 将参考电压分成 1～7V 的 7 个比较电压，分别接到 7 个比较器的同相输入端。经采样-保持后的输入电压接到比较器的反相输入端。当比较器 $V_- > V_+$ 时，输出为 **0**，否则输出为 **1**。经 74148 级优先编码器编码后便得到了二进制代码输出。

并行比较 A/D 转换器的优点如下：

（1）转换速度快，其精度主要取决于电平的划分；

（2）量化单位越小，即 A/D 转换器的位数越多，精度越高。

并行 A/D 转换器的缺点是：位数每增加一位，比较器的个数就要增加一倍。n 位并行比较 A/D 转换器所用比较器的个数为 $2^n - 1$ 个，当 $n>4$ 时，转换电路将变得很复杂，所以很少采用。

表 8.1　3 位并行比较 A/D 转换器输入与输出关系对照表

输入模拟电压	数字量输出		
v_I / V	D_2	D_1	D_0
$0 < v_I \leqslant 1/16$	0	0	0
$1/16 < v_I \leqslant 3/16$	0	0	1
$3/16 < v_I \leqslant 5/16$	0	1	0
$5/16 < v_I \leqslant 7/16$	0	1	1
$7/16 < v_I \leqslant 9/16$	1	0	0
$9/16 < v_I \leqslant 11/16$	1	0	1
$11/16 < v_I \leqslant 13/16$	1	1	0
$13/16 < v_I \leqslant 15/16$	1	1	1

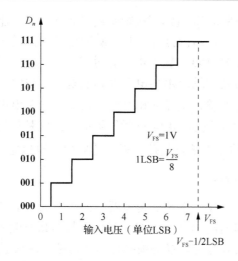

图 8.15　3 位并行比较 A/D 转换器的传输特性曲线

8.2.3　反馈比较式 A/D 转换器

反馈比较式 A/D 转换器的转换原理与天平秤量重物的原理类似。例如,用量程为 15g 的天平秤秤一重物,可以用两种方法：第一种是用每个重 1g 的 15 个砝码对重物进行称量,每次加一只砝码直至天平平衡为止。假如重物重 13g,则需要比较 13 次。第二种办法是用 8g、4g、2g、1g 4 只砝码对重物进行称量,第一次加 8g 砝码,因为 13>8,第二次再加 4g 砝码,因为 13>8+4,第三次再加 2g 砝码,因为 13<8+4+2,取下 2g 砝码,第四次加上 1g 砝码,直到天平达到平衡,称量完毕。第一种方法较慢,与计数型 A/D 转换器类似,而逐次逼近型 A/D 转换器与第二种方法类似。

1. 计数型 A/D 转换器

图 8.16 所示为计数型 A/D 转换器电路图，它由一个计数器、一个 D/A 转换器和一个比较器等组成，其工作原理如下。

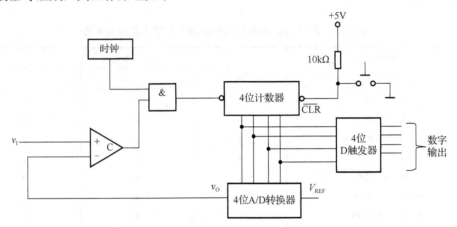

图 8.16　计数型 A/D 转换器电路图

按下启动按钮，计数器清零，D/A 转换器输出为 0V，低于比较器同相端的输入模拟电压 v_I，比较器输出高电平，与门打开，时钟脉冲通过与门送入 4 位计数器。随着计数器所计数字的增加，D/A 转换器的输出电压 v_O 也增加。当 D/A 转换器输出电压 v_O 刚刚超过输入电压 v_I 时，比较器的输出由高电平变为低电平，与门关闭，计数器停止计数。这时计数器所计数字恰好与输入电压 v_I 相对应。在比较器输出由高电平变为低电平时，计数器的输出送入 4 位 D 触发器。4 位 D 触发器的输出就是与输入电压 v_I 相对应的二进制数。这种 A/D 转换器的最大缺点是速度慢。待转换的模拟电压越大，所用时间越长。

2. 逐次逼近型 A/D 转换器

逐次逼近（又称逐次比较）型 A/D 转换器与计数型 A/D 转换器的工作原理类似，也是由内部产生一个数字量送给 D/A 转换器，输出的模拟量与输入的模拟量进行比较。当二者匹配时，其数字量恰好与待转换的模拟信号相对应。逐次逼近型 A/D 转换器与计数型 A/D 转换器的区别在于，逐次逼近型 A/D 转换器是采用自高位向低位逐次比较计数的方法。

图 8.17 和图 8.18 为 4 位逐次逼近型 A/D 转换器的电路图与内部结构图，其由 R-2R 网络型 D/A 转换器、比较器、逐次逼近寄存器（successive approximation register，SAR）和输出寄存器组成，其工作原理如下：

第 1 个时钟脉冲到来时，SAR 最高位置 **1**，即 $D_3 = 1$，其余位为 **0**。SAR 所存数据（**1000**）经 D/A 转换器转换后得到输出电压 v_O，与 v_I 进行比较。若 $v_O > v_I$，则 SAR 被重新置 **0**，$D_3 = 0$，SAR 重新被置成 **0000**。若 $v_O < v_I$，则 $D_3 = 1$ 不变，即 SAR 为 **1000** 不变。

第 2 个时钟脉冲到来时，SAR 次高位置 **1**，即 $D_2 = 1$，D/A 转换器的输出 v_O 再次与 v_I 比较。若 $v_O > v_I$，D_2 置 **0**；若 $v_O < v_I$，则 $D_2 = 1$ 不变。这个过程继续下去，直到最低

位比较完成，SAR 所保留的二进制数字即为待转换的模拟电压 v_I 的值，转换过程完成。

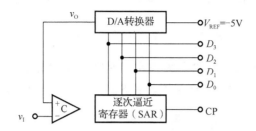

图 8.17 4 位逐次逼近型 A/D 转换器电路图

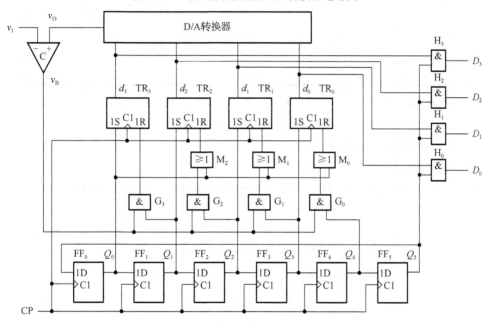

图 8.18 4 位逐次逼近型 A/D 转换器内部结构图

逐次逼近型 A/D 转换器有以下特点：

（1）具有较高的转换速度；

（2）转换精度主要取决于比较器的灵敏度和内部 D/A 转换器的精度；

（3）对输入模拟电压进行瞬时采样比较。

例 8.3 逐次逼近型 A/D 转换器如图 8.17 所示。当 $v_I=1.5V$ 时，试求：

（1）输出的二进制数 $D_3D_2D_1D_0$ 为多少？

（2）转换误差为多少？

（3）如何提高转换精度？

解：（1）量化单位 Δ 为

$$\Delta = \frac{|V_{REF}|}{2^n} = \frac{5}{2^4} = 0.3125 \ (V)$$

由式（8.6）可知：量化误差为 1LSB 时，D/A 转换器输出模拟量 $v_O = \dfrac{V_{REF}}{2^4}\sum\limits_{i=0}^{3}2^i D_i$，

当 SAR 输出 $D_3D_2D_1D_0=\mathbf{1000}$ 时，$v_O = \dfrac{5}{2^4}\times 2^3 = \dfrac{5}{2} = 2.5$（V），$v_I < v_O$，由内部结构图（图 8.18）可知 D_2 保留；后续 CP 触发作用于 SAR，SAR 输出 $D_3D_2D_1D_0$ 依次为 **1000**、**0110**、**0101**。将上述方法得出的结果填入表 8.2，得出处理结果 $D_3D_2D_1D_0=\mathbf{0100}$。

表 8.2　例 8.3 结果

CP	SAR	v_O / V	比较结果	处理
1	1000	2.5	$v_I < v_O$	D_3 不保留
2	0100	1.25	$v_I > v_O$	D_2 保留
3	0110	1.875	$v_I < v_O$	D_1 不保留
4	0101	1.5625	$v_I < v_O$	D_0 不保留

（2）转换误差为

$$1.5-4\times 0.3125 = 1.5-1.25 = 0.25（V）$$

（3）提高转换精度的方法如下：

① 增加位数；

② 在 D/A 转换器的输出端加一个负向偏移电压 $\Delta/2$，如图 8.19 所示。

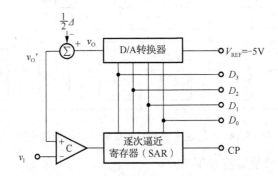

图 8.19　增加负向偏移电压 $\Delta/2$ 后的 A/D 转换器框图

图中，$v_O' = v_O - \Delta/2$，利用表 8.2 计算出负偏移后的输出电压，与输入电压进行比较得出结果 $D_3D_2D_1D_0=\mathbf{0101}$，如表 8.3 所示。

表 8.3　增加负向偏移电压 $\Delta/2$ 后的转换结果

CP	SAR	v_O / V	v_O' / V	比较结果	处理
1	1000	2.5	2.34375	$v_I < v_O'$	D_3 不保留
2	0100	1.25	1.09375	$v_I > v_O'$	D_2 保留
3	0110	1.875	1.71875	$v_I < v_O'$	D_1 不保留
4	0101	1.5625	1.40625	$v_I > v_O'$	D_0 保留

8.2.4 双积分型 A/D 转换器

双积分型 A/D 转换器是一种间接的转换方法，模拟电压首先被转换成时间间隔，然后通过计数器转换成数字量。图 8.20 所示为双积分型 A/D 转换器电路图。它由模拟开关 S_1、S_2、积分器、比较器、控制门、n 位计数器和触发器 FF_n 组成。S_1 受 FF_n 控制，当 $Q_n = 0$ 时，S_1 接待测电压 v_I；当 $Q_n = 1$ 时，S_1 接基准电压 $-V_{REF}$。其转换原理如下。

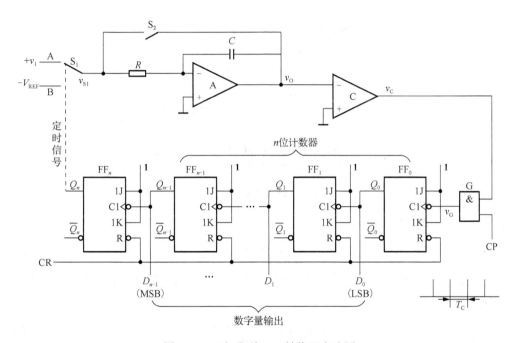

图 8.20　双积分型 A/D 转换器电路图

转换前 S_2 闭合，$v_O = 0$，计数器和触发器 FF_n 清零。转换开始，S_2 断开。因为 $Q_n = 0$，所以 S_1 接待测输入电压 v_I。由于 v_I 为正值，因此积分器做负向积分，比较器输出为 1，控制门 G 打开，计数器开始计数。当计数器计到 2^n 个脉冲时，计数器回到全 0 状态，其进位脉冲将 FF_n 置 1，$Q_n = 1$，S_1 接 $-V_{REF}$ 端。积分器在 $-V_{REF}$ 作用下向正方向积分，v_O 值逐渐升高。但是，只要 $v_O < 0V$，比较器的输出就为 1，门 G 继续打开。于是 S_1 接 $-V_{REF}$ 后，计数器又从零开始计数。若 $|-V_{REF}| > v_I$，则在 $-V_{REF}$ 作用期间，其积分曲线比 v_I 作用期间的积分曲线陡，使得计数器计到全 0 之前 v_O 已经过零。比较器输出为 0，封锁了门 G，计数器停止计数。这时计数器所计数字即为转换的结果。双积分型 A/D 转换器的工作波形如图 8.21 所示。

由图可知，$0 \sim t_1$ 这段时间 S_1 接 v_I。若 v_I 为常数，这段时间积分器的输出为

$$v_O = -\frac{v_I}{RC} \cdot t$$

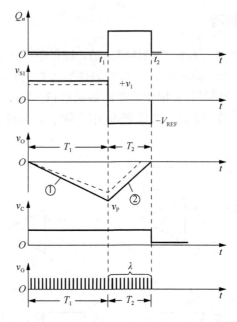

图 8.21 双积分型 A/D 转换器的工作波形图

而 t_1 时刻积分器输出为

$$v_O\left(t_1\right) = -\frac{v_I}{RC} \cdot t_1 \tag{8.10}$$

因为 t_1 时刻恰好为计数器计满 2^n 个脉冲的时间。若脉冲周期为 T_C，则将 $t_1 = 2^n T_C$ 代入上式得

$$v_O\left(t_1\right) = -\frac{v_I}{RC} 2^n T_C \tag{8.11}$$

t_1 以后，开关 S_1 接 $-V_{REF}$，积分器输出为

$$v_O\left(t_0\right) = v_O\left(t_1\right) + \frac{V_{REF}}{RC}\left(t - t_1\right) = -\frac{v_I}{RC} \cdot 2^n \cdot T_C + \frac{V_{REF}}{RC}\left(t - t_1\right) \tag{8.12}$$

$t = t_2$ 时刻，$v_O = 0$，停止计数。$t = t_2$ 时刻：

$$0 = -\frac{v_I}{RC} 2^n T_C + \frac{V_{REF}}{RC}\left(t - t_1\right) \tag{8.13}$$

若这时计数器所计脉冲个数为 D，则式（8.13）可写为

$$\frac{v_I}{RC} 2^n T_C = \frac{V_{REF}}{RC} \cdot D T_C \tag{8.14}$$

即

$$D = \frac{2^n}{V_{REF}} v_I \tag{8.15}$$

故双积分型 A/D 转换器完成一次转换所需时间为

$$T = \left(2^n + D\right) T_C \tag{8.16}$$

双积分型 A/D 转换器的特点如下：

（1）由于双积分型 A/D 转换器使用了积分器，它转换的是 v_1 的平均值，对交流干扰信号有很强的抑制能力，尤其是对工频干扰。如果转换周期选择合适（如 $2^n T_C$ 为工频电压周期的整数倍），从理论上讲可以完全消除工频干扰。

（2）工作性能稳定。转换精度只与 V_{REF} 有关，只要 V_{REF} 稳定，就能保证转换精度。所以 R、C 的值及时钟周期 T_C 的变化对转换精度无影响。

（3）工作速度低。完成一次转换所需的时间为 $\left(2^n + D\right) T_C$。

（4）由于双积分型 A/D 转换器转换的是 v_1 的平均值，因此它只适用于对直流或变化缓慢的电压进行转换。

8.2.5　A/D 转换器的主要技术指标

A/D 转换器的主要技术指标如下：

（1）转换时间。完成一次 A/D 转换所需要的时间可以定义为每秒转换的次数，即转换速度。例如，某 A/D 转换器的转换时间 $T=1\mathrm{ms}$，那么该 A/D 转换器的转换速度为 $1/T=1000$ 次/s。

（2）分辨率。A/D 转换器的分辨率用输出二进制数的位数表示，位数越多，误差越小，转换精度越高。

例如，一个 8 位 A/D 转换器满量程输入模拟电压为 5V，该 A/D 转换器能够分辨的输入电压为 $5/2^8 = 19.53$（mV），而 10 位 A/D 转换器可以分辨的最小电压为 $5/2^{10} = 4.88$（mV），可见，在最大输入电压相同的情况下，A/D 转换器的位数越多，所能分辨的电压越小，分辨率越高。所以分辨率常常用输出数字量的位数表示。

（3）量化误差。量化误差指量化产生的误差。如前所述，有舍有入量化法的理想转换器的量化误差为 $\pm 1/2\mathrm{LSB}$。

（4）精度。精度指产生一个给定的数字量输出所需模拟电压的理想值与实际值之间的总误差，其中包括量化误差、零点误差及非线性等产生的误差。

在理想情况下，所有的转换点应当在一条直线上。相对精度是指实际的各个转换点偏离理想特性的误差。

8.2.6　集成 A/D 转换器举例

A/D 转换器是将连续变化的模拟信号转换为数字信号，以便计算机等数字系统进行处理、存储、控制和显示；在工业控制和数据采集及许多其他领域中，它是不可缺少的重要组成部分。

目前用软件的方法虽然可以实现高精度的 A/D 转换，但占用 CPU 时间长，限制了应用。作为典型的 A/D 转换芯片 ADC0809，其具有转换速度快、价格低廉及与微型计算机接口简便等一系列优点，目前在 8 位单片机系统中得到了广泛的应用。

1. ADC0809 的主要特性

ADC0809 的主要特性如下：

（1）具有转换启停控制端；

（2）转换时间为 100μs；

（3）单个+5V 电源供电；

（4）低功耗，约 15mW；

（5）八路 8 位 A/D 转换器，即分辨率 8 位；

（6）工作温度范围为-40～+85℃；

（7）模拟输入电压范围为 0～+5V，无须零点和满刻度校准。

2. 内部逻辑结构

ADC0809 的内部逻辑结构图如图 8.22 所示，它主要由 3 个部分组成。第一部分：模拟输入选择部分，包括一个八路模拟开关、一个地址锁存与译码器。输入的 3 位通道地址信号由锁存器锁存，经译码电路后控制模拟开关选择相应的模拟输入。第二部分：转换器部分，主要包括电压比较器、8 位 D/A 转换器、SAR、电阻网络及控制逻辑电路等。第三部分：输出部分，包括一个 8 位三态输出缓冲器，可直接与 CPU 数据总线接口。

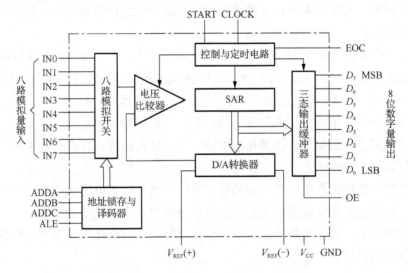

图 8.22　ADC0809 的内部逻辑结构图

由于芯片的性能特点是一个逐次逼近型的 A/D 转换器，外部供给基准电压；分辨率为 8 位，带有三态输出锁存器，转换结束时，可由 CPU 打开三态门，读出 8 位的转换结果；有 8 个模拟量的输入端，可引入八路待转换的模拟量。

3. 转换过程

1）转换时序

ADC0809 控制信号的时序波形图如图 8.23 所示，该图描述了各信号之间的时序关系。

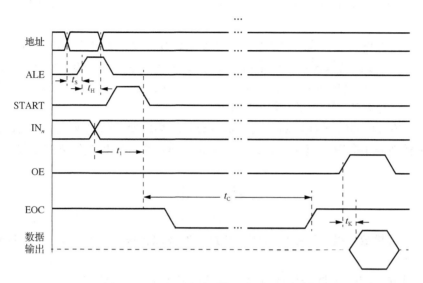

图 8.23　ADC0809 控制信号的时序波形图

ALE 信号在地址信号有效后加入，在其上升沿将地址信号锁存于地址锁存与译码器，选择输入通道，在通道信号有效后经 t_1 时间，在 START 的下降沿电路开始 A/D 转换。经 t_C 时间转换结束，EOC 的高电平将结果存于三态输出缓冲器，当 OE 的高电平到来后的 t_K 时间，数字信号送出。

2）参考电压的调节

在使用 A/D 转换器时，为保证其转换精度，要求输入电压满量程使用。若输入电压动态范围较小，则可调节参考电压 V_{REF}，以保证小信号输入时 ADC0809 芯片 8 位的转换精度。

3）接地

A/D、D/A 转换电路中需要特别注意地线的正确连接，否则会产生严重的干扰，影响转换结果的准确性。A/D、D/A 及采样-保持芯片上都提供了独立的模拟地（AGND）和数字地（DGND）的引脚。在线路设计中，必须将所有器件的模拟地和数字地分别相连，然后将模拟地与数字地仅在一点上相连接。

本 章 小 结

本章主要讲解 A/D 转换器和 D/A 转换器，A/D 转换器、D/A 转换器转换的基本原理及主要技术指标。

在 D/A 转换器中分别介绍了权电阻网络型和倒 T 形电阻网络 D/A 转换器具有如下特点：电阻网络仅有 R 和 $2R$ 两种阻值；各 $2R$ 支路电流 I 与相应 0 数码状态无关，是一定值；由于支路电流流向运算放大器反相端时不存在传输时间，因而具有较高的转换速度。

不同结构 A/D 转换器有各自的特点，在要求转换速度高的场合，可选用并行 A/D 转换器；在要求精度高的情况，可以采用双积分 A/D 转换器，也可选用高分辨率的其他形式 A/D 转换器，但是成本会增加。由于逐次逼近型 A/D 转换器在一定程度上兼顾了以上两种转换器的优点，因此得到普遍应用。

A/D 转换器和 D/A 转换器的主要技术参数是转换精度和转换速度。目前，A/D 转换器与 D/A 转换器正向着高速度、高分辨率和易于与微型计算机连接方向发展。

习 题

8-1 实现模数转换一般要经过哪 4 个过程？按照工作原理不同分类，A/D 转换器可分为哪两种？

8-2 试问双积分 A/D 转换器输出数字量与下述哪些参数有关？

①积分时间常数；②时钟脉冲频率；③输入信号电压；④计数器位数；⑤运算放大器的零漂。

8-3 比较并行比较 A/D 转换器、逐次逼近型 A/D 转换器、双积分型 A/D 转换器的优、缺点，并简述应如何根据实际系统要求合理选用 A/D 转换器。

8-4 在应用 A/D 转换器过程中应注意哪些主要问题？如某人用满量程为 10V 的 8 位 A/D 转换器对输入信号幅值为 0.5V 的电压进行模数转换，你认为这样使用正确吗？为什么？

8-5 倒 T 形电阻网络 D/A 转换器如图 8.24 所示。

（1）试求输出电压的取值范围；

（2）若要求电路输入数字量为 200H 时输出电压 v_0=5V，则 R 应取何值？

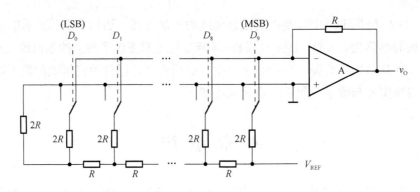

图 8.24 习题 8-5

8-6 试用 D/A 转换器 AD7533 和计数器 74161 组成如图 8.25 所示的阶梯波形发生器，要求画出完整的电路图。

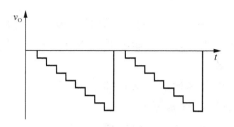

图 8.25　习题 8-6

8-7　n 位权电阻型 D/A 转换器如图 8.26 所示。

（1）试推导输出电压 v_o 与输入数字量的关系式；

（2）当 $n=8$，$V_{REF}=-10V$ 时，如输入数码为 20H，试求输出电压值。

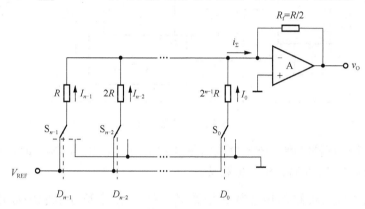

图 8.26　习题 8-7

8-8　10 位 R-$2R$ 网络型 D/A 转换器如图 8.27 所示。

（1）求输出电压的取值范围；

（2）若要求输入数字量为 200H 时输出电压 $v_o=5V$，则 V_{REF} 应取何值？

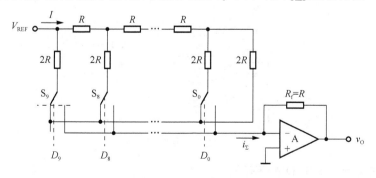

图 8.27　习题 8-8

8-9　已知 R-$2R$ 网络型 D/A 转换器 $V_{REF}=+5V$，试分别求出 4 位 D/A 转换器和 8 位 D/A 转换器的最大输出电压，并说明这种 D/A 转换器最大输出电压与位数的关系。

8-10　已知 R-$2R$ 网络型 D/A 转换器 $V_{REF}=+5V$，试分别求出 4 位 D/A 转换器和 8 位 D/A 转换器的最小输出电压，并说明这种 D/A 转换器最小输出电压与位数的关系。

8-11　由 555 定时器、3 位二进制加法计数器、理想运算放大器 A 构成如图 8.28 所示电路。设计数器初始状态为 **000**，且输出低电平 $V_{OL}=0V$，输出高电平 $V_{OH}=3.2V$，R_d 为异步清零端，高电平有效。

（1）虚框（1）、（2）部分各构成什么功能电路？

（2）虚框（3）构成几进制计数器？

（3）对应 CP 画出 v_O 波形，并标出电压值。

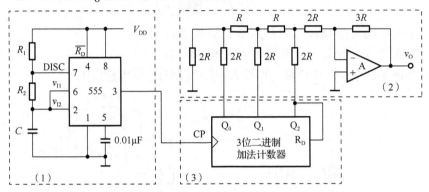

图 8.28　习题 8-11

8-12　一个过程控制增益放大电路如图 8.29 所示，图中当 $D_i=1$ 时，相应的模拟开关 S_i 与 v_I 相接；当 $D_i=0$ 时，S_i 与地相接。

（1）试求该放大电路的电压放大倍数 $A_v = \dfrac{v_O}{v_I}$ 与数字量 $D_3D_2D_1D_0$ 之间的关系表达式；

（2）试求该放大电路的输入电阻 $R_I = \dfrac{v_I}{i_I}$ 与数字量 $D_3D_2D_1D_0$ 之间的关系表达式。

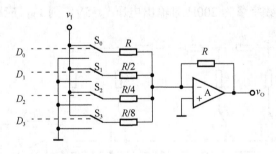

图 8.29　习题 8-12

8-13　对于一个 8 位 D/A 转换器：

（1）若最小输出电压增量 V_{LSB} 为 0.02V，则当输入代码为 **01001101** 时，输出电压 v_O 为多少伏？

（2）假设 D/A 转换器的转换误差为 LSB/2，若某一系统中要求 D/A 转换器的精度小于 60%，那么这个 D/A 转换器能否使用？

8-14　一个 6 位并行比较型 A/D 转换器，为量化 0～5V 电压，问量化值 Δ 应为多少？共需要多少个比较器？工作时是否需要采样–保持电路?为什么？

8-15　图 8.30（a）所示为 4 位逐次逼近型 A/D 转换器，其 4 位 D/A 转换器的输出波形 v_O 与输入电压 v_I 分别如图 8.30（b）和图 8.30（c）所示。

（1）转换结束时，图 8.30（b）和图 8.30（c）的输出数字量各为多少？

（2）若 4 位 A/D 转换器的输入满量程电压 $V_{FS}=5V$，估计两种情况下的输入电压范围各为多少？

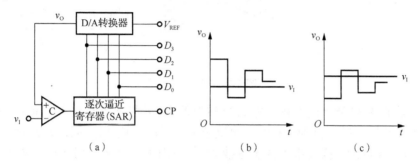

图 8.30　习题 8-15

8-16　计数型 A/D 转换器如图 8.31 所示。D/A 转换器输出最大电压 $v_{omax}=5V$，v_I 为输入模拟电压，X 为转换控制端，CP 为时钟输入，转换器工作前 $X=0$，R_D 使计数器清零。已知，当 $v_I > v_O$ 时，$v_C=1$；当 $v_I \leqslant v_O$ 时，$v_C=0$。当 $v_I=1.2V$ 时，试问：

（1）输出的二进制数 $D_4D_3D_2D_1D_0$ 为多少？

（2）转换误差为多少？

（3）如何提高转换精度？

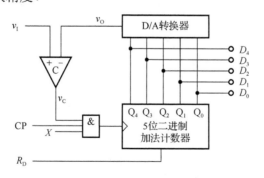

图 8.31　习题 8-16

8-17　10 位双积分型 A/D 转换器的基准电压 $V_{REF}=8V$，时钟频率 f_{CP} 为 1MHz，则当输入电压 $v_I=2V$ 时，完成一次 A/D 转换所需要的时间为多少？

8-18　双积分型 A/D 转换器如图 8.32 所示。

（1）若被测电压 $v_{I(max)}=2V$，要求分辨率不大于 2×10^4，则二进制计数器的计数总容量 N 应大于多少？

（2）需要多少位的二进制计数器？

（3）若时钟频率f_{CP}=200kHz，则采样-保持时间为多少？

（4）若f_{CP}=200kHz，$|v_I| < |V_{REF}| = 2V$，转换器输出电压的最大值为 5V，此时积分时间常数RC为多少毫秒？

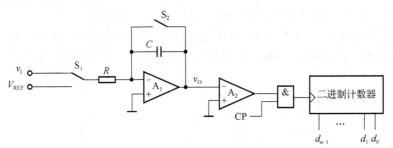

图 8.32 习题 8-18

8-19 在图 8.20 所示的双积分型 A/D 转换器中，若将计数器改为 4 位十进制计数器（计数器共有 5 位，低 4 位为十进制，最高位为二进制，计数器的计数容量为 19999），并要求 A/D 转换器的转换速率不低于每秒 25 次，试计算计数器的时钟信号频率是多少？

8-20 将 4 位同步二进制加法计数器的输出作为 4 位二进制 D/A 转换器的输入，若时钟频率为 56kHz，试画出 D/A 转换器的输出电压波形，并求出输出波形的频率。

第9章　数字系统分析及设计

前面各章已较全面地介绍了常用的组合逻辑电路和时序逻辑电路，这些电路属于小规模集成电路或中规模集成电路，电路组成比较简单，仅能完成某种特定的逻辑操作，属于功能部件级电路。当使用这些逻辑部件设计功能复杂的数字系统时，由于数字系统内部状态变量很多，使用之前介绍的状态转换表、卡诺图等逻辑工具来设计是非常困难的。本章讨论如何用这些功能部件级电路设计复杂的、规模较大的数字系统，完成复杂的逻辑功能。数字系统的设计有两种方法：一种是利用定制的集成电路设计，考虑的问题比较复杂；另一种是用超高速集成电路硬件描述语言（very-high-speed integrated circuit hardware description language，VHDL）设计后，在可编程逻辑器件中实现，这在当前数字系统设计中使用普遍，已经成为数字系统设计的主流。

9.1　数字系统设计概述

数字系统是指由若干逻辑部件构成的、能够处理或传送数字信息的设备。数字系统的组成框图如图 9.1 所示，系统的核心包括运算器、控制器和存储器。运算器的基本功能是完成对各种数据的加工处理操作。运算器按照功能又可分解成若干子处理单元，每个子处理单元完成某个局部操作，计数器、寄存器、译码器等都可作为一个典型的子处理单元。控制器是控制系统内各部分协同工作的电路，它根据外部输入信号及外部电路送来的反映当前状态的应答信号，产生对外部子电路的控制信号及系统对外界的输出信号，使各模块按照正确的时序进行工作。控制器管理各个子系统的局部操作，使它们有条不紊地按照规定顺序进行操作。由图可知，较大的数字系统还设置了输入、输出接口和存储器。输入、输出接口主要用于系统和外界交换信息。存储器用来存储数据和各种控制信息，以供控制器调用。

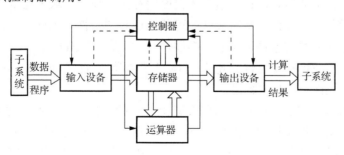

图 9.1　数字系统的组成框图

控制器是区分逻辑功能部件和数字系统的标志。凡是包含控制器且能在电路主频的推动下，顺序进行操作的系统，统称为数字系统。例如，存储器的容量可以达到数百兆字节，但是它没有控制电路，且只是实现了单一的数据存储功能，只能算作一个功能部件。

数字系统的规模可大可小，复杂程度也有相当大的差别，它们通常由许许多多组合和时序功能部件连接而成，整个系统按照一定的规则和要求，实现复杂的逻辑操作。

在传统的数字逻辑理论中，由真值表、卡诺图、布尔方程、状态表和状态图来完整描述逻辑电路的功能。这样的描述方式对于输入变量、状态变量和输出个数较少的、简单的数字系统还适用，但是采用这种设计方法所设计的数字系统，其设计质量主要取决于设计者对逻辑设计的熟悉程度和经验，电路的调试十分困难，修改和升级非常不便，不能适应多功能、大规模数字系统的设计要求。

一个复杂的数字系统，内部状态变量很多，若用传统的方法和工具（真值表、卡诺图）来描述和设计，显然是困难的，因此必须寻求从系统总体出发来描述和设计数字系统的方法。

例如，自上而下（from top to down）的设计方法是设计者从整个系统功能出发，进行最上层的系统设计，然后将全局系统划分成若干子系统，逐级向下，直至分成许多基本模块（甚至单片芯片）来实现。系统设计的主要任务是设计控制电路，控制电路在系统或子系统中只有一个，一般的设计工作不是很复杂。从整体上看，自上而下的设计方法就是将一个复杂的系统设计工作转化为一个小规模的控制电路和一些基本模块的设计，而很多基本模块在前面的章节中都已经进行了介绍，只需对控制电路进行适当的修改，就可以实现各种不同的系统任务，给系统升级和调试带来了方便。

硬件程序法采用硬件描述语言来表达数字系统中信息的传递和处理过程，再转化为硬件结构，目前在数字系统设计中被广泛应用。本节主要介绍这种语言的基本语法、硬件实现方法及如何用它来描述和设计数字系统。

9.1.1　硬件描述语言

硬件描述语言发展至今已有多年的历史，已经成功地应用于数字系统设计的各个阶段：建模、仿真、验证和综合等。自 20 世纪 80 年代以来，出现了由各个公司自行开发和使用的多种硬件描述语言，这些语言各自面向特定的设计领域和层次，但是众多的语言使用户无所适从，也降低了电路设计的可移植性和通用性。因此，急需一种面向设计的多领域、多层次并得到普遍认同的标准硬件描述语言。VHDL 和 Verilog HDL 适应了这种趋势的要求，先后被确定为电气与电子工程师学会（Institute of Electrical and Electronics Engineers，IEEE）标准。

Verilog HDL 是 1983 年在 C 语言的基础上开发的一种专用硬件描述语言。其从 C 语言中继承了多种操作符和结构，源文本文件由空白符号分割的词法符号流组成。词法符号的类型有空白符、注释、操作符、数字、字符串、标识符和关键字等，从形式上和 C 语言有很多相似之处。

1. Verilog HDL 基本程序结构

Verilog HDL 采用模块化的结构，以模块集合的形式来描述数字系统。模块（module）是 Verilog HDL 中描述电路的基本单元。模块对应于硬件上的逻辑实体，描述这个实体的功能或结构，以及与其他模块的接口。模块可以描述简单的逻辑门，也可以描述功能复杂的系统，基本语法结构如下：

module<模块名>（<端口列表>）
<变量定义>
<结构描述或功能描述>
endmodule

Verilog HDL 词法表示符有分隔符、注释符、操作符、数值通量、字符串、标识符和关键字。分隔符的作用是分割词法标识符，在必要的地方插入分隔符可增强源文件的可读性。注释符分为单行注释和多行注释。单行注释以"//"起始，到行末；多行注释以"/*"起始，以"*/"结束。

Verilog HDL 中的操作符（即运算符）大致分为算术操作符、逻辑操作符、比较操作符等，常见的操作符如表 9.1 所示。

表 9.1　Verilog HDL 中常见的操作符

操作符种类	操作符及功能	简要说明
算术操作符	+、−、×、/（除）、%（整除）	二元操作符
比较操作符	>、<、≤、≥、==、!=	二元操作符，返回值为布尔形式
逻辑操作符	&&、!、||	对应逻辑运算"与""非""或"
位操作符	~、&、|、^	逐位进行的位操作符
移位操作符	≪、≫	二元操作符，空缺位补 0.
条件和连接操作符	?：、、{, }	?：为三元操作符，即条件操作符有 3 个操作数。例如，a?b:c 的含义是如果条件 a 是逻辑 1，则返回 b；否则返回 c。{,}将两个或两个以上用"，"分割的表达式逐位连接

同其他语言一样，各类操作符之间具有优先级之分。

Verilog HDL 中的数值常量有整型和实型两大类，分为十进制（D）、十六进制（H）、八进制（O）和二进制（B）。在数值前加上"+"或"−"表示该数值是一个有符号数。

Verilog HDL 编程最终是为了实现硬件电路，所有数值都有 4 个基本值：'1'、'0'、'X'（未知）和'Z'（高阻）。

2. 功能模块描述方式

模块的描述有行为描述和结构描述两种。行为描述通过行为语句来描述电路要实现的功能，表示输入与输出之间转换的行为，不涉及电路的具体结构设计。从这个角度来讲，行为描述是一种高级的描述方式。结构描述是通过对组成电路的各个部分之间的连接关系的描述来说明电路的组成，模块之间可以嵌套调用。从结构上而言，任何硬件电路都是由一级级的不同层次的若干功能单元组成的，因此结构描述很适合对电路的层次化进行描述。结构描述中的最小单元是门电路和 MOS 开关。下面通过二选一数据选择器来分析这两种描述的区别。

二选一数据选择器的行为描述如下：

```
module mux21(a,b,s,out);
input a,b,s;
output out;
assign out=s ? a:b;
endmodule
```

二选一数据选择器的门级电路图如图 9.2 所示，其结构描述如下：

```
module mux_21(a,b,s,out);
input a,b,s;
output out;
wire out1,out2,ns;
and a1(out1,a,s);
not n1(ns,s);
and a2(out2,b,ns);
or o1(out,out1,out2);
endmodule
```

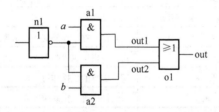

图 9.2 二选一数据选择器门级电路图

9.1.2 Verilog HDL 设计逻辑电路的实例

本小节通过两个例子进一步说明 Verilog HDL 设计电路的方法。

例 9.1 用 Verilog HDL 对图 9.3 所示的 4 位加法器做逻辑功能描述。

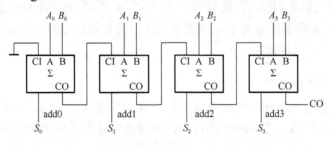

图 9.3 例 9.1

解：加法器是算术逻辑单元的核心部件，本例中使用串行进位的方式构成 4 位全加器。Verilog HDL 描述如下：

```
module add4b(A,B,CI,S,CO) :          //模块名和端口名
parameter size=4;                    //加数位宽用参数代替，便于升级和修改
input [size-1:0] A,B;
iutput CI;
output CO;
wire[1:size-2]Ctemp                  //定义模块内部的连接线
fulladd                              //调用底层模块 1 位全加器
add0(A[0], B[0], CI, S[0], Ctemp[1]),
add1(A[1], B[1], Ctemp[1], S[1], Ctemp[2]),
add2(A[2], B[2], Ctemp[2], S[2], Ctemp[3]),
add3(A[3], B[3], Ctemp[3], S[3], CO),   //实例化 4 个 1 位全加器
endmodule
```

上面的代码中调用了 1 位全加器 fulladd，全加器的门级电路可用图 9.4 所示电路实现，对 1 位全加器的行为描述如下：

```
module fulladd(Ai,Bi,C(i-1),Si,Ci);
input Ai,Bi,C(i-1);
output Si,Ci;
assign Si=Ai^Bi^C(i-1);              //Si=Ai⊕Bi⊕C(i-1)
assign Ci=Ai&Bi|(Ai|Bi)C(i-1)       //Ci=AiBi+(Ai+Bi)C(i-1)
endmodule
```

例 9.2 用 Verilog HDL 设计具有图 9.5 所示状态转换图的逻辑电路。

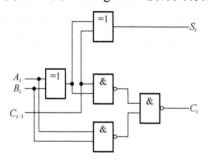
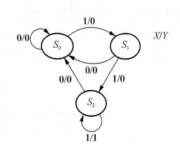

图 9.4　1 位全加器门级电路图　　　　图 9.5　例 9.2 电路状态转换图

解：图 9.5 是序列检测电路的状态转换图。使用 Verilog HDL 可以对状态转换图进行有限状态机级别的行为描述，从而实现电路的逻辑功能。其中状态机是组合逻辑和寄存器的特殊组合，类似时序逻辑电路设计中状态定义和原始状态转换图的设计步骤。电路的有限状态机设计代码如下：

```
module fsm(x,y,cp);                  //x，y 分别为电路的输入和输出
input x,cp;
output y;
reg out;                             //定义输出变量为寄存器级输出
reg [1:0] state,next_state;          //电路有 3 个状态，需要 2 个寄存器
always @(x or state) begin           //根据输入和现态判断次态
y=state[1]&(~state[0]);              //计算输出的值
if(state==0)
```

```
        if(x)  next_state=1;                //现态为 0，且输入 1，次态为 1
    if (state==1)
        if(x) next_state=2;
        else next_sate=0;                   //现态是 1，输入 1，次态为 2，否则回 0
    if (state==2)  begin
        if(x) next_sate=2;
        else next_stat=0;                   //现态位，输入 1，次态为 2，否则回 0
    end
    end                                      //上述实现了根据输入和现态的译码
    always @(posedge,cp)   begin             //时钟信号边沿实现状态转换
        state<=nest_state;
    end
    endmodule
```

上述行为描述没有直接指明或涉及实现这些行为的硬件结构，只是描述了输入与输出之间的转换行为，在复杂数字系统设计中更有优势。

9.2　简易计算机的功能分析与电路设计

前面介绍了用硬件描述语言进行电路设计的基本方法。这一节借助 Verilog HDL，采用自上而下的设计方法，介绍简易计算机系统的设计与实现。

图 9.6 描述数字系统自上而下的分层设计流程。在每一个层次上，大体有描述、划分、综合和验证 4 种工作。系统划分就是将系统分割为各个功能模块，给出子模块之间的信号连接关系，并验证各个模块，确定系统的关键时序，是数字系统设计的关键步骤。对一个系统进行正确的划分，必须对该系统应完成的功能进行详细的了解和分析，在此基础上先确定系统的总体结构，再进行结构划分。

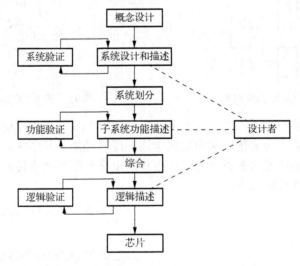

图 9.6　自上而下的数字系统设计流程图

9.2.1 简易计算机基本结构

数字计算机是典型的数字系统之一。它能够对输入信息进行处理和运算。例如，设计一个计算机系统，以执行基本的算术运算 12×(18+6)+4 为例，参照 9.1 所示的数字系统的组成框图，该算术运算可拆分为以下顺序执行过程：将 18 和 6 从外设中分别读入存储器；执行 18+6=24，将结果存入第 3 个存储器；执行 12×24，用获得的积替换第 3 个存储器中的中间结果；用第 3 个存储器值+4，替换原值。

在上述执行过程中，运算器负责执行每一步的算术运算，运算器是在全加器的基础上增加了一些逻辑门及功能选择控制端，既可以执行算术运算，也可以实现逻辑运算（常见的中规模集成电路为 74181）。存储器用来存储原始的数据及中间结果。控制器作为整个数字系统的"大脑"，产生一系列有顺序的控制信号。运算器、控制器和存储器构成了整个计算机系统的核心，统称为 CPU。

9.2.2 简易计算机框图设计

通过 9.3.1 节的分析，我们了解了运算器、存储器、控制器在简易计算机系统中的基本功能，在此基础上就可以进行逻辑框图的绘制了，为模块分割做好准备。

（1）存储器模块用来存储指令代码和数据，并能按照控制器发出的命令将指令代码和数据按顺序取出，所以存储器模块必须有一个能顺序存放指令代码和数据的存储器。存储器每个存储单元都有一个地址号，为了从存储器中按顺序取出指令代码或数据，必须有一个寄存器存放当前要访问的存储单元的地址，这个寄存器称为地址寄存器。当存储器内容被取出后，首先要放到数据寄存器中暂存起来，然后按照控制命令将数据寄存器所存内容传送到指定的部件中去。综上所述，存储器模块包括以下 3 个逻辑部件：

① 存储器（M）：按照顺序存放指令和代码（由半导体存储器、计数器、译码器构成）。

② 地址寄存器（MAR）：暂存当前要访问的存储器单元的地址（寄存器）。

③ 数据寄存器（DR）：暂存从 M 中读出的指令或代码。

（2）该简易计算机系统中的 ALU 只执行 2 个数相加的运算，必须有 1 个加法器和 3 个寄存器。这 3 个寄存器分别用于存放 2 个加数。在算术运算过程中，每完成一步中间过程，参加此次运算的加数就失去了继续寄存的意义，所以在实际的 ALU 中，只需要 2 个寄存器，其中一个加数寄存器可用 DR 代替，所以 ALU 应包括以下 2 个逻辑部件：

① 累加器（A）：用于保存参加运算的一个加数及运算结果（寄存器）。

② 加法器（FA）：用于完成两个数即时相加运算（加法器）。

（3）控制器的作用就是在时钟脉冲控制下定时向各部件发出控制命令，所以它的功能是按照节拍产生一系列不同的命令，控制各部件完成所规定的动作。

① 程序计数器（PC）：用来寄存要执行的那条指令的地址。每次操作时，PC 将其中存放的地址传送给 MAR，根据 MAR 的地址将 M 中的内容读出，再传到 DR 中，同时 PC+1。

② 指令寄存器（IR）：用来寄存取自 M 的指令代码，并应用译码器将其翻译成相应的指令。译码器的输出控制该指令的操作。

③ 控制电路（CON）：产生各种控制信号，用于控制各逻辑部件在每个时钟周期内所要完成的动作。

④ 节拍发生器用于产生一系列定时节拍，使各部件在规定节拍内完成规定的动作。

⑤ 时钟信号源即计算机系统的主频。计算机系统各部件在统一的时钟控制下，协调整个机器操作的重要信号。

根据上述分析，可得出所设计的简易计算机系统的结构框图，如图 9.7 所示。

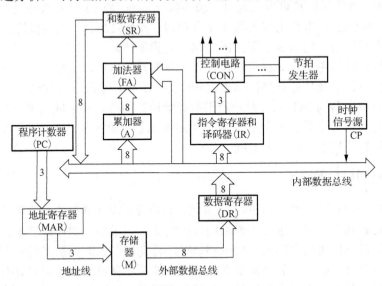

图 9.7 简易计算机的结构框图

计算机系统部件之间连线众多，若使用专用连线易导致接错，总体复杂，体积增大，所以简易计算机系统中用总线结构。在总线结构中，在不同时刻、不同控制命令下，将相应的部件与总线连接，各部件与总线之间必须用三态门连接。

9.2.3 简易计算机部件逻辑图设计

对图 9.7 中的各个逻辑部件选择合适的芯片或者使用 Verilog HDL 设计相应的模块。

在选择芯片时，除要考虑逻辑功能外，还要考虑其他一些性能指标。例如，根据系统频率的要求，合理选择芯片的频率参数。另外，还要考虑芯片的带负载能力、耗散功率、对环境温度的要求，各部件对输入、输出信号的要求等。为了对整本书的内容进行总结，这里选用的芯片都是前面章节介绍过的。

1. 存储器（M）

计算机是按照预先编写的程序进行运算和控制的，所以将编译好的程序写入存储器中，在计算机运行过程中随时对存储器中的内容进行读写操作，因而选用 RAM 存储器。

2. 程序计数器

程序计数器的作用是指向要执行的指令的地址，在循环操作中，需要多次执行代码块，选用 74161 计数器作为程序计数器，其 Verilog HDL 描述如下：

```
module cnt4b(en,clk,cr,co,cq);          //定义模块及输入、输出
input en, clk, cr;
```

```
output co;
output [3:0] cq;                              //4 个触发器的状态
reg[3:0] cnt;
reg co;
always @(posedge clk or posedge cr)           /*根据时钟信号和清零信号判断电路状态
                                              及输出*/
begin
if(cr)   cnt<=4'b0;                           //高电平清零
else if(en)                                   //清零端无效，使能
    if(cnt==4'hf)  cnt<=4'h0;                 //计数到 1111 时，下一个状态回到 0000
    else  cnt<=cnt+1
end
assign cq=cnt;
always @(posedge clk)
begin
if(cnt==4'hf)   co<=4'h1;                      //顺序计数到最大值 1111 时，进位输出为 1
else            co<=4'h0;
end
endmodule
```

3. 寄存器

简易计算机中的寄存器有 3 种，分别是地址寄存器、数据寄存器和指令寄存器。地址寄存器存放当前要访问的存储单元地址，数据寄存器和指令寄存器分别暂存从存储器中读出的数据和指令。可选用位宽为 8 的 D 触发器（如 74LS378）来实现本部件功能。用 D 触发器设计 74LS138 的程序代码如下：

```
module 8d_ff(clk,d,qn)      //定义模块和 I/O
input d,clk;
output qn;
always @(clk,d)
begin
if(clk)   qn<=d;            //时钟信号为高电平时，数据寄存；为低电平时保持
end
endmodule
```

4. 加法器

完成两个 8 位数加法运算可用两片 4 位全加器 74LS83 实现，Verilog HDL 描述参照例 9.1。

5. 节拍发生器

节拍发生器用于产生节拍信号，以控制计算机按照固定节拍有序地工作。第 6 章已介绍过用环形移位寄存器构成的节拍发生器。构成节拍发生器的关键在于环形计数器的初始状态要置成 **1000000**，在 CP 脉冲作用下，这个 **1** 就可以顺序地在计数器中移动，于是就产生了一系列节拍信号。在简易计算机系统中使用 8 位 D 触发器 273 和 74LS74 构成节拍发生器。D 触发器的 Verilog HDL 描述参照寄存器。

6. 控制电路

控制电路使用通用阵列 GAL 实现。

7. 时钟信号

时钟信号用于产生固定频率的方波脉冲，可用 555 定时器组成的多谐振荡器实现。

9.2.4 简易计算机的实现

将 9.2.3 节的各个模块进行连接就完成了简易计算机系统的设计，电路图如图 9.8 所示。

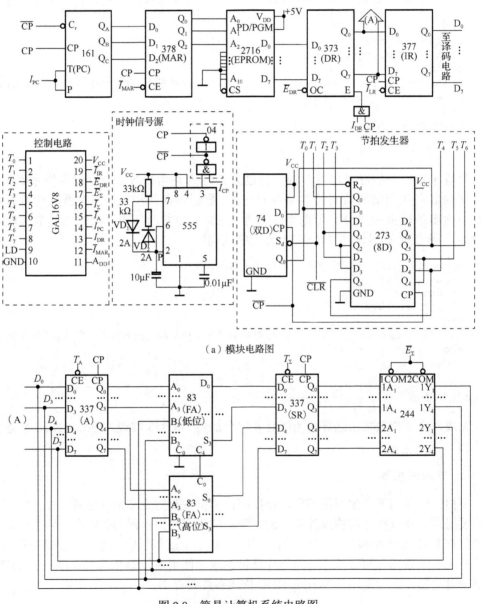

（a）模块电路图

图 9.8 简易计算机系统电路图

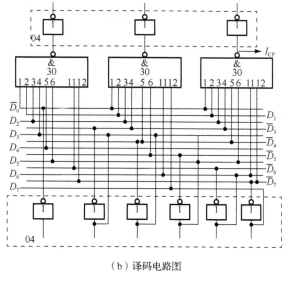

（b）译码电路图

图 9.8 （续）

本 章 小 结

　　Verilog HDL 是一种硬件描述语言，用于从算法级、门级到开关级的多种抽象设计层次的数字系统建模。Verilog HDL 不仅定义了语法，而且对每个语法结构都定义了清晰的模拟、仿真语义。因此，用这种语言编写的模型能够使用 Verilog 仿真器进行验证。Verilog HDL 从 C 语言中继承了多种操作符和结构。Verilog HDL 提供了扩展的建模能力，其中许多扩展最初很难理解。但是，Verilog HDL 的核心子集非常易于学习和使用，这对大多数建模应用来说已经足够。完整的硬件描述语言足以对从最复杂的芯片到完整的电子系统进行描述。

　　数字系统是指由若干逻辑部件构成的、能够处理或传送数字信息的设备。

　　传统数字系统设计的关键之一是选择具体的元器件，并利用这些元器件进行逻辑电路设计，完成系统各个独立的功能模块，最后将各功能模块连接起来，完成整个系统的硬件设计。该过程从最底层开始设计，直至最高层设计完毕。因此是一种自下而上的设计方法。

　　现代数字系统设计采用自上而下的设计方法，从宏观的总体要求入手，尽可能将数字系统划分为较简单的较小的子系统，再通过逻辑接口设计，用各种划分的逻辑电路实现所要求的数字系统。

习　题

9-1　简述计算机系统中算术逻辑单元的构成及主要作用。

9-2　使用 Verilog HDL 描述 8 位二进制乘法器。

9-3　试用 Verilog HDL 编写一个控制电路,实现对 ADC0809 的模/数转换进行控制,并将转换后的结果存放到指定存储单元。

参 考 文 献

白中英, 2007. 数字逻辑与数字系统[M]. 4版. 北京: 科学出版社.

毕满清, 2017. 电子技术实验与课程设计[M]. 4版. 北京: 机械工业出版社.

陈大钦, 罗杰, 2008. 电子技术基础实验: 电子电路实验、设计及现代 EDA 技术[M]. 3版. 北京: 高等教育出版社.

高吉祥, 2002. 电子技术基础实验与课程设计[M]. 北京: 电子工业出版社.

侯建军, 2007. 电子技术基础实验、综合设计实验与课程设计[M]. 北京: 高等教育出版社.

侯建军, 2015. 数字电子技术基础[M]. 3版. 北京: 高等教育出版社.

黄正瑾, 1999. 在系统编程技术及其应用[M]. 南京: 东南大学出版社.

康华光, 2014. 电子技术基础数字部分[M]. 6版. 北京: 高等教育出版社.

李景宏, 王永军, 2017. 数字逻辑与数字系统[M]. 5版. 北京: 电子工业出版社.

林敏, 方颖立, 2002. VHDL 数字系统设计与高层次综合[M]. 北京: 电子工业出版社.

刘宝琴, 罗嵘, 王德生, 2007. 数字电路与系统[M]. 2版. 北京: 清华大学出版社.

毛法尧, 2007. 数字逻辑[M]. 2版. 北京: 高等教育出版社.

潘松, 黄继业, 2005. EDA 技术实用教程[M]. 2版. 北京: 科学出版社.

孙肖子, 2008. CMOS 集成电路设计基础[M]. 2版. 北京: 高等教育出版社.

王志功, 沈永朝, 2004. 集成电路设计基础[M]. 北京: 电子工业出版社.

阎石, 2007. 数字电子技术基本教程[M]. 北京: 清华大学出版社.

阎石, 2016. 数字电子技术基础[M]. 6版. 北京: 高等教育出版社.

张著, 程震先, 刘继华, 1992. 数字设计: 电路与系统[M]. 北京: 北京理工大学出版社.

附录 A　EDA 工具 Quartus Ⅱ 9.0 简介

Quartus Ⅱ 是阿尔特拉（Altera）公司推出的综合性复杂可编程逻辑器件（complex programmable logic device，CPLD）/现场可编程逻辑门阵列（field programmable gate array，FPGA）开发软件，软件支持原理图、硬件描述语言（VHDL、Verilog HDL 及 AHDL）等多种设计输入形式，内嵌自有的综合器及仿真器，可以完成从设计输入到硬件配置的完整可编程逻辑器件（programmable logic device，PLD）的设计流程。

Quartus Ⅱ 可以在 Windows、Linux 及 UNIX 上使用，除可以使用 Tcl 脚本语言完成设计流程外，还提供了完善的用户图形界面设计方式，具有运行速度快、界面统一、功能集中、易学易用等特点。

Quartus Ⅱ 支持 Altera 的 IP 核，包含 LPM/MegaFunction 宏功能模块库，使用户可以充分利用成熟的模块，简化设计的复杂性，加快设计速度。对第三方 EDA 工具的良好支持也使用户可以在设计流程的各个阶段使用熟悉的第三方 EDA 工具。

此外，Quartus Ⅱ 通过与 DSP Builder 工具和 Matlab/Simulink 相结合，可以方便地实现各种数字信号处理器（digital signal processor，DSP）应用系统；支持 Altera 的片上可编程系统（system on a programmable chip，SOPC）开发，集系统级设计、嵌入式软件开发、可编程逻辑设计于一体，是一种综合性的开发平台。

1. Quartus Ⅱ 9.0 软件的用户界面

双击桌面上的 Quartus Ⅱ 9.0 快捷方式图标（图 A.1），打开 Quartus Ⅱ 软件。用户界面如图 A.2 所示。

图 A.1　Quartus Ⅱ 图标

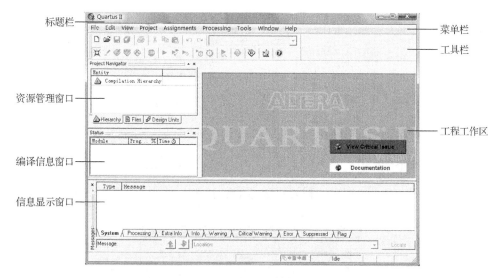

图 A.2　Quartus II 9.0 的用户界面

标题栏：显示当前工程的路径和工程名。

菜单栏：主要由文件（File）、编辑（Edit）、视图（View）、工程（Project）、资源分配（Assignments）、操作（Processing）、工具（Tools）、窗口（Window）和帮助（Help）等菜单组成。

工具栏：包含常用命令的快捷图标。

资源管理窗口：用于显示当前工程中所有相关的资源文件。

工程工作区：当 Quartus II 实现不同的功能时，此区域将打开对应的操作窗口，显示不同的内容，进行不同的操作，如器件设置、定时约束设置、编译报告等均显示在此窗口中。

编译信息窗口：主要显示模块综合、布局布线过程及时间。

信息显示窗口：主要显示模块综合、布局布线过程中的信息，如编译中出现的警告、错误等，同时给出警告和错误的具体原因。

2. 新建项目工程

由于 Quartus II 只对项目进行编译、模拟、编程，不对单独的文件进行，因此进行设计的第一步就是新建工程。

对于一个设计，需要创建一个单独的目录保存，该目录的路径从根目录开始必须是英文名称，任何一级目录不能出现中文字样，且不能包含空格，否则在读文件时会发生错误。

新建项目工程操作步骤如下：

打开软件，选择菜单栏中的 File→New Project Wizard→Next 命令，打开新建工程对话框，按图 A.3 所示的步骤进行设置，单击 Next 按钮，打开如图 A.4 所示的加入文件对话框。

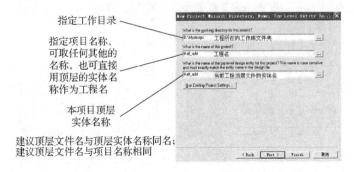

指定工作目录

指定项目名称，可取任何其他的名称，也可直接用顶层的实体名称作为工程名

本项目顶层实体名称

建议顶层文件名与顶层实体名称同名；建议顶层文件名与项目名称相同

图 A.3　新建工程对话框

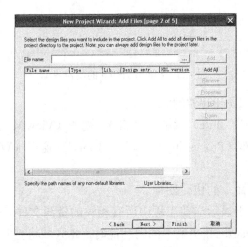

图 A.4　将本项目所需文件包含进来

单击 File name 文本框右侧的"…"按钮，可以将与工程相关的所有 verilog 文件（如果有）加入此工程中。将文件加入此工程的方法有两种：第一种方法是单击 Add 按钮，从工程目录中选出相关的 verilog 文件；第二种方法是单击 Add All 按钮，将设定的工程目录中的所有 verilog 文件加入工程文件栏中。如果还没有建立 verilog 文件，则直接单击 Next 按钮即可。单击 Next 按钮，打开如图 A.5 所示的指定目标器件（芯片）对话框。

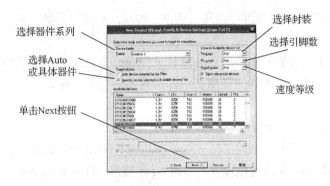

选择器件系列

选择Auto或具体器件

单击Next按钮

选择封装

选择引脚数

速度等级

图 A.5　指定目标器件（芯片）对话框

按图中步骤进行设置，单击 Next 按钮，打开如图 A.6 所示的指定第三方 EDA 工具的对话框。

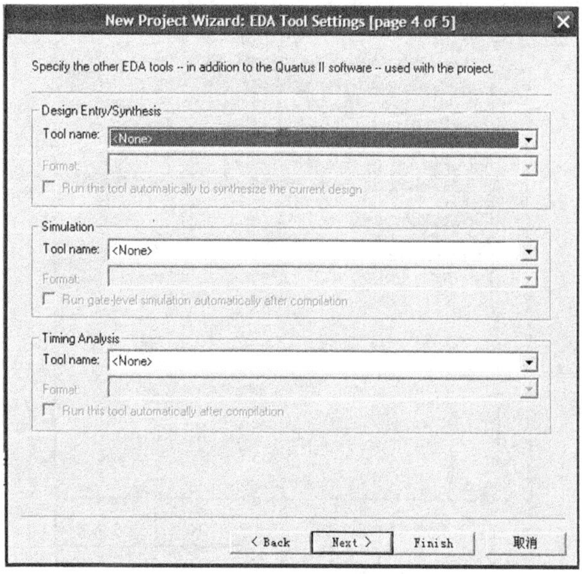

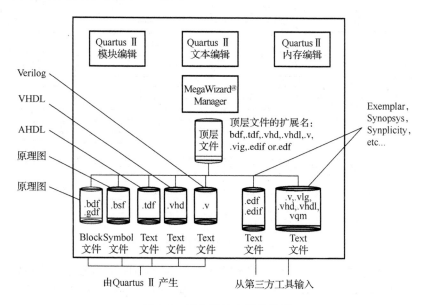

图 A.6　指定所需的第三方 EDA 工具对话框

用户可以选择所用到的第三方工具，如 ModleSim、Synplify 等。如果没有调用第三方工具，可以都不选，直接单击 Finish 按钮，结束新建项目工程操作。

3．输入设计文件

输入设计文件的种类如图 A.7 所示。

图 A.7　输入设计文件的种类

下面以原理图输入法为例，讲解输入设计文件的方法：

（1）新建项目工程之后，便可以进行电路系统设计文件的输入。选择 File→New 命令，打开如图 A.8 所示的新建设计文件类型选择对话框。

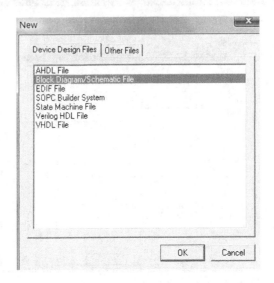

图 A.8　新建设计文件类型选择对话框

（2）选择 Device Design Files 选项卡中的 Block Diagram/Schematic File 命令，单击 OK 按钮，打开如图 A.9 所示的图形编辑器窗口，进行设计文件输入。

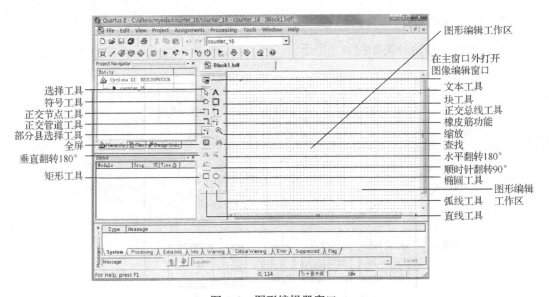

图 A.9　图形编辑器窗口

（3）在图形编辑窗口中的任何一个位置双击，或单击图中的符号工具按钮，或选择菜单栏中的 Edit→Insert Symbol 命令，打开如图 A.10 所示的 Symbol 对话框。

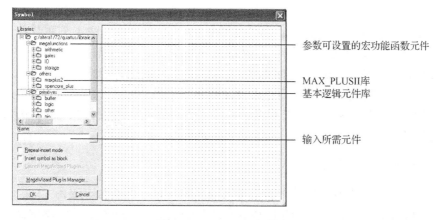

图 A.10　Symbol 对话框

（4）单击单元库前面的加号，库中的元件符号以列表的方式显示出来，选择所需要的元件符号，该符号显示在 Symbol 对话框的右边，单击 OK 按钮，在图形编辑工作区中添加相应元件符号，连接原理图。注意：信号线标号（选中该线，右击，在弹出的快捷菜单中选择 Properties 命令并输入标号名即可）与总线标号要一致。图 A.11 所示为编辑好的十进制同步计数器的原理图。

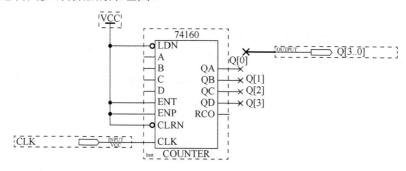

图 A.11　编辑好的十进制同步计数器原理图

（5）保存原理图文件，将文件存入工程文件夹。选择 Project→Set as top_Level_Entity 命令，将该文件置为顶层，以便后续编译操作。

原理图输入法可以与传统的数字电路设计方法接轨，即使用传统设计方法得到电路原理图，然后在 Quartus II 平台完成设计电路的输入、仿真验证和综合，最后下载到目标芯片中。它将传统的电路设计过程中的布局布线、绘制印制电路板、电路焊接、电路加电测试等过程取消，提高了设计效率，降低了设计成本，降低了设计者的劳动强度。

4. 编译设计文件

Quartus II 编译器的主要任务是对设计项目进行检查并完成逻辑综合，同时将项目最终设计结果生成器件的下载文件。编译开始前，可以先对工程的参数进行设置。

Quartus II 软件中的编译类型有全编译和分步编译两种。

选择 Process→Start Compilation 命令，或者在工具栏上直接单击图标 ▶，可以进行全编译。全编译过程包括分析与综合（Analysis & Synthesis）、适配（Fitter）、编程（Assembler）、时序分析（Classical Timing Analysis）4 个环节，这 4 个环节各自对应相应的菜单命令，可以单独分步执行，也就是分步编译。

全编译操作简单，适合简单的设计。对于复杂的设计，选择分步编译可以及时发现问题，提高设计纠错的效率，从而提高设计效率。编译完成后，编译报告（Compilation Report）窗口会报告工程文件编译的相关信息，如编译的顶层文件名、目标芯片的信号、引脚的数目等。

5. 建立仿真设计文件

仿真的目的就是在软件环境下验证电路的行为与设计的是否一致。

CPLD/FPGA 中的仿真分为功能仿真和时序仿真。功能仿真着重考察电路在理想环境下的行为和设计构想的一致性；时序仿真在电路已经映射到特定的工艺环境后，考察器件在延时情况下对布局布线网表文件进行的一种仿真。

仿真一般包括建立波形文件、输入信号节点、编辑输入信号、保存波形文件和运行仿真器等过程。

1）建立波形文件

波形文件用来为设计产生输入激励信号。利用 Quartus Ⅱ 9.0 波形编辑器可以创建矢量波形文件（.vwf）。

创建一个新的矢量波形文件的操作步骤如下：

（1）选择 File→New 命令，打开新建对话框。

（2）选择 Verification/Debugging Files→Vector Waveform File 命令，单击 OK 按钮，打开一个空的波形编辑器窗口，如图 A.12 所示。波形编辑器窗口主要包括信号栏、工具栏和波形栏。

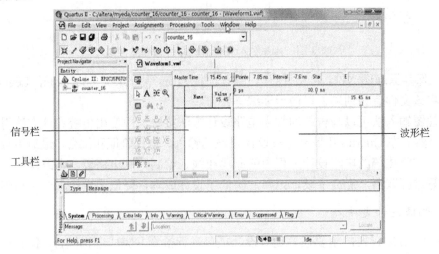

图 A.12　波形编辑器窗口

2）输入信号节点

在波形编辑方式下，选择 Edit→Insert Node or Bus 命令，或者在波形编辑器窗口左边 Name 列的空白处右击，打开 Insert Node or Bus 对话框，如图 A.13 所示。

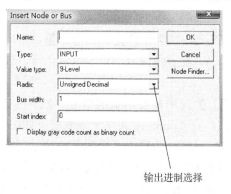

输出进制选择

图 A.13　Insert Node or Bus 对话框

单击 Node Finder 按钮，打开 Node Finder 对话框，在此对话框中添加信号节点，操作过程如图 A.14 所示。

第一步　　　　　第二步
找到设计文件　　单击引脚列表

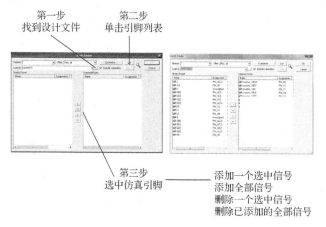

第三步　　　　　　添加一个选中信号
选中仿真引脚　　　添加全部信号
　　　　　　　　　删除一个选中信号
　　　　　　　　　删除已添加的全部信号

图 A.14　添加信号节点

3）编辑输入信号

编辑输入信号是指在波形编辑器窗口中指定输入节点的逻辑电平变化，编辑输入节点的波形。

在仿真编辑窗口的工具栏中列出了各种功能选择按钮，主要用于绘制、编辑波形，给输入信号赋值。具体功能如下：

A：在波形文件中添加注释。

⌘：修改信号的波形值，将选定区域的波形更改为原值的相反值。

▣：全屏显示波形文件。

⊕：放大、缩小波形。

🔍：在波形文件信号栏中查找信号名，可以快捷找到待观察信号。

：将某个波形替换为另一个波形。

：给选定信号赋原值的反值。

：输入任意固定的值。

：输入随机值。

：U 为给选定的信号赋值，X 表示不定态，0 表示赋 **0**，1 表示赋 **1**，Z 表示高阻态，W 表示弱信号，L 表示低电平，H 表示高电平，DC 表示不赋值。

：给信号赋计数值。先选中需要赋值的信号，然后右击此图标，打开如图 A.15 所示的 Count Value 对话框，在 Counting 选项卡下赋值，如图 A.15（a）所示。

：设置时钟信号的波形参数，先选中需要赋值的信号，然后右击此图标，打开 Clock Value 对话框，在 Timing 选项卡下可以设置输入时钟信号的起始时间（Start Time）、结束时间（End Time）、时钟脉冲周期（Period）、相位偏置（Offset）及占空比，如图 A.15（b）所示。

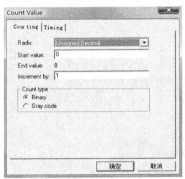
（a）Counting选项卡

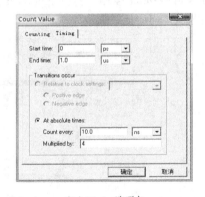
（b）Timing选项卡

图 A.15　Count Value 对话框

4）保存波形文件

Quartus II 软件中默认的是时序仿真，如果进行功能仿真，则需要对仿真进行设置，操作步骤如下：

（1）在 Quartus II 主窗口中选择 Assignments→Settings 命令，进入参数设置页面，单击 Simulation Settings 按钮，在打开的 Simulation mode 对话框中选择 Function 选项。

（2）在 Quartus II 主窗口中选择 Processing→Generate Functional Simulation Netlist 命令，生成功能仿真网表文件。

（3）在 Quartus II 主窗口中选择 Processing→Start Simulation 命令进行功能仿真。

功能仿真满足要求后，还要对设计进行时序仿真，时序仿真可以在编译后直接进行，但是要将 Simulation mode 设置为 Timing，设置后直接选择 Start Simulation 命令，开始时序仿真。图 A.16 为设计好的十进制加法器仿真波形图。

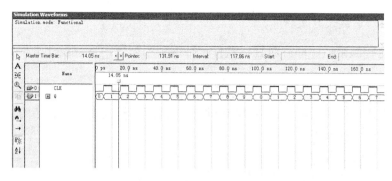

图 A.16　十进制加法器仿真波形图

6. 引脚锁定

引脚锁定是为了对所设计的工程进行硬件测试，将输入/输出信号锁定在器件的某些引脚上。选择 Assigments→Pins 命令，在打开的对话框下方的列表（图 A.17）中列出了本项目所有的输入/输出引脚名。

	Node Name	Direction	Location	I/O Bank	VREF Group	I/O Standard	Reserved
1	bit[7]	Output				3.3-V LVTTL (default)	
2	bit[6]	Output				3.3-V LVTTL (default)	
3	bit[5]	Output				3.3-V LVTTL (default)	
4	bit[4]	Output				3.3-V LVTTL (default)	
5	bit[3]	Output				3.3-V LVTTL (default)	
6	bit[2]	Output				3.3-V LVTTL (default)	
7	bit[1]	Output				3.3-V LVTTL (default)	
8	bit[0]	Output				3.3-V LVTTL (default)	
9	CLK_50MHz	Input				3.3-V LVTTL (default)	
10	seg[7]	Output				3.3-V LVTTL (default)	
11	seg[6]	Output				3.3-V LVTTL (default)	
12	seg[5]	Output				3.3-V LVTTL (default)	
13	seg[4]	Output				3.3-V LVTTL (default)	
14	seg[3]	Output				3.3-V LVTTL (default)	
15	seg[2]	Output				3.3-V LVTTL (default)	
16	seg[1]	Output				3.3-V LVTTL (default)	
17	seg[0]	Output				3.3-V LVTTL (default)	
18	<<new node>>						

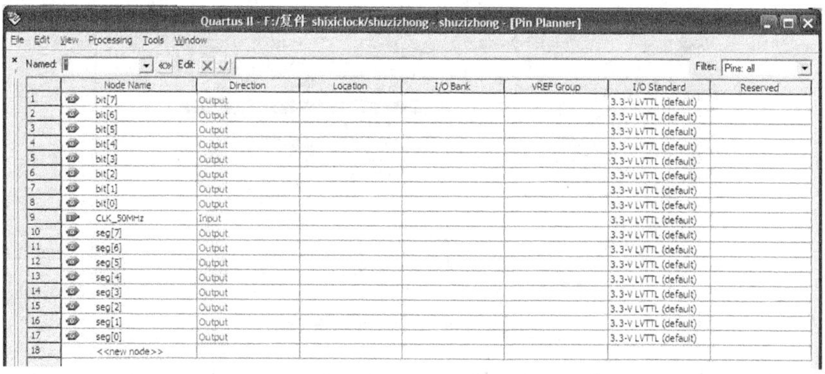

图 A.17　引脚列表

在该列表中，双击与输入端 clk 对应的 Location 选项后打开引脚列表，从中选择合适的引脚，输入 clk 的引脚锁定完毕（开发板上对应 PIN_23），如图 A.18 所示。同理完成其他引脚的锁定。

	Node Name	Direction	Location	I/O Bank	VREF Group	I/O Standard	Reserved
1	bit[7]	Output	PIN_84	4	B4_N0	3.3-V LVTTL (default)	
2	bit[6]	Output	PIN_82	4	B4_N0	3.3-V LVTTL (default)	
3	bit[5]	Output	PIN_81	4	B4_N0	3.3-V LVTTL (default)	
4	bit[4]	Output	PIN_80	4	B4_N0	3.3-V LVTTL (default)	
5	bit[3]	Output	PIN_77	4	B4_N0	3.3-V LVTTL (default)	
6	bit[2]	Output	PIN_76	4	B4_N0	3.3-V LVTTL (default)	
7	bit[1]	Output	PIN_75	4	B4_N1	3.3-V LVTTL (default)	
8	bit[0]	Output	PIN_74	4	B4_N1	3.3-V LVTTL (default)	
9	CLK_50MHz	Input	PIN_23	1	B1_N0	3.3-V LVTTL (default)	
10	seg[7]	Output	PIN_72	4	B4_N1	3.3-V LVTTL (default)	
11	seg[6]	Output	PIN_70	4	B4_N1	3.3-V LVTTL (default)	
12	seg[5]	Output	PIN_69	4	B4_N1	3.3-V LVTTL (default)	
13	seg[4]	Output	PIN_68	4	B4_N1	3.3-V LVTTL (default)	
14	seg[3]	Output	PIN_67	4	B4_N1	3.3-V LVTTL (default)	
15	seg[2]	Output	PIN_64	4	B4_N1	3.3-V LVTTL (default)	
16	seg[1]	Output	PIN_63	4	B4_N1	3.3-V LVTTL (default)	
17	seg[0]	Output	PIN_61	4	B4_N1	3.3-V LVTTL (default)	
18	<<new node>>						

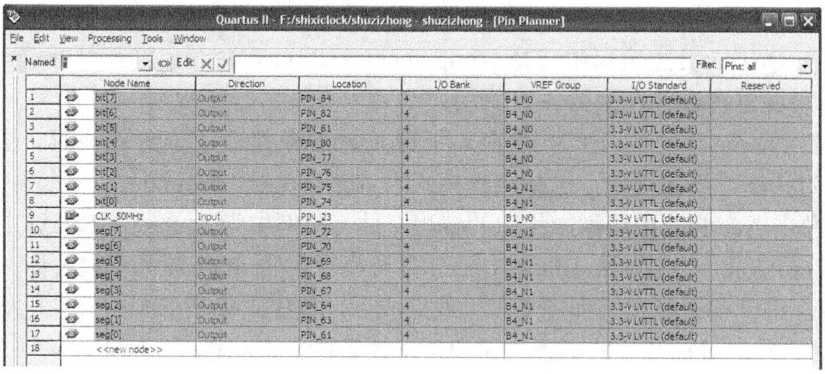

图 A.18　锁定 clk 引脚

7. 编程、下载设计文件

对设计进行验证后，即可对目标器件进行编程和配置，下载设计文件到硬件中进行硬件验证。

Quartus Ⅱ 编程器 Programmer 常用的编程模式是 JTAG 模式和主动串行编程模式。JTAG 模式主要用在调试阶段，主动串行编程模式用于板级调试无误后将用户程序固化在串行配置芯片 EPCS 中。

1）JTAG 编程下载模式

此模式的操作步骤主要分为 3 步：

（1）在 Quartus Ⅱ 主窗口中选择 Tools→Programmer 命令或单击 图标，打开器件编程和配置对话框。如果此对话框中的 Hardware Setup 后为 No Hardware，则需要选择编程的硬件。单击 Hardware Setup 按钮，打开 Hardware Setup 对话框，如图 A.19 所示，在此添加硬件设备。

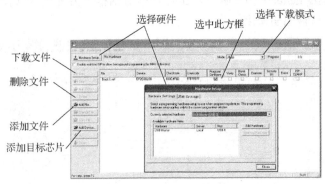

图 A.19　JTAG 编程下载模式

（2）配置编程硬件后，选择下载模式，在 Mode 中指定的编程模式为 JTAG 模式。

（3）确定编程模式后，单击 Add File 按钮添加相应的编程文件（此例中为 counter.sof），选中 counter.sof 文件后的 Program/Configure 复选框，单击 Start 图标下载设计文件到器件中，Process 进度条中显示编程进度，编程下载完成后即可进行目标芯片的硬件验证。

2）主动串行编程模式

主动串行编程模式的操作步骤如下：

（1）在 Quartus Ⅱ 主窗口中选择 Assignments→Device 命令，打开 Settings 对话框，在 Device 界面进行设置，如图 A.20 所示。

（2）在 Quartus Ⅱ 主窗口中选择 Tools→Programmer 命令或单击 图标，打开器件编程和配置对话框，添加硬件，选择编程模式为 Active Serial Program。

（3）单击 Add File 按钮添加相应的编程文件（此例中为 counter.sof），选中文件后的 Program/Configure、Verify 和 Blank Check 复选框，单击 Start 图标下载设计文件到器件中，Process 进度条中显示编程进度。下载完成后，程序固化在 EPCS 中，开发板加电后 EPCS 自动完成对目标芯片的配置，无须再从计算机上下载程序。

图 A.20   AS 主动串行编程模式

利用 Quartus II 9.0 软件进行数字系统设计主要包含以下几个步骤：

（1）新建项目工程；

（2）输入设计文件（编写 Verilog 程序或原理图文件等）；

（3）编译设计文件；

（4）对设计文件进行仿真；

（5）安排芯片引脚位置；

（6）编程下载设计文件至目标芯片。

附录 B 《电气简图用图形符号 第 12 部分：二进制逻辑元件》（GB/T 4728.12—2008）简介

《电气简图用图形符号 第 12 部分：二进制逻辑元件》（GB/T 4728.12—2008）是由中华人民共和国国家质量监督检验检疫总局和中国国家标准化管理委员会颁布的用于绘制二进制逻辑元件符号的标准。

1. 符号的构成

二进制逻辑元件的图形符号由一个框（或几个框组合）和一个或几个限定性符号组成，应用符号时要求补加输入线和输出线，如图 B.1 所示。

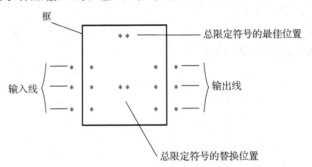

图 B.1 二进制逻辑元件的图形符号的组成

框架的长宽比是任意的。限定性符号在框上的标注位置应符合图 B.1 中的规定。图 B.1 中的双星号（**）表示总限定符号，单个星号（*）表示与输入、输出有关的限定符号的放置位置。方框外的字母和其他字符不是逻辑元件图形符号的组成部分，仅用于对输入端或输出端进行补充说明。

框包括元件框、公共控制框和公共输出元件框 3 种，如图 B.2 所示。

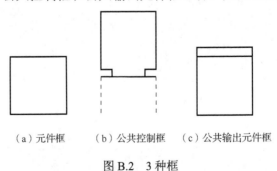

（a）元件框　　（b）公共控制框　　（c）公共输出元件框

图 B.2 3 种框

元件框是基本框。公共控制框和公共输出元件框是在此基础上扩展而来的，用于缩小某些符号所占面积，增强表达能力。

　　公共控制框的画法如图 B.3 所示。当电路中有一个或多个输入（输出）为一个以上单元所共有时，可使用公共控制框表示。当公共控制框的输入（输出）没有关联标注的标记时，该输入（输出）为所有单元所共有的输入（输出），如图 B.3（b）所示。当公共控制框的输入（输出）有关联标注的标记时，则该输入（输出）为单元阵列中具有关联标注标记的输入（输出）所共有。

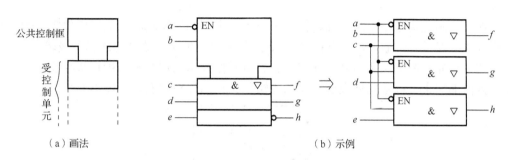

图 B.3　公共控制框

　　图 B.4（a）给出了公共输出元件框的画法。在图 B.4（b）所示的例子中，b、c 和 a同时加到了公共输出元件框上。

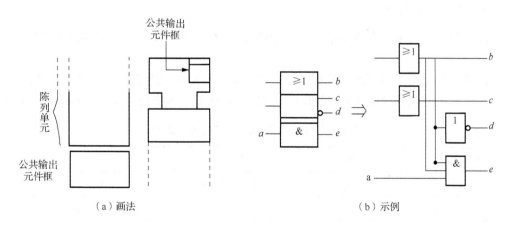

图 B.4　公共输出元件框

　　为了缩小表示一组相邻单元图形符号所需的幅面，3 种框可以邻接或嵌套。在有邻接单元或嵌套单元的符号中，如果元件框之间的公共线沿着信号流方向，则表明这些元件框之间无逻辑连接；如果两框之间的公共线垂直于信号流方向，则表明元件之间至少有一种逻辑连接。单元之间的逻辑连接可以在公共线一侧或两侧标注限定符号来注明。如果只标注限定符号会引起逻辑连接数目混乱，则还可以使用内部连接符号。图 B.5 所示为邻接和嵌套的示例。

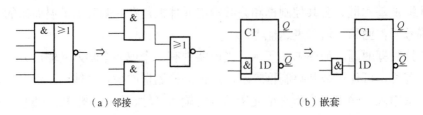

（a）邻接　　　　　　　　　　（b）嵌套

图 B.5　邻接和嵌套

2. 逻辑约定

在二进制逻辑电路中是以高、低电平表示两个不同的逻辑状态的，所以需要规定高电平（H）、低电平（L）和逻辑状态 **1**、**0** 之间的对应关系，这就是所谓的逻辑约定。

这里首先有内部状态和外部状态之分。符号框内输入端和输出端设想存在的逻辑状态称为内部状态，符号框外设想存在的逻辑状态称为外部状态，如图 B.6 所示。

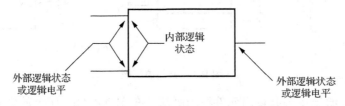

图 B.6　内部逻辑状态和外部逻辑状态

3. 各种限定符号

限定符号是用来说明逻辑功能的。限定符号的名目繁多，现分类简单介绍如下。

1）总限定符号

总限定符号用来表示逻辑元件总的逻辑功能。这里所说的逻辑功能是指符号框内部输入与输出之间总的逻辑关系。表 B.1 中列出了常用的总限定符号及其表示的逻辑功能。

表 B.1　总限定符号及其表示的逻辑功能

符号	说明	符号	说明
&	与	COMP	数值比较
≥ 1	或	ALU	算术运算
$\geq m$	逻辑门槛	⊢──┤	二进制延迟
$=1$	异或	I = 0	初始 **0** 状态
$=m$	等于 m	I = 1	初始 **1** 状态
1	缓冲	⊓	单稳，可重复触发
=	恒等	1⊓	单稳，非重复触发
>n/2	多数	G⊓⊓	非稳态

续表

符号	说明	符号	说明
2k	偶数（偶数校验）	!⎍G⎍	非稳态，同步启动
2k+1	奇数（奇数校验）	⎍G!	非稳态，完成最后一个脉冲后停止输出
▷	放大、驱动		
* ◇	分布连接、点功能、线功能	!G!	非稳态，同步启动，完成最后一个脉冲后停止输出
* ⎍	具有磁滞特性	SRGm	m 位的移位寄存器
X/Y	转换	CTRm	循环长度为 2^m 的计数器
MUX	多路选择	CTRDIVm	循环长度为 m 的计数器
DX 或 DMUX	多路分配	ROM **	只读存储器
Σ	加法运算	PROM **	可编程只读存储器
P – Q	减法运算	RAM **	随机存储器
CPG	先行超前进位	CAM **	内容可寻址寄存器
∏	乘法运算	FIFO **	先进先出存储器
Φ ADC	A/D 转换器	Φ DAC	D/A 转换器

注：* 用说明单元逻辑功能的总限定符号代替。** 用存储器的"字数×位数"代替。

2）与输入、输出和其他连接有关的限定符号

这一类限定符号用来描述某个输入端或输出端的具体功能和特点。常用的符号和它们的功能如表 B.2 所示；框内符号如表 B.3 所示；内部连接符号如表 B.4 所示。

表 B.2 逻辑非、逻辑极性和动态输入符号

符号	说明	符号	说明
	逻辑非，在输入端		逻辑极性 \ 在信息流为从右极性指标符 / 到左的输出端
	逻辑非，在输出端		动态输入
	逻辑极性 极性指标符 } 在输入端		带逻辑非的动态输入
	逻辑极性 极性指标符 } 在输出端		带极性指示符的动态输入
	逻辑极性 \ 在信息流为从右极性指标符 / 到左的输入端		

表 B.3 框内符号

符号	说明	符号	说明
	延迟输出	▽	三态输出
⊓	双向门槛输入具有磁滞现象的输入	E	扩展输入
◇	开路输出（如开集电极、开发射极、开漏极、开源极）	E	扩展输出
▽	H 型开路输出（如 PNP 开集电极、NPN 开发射极、P 沟道开漏极、P 沟道开源极）	EN	使能输入
△	L 型开路输出（如 PNP 开发射极、NPN 开集电极、P 沟道开源极、P 沟道开漏极）	D	D 输入
▽	无源下拉输出	J	J 输入
△	无源上拉输出	K	K 输入
R	R 输入	Pm	操作数输入
S	S 输入	>	数值比较器的"大于"输入
T	T 输入	<	数值比较器的"小于"输入
→ m	移动输入，从左到右或从顶到底	=	数值比较器的"等于"输入
← m	移位输入，从右到左或从底到顶	* > *	数值比较器的"大于"输出
+m	正计数输入	* < *	数值比较器的"小于"输出
−m	负计数输入	* = *	数值比较器的"等于"输出
?	联想存储器的询问输入 联想存储器的疑问输入	CT=m	内容输入
!	联想存储器的比较输出 联想存储器的匹配输出	CT=m	内容输出
"0"	固定"0"状态输出	"*"	必须连接线

符号	说明	符号	说明
	有内部下拉的输入		有内部上拉的输入
	多位输入的位组合		在输入边的线组合
			在输出边的线组合
	多位输出的位组合		固定方式输入
			固定方式输出

表 B.4 内部连接符号

符号	说明	符号	说明
	内部连接		具有逻辑非和动态特性的内部连接
	具有逻辑非的内部连接		内部输入（虚拟输入）
	具有动态特性的内部连接		内部输出（虚拟输出）
	内部连接的固定"0"状态输出		内部输入（右边）
	有动态特性的内部输入（左边）		内部输出（左边）
	有动态特性的内部输入（右边）		从右到左信号流的内部连接
	从右到左信号流有逻辑非的内部连接		从右到左有逻辑非和动态特性的内部连接
	从右到左信号流有动态特性的内部连接		内部连接的固定"1"状态输出

4. 关联标记

关联标记是标明输入之间、输出之间或输入与输出之间关系的一种方法。

在有关关联标记的约定中采用"影响的"和"受影响的"两条术语，用以表示信号之间"影响"和"受影响"的关系。

1）关联标记的标注方法

（1）用一个表示其内在关系的特定字母和后加标识序号来标记影响其他输入或输出的输入。

（2）用相同的标识序号来标记受该影响输入影响的每一个输入或输出。

2）关联类型

表 B.5 中列出了各种关联类型使用的字母及关联性质。

表 B.5　关联的类别

关联类型	字母	对受影响输入或输出的作用当影响输入处于其：	
		1 状态	0 状态
地址	A	允许动作（被选地址）	禁止动作（未选地址）
控制	C	允许动作	禁止动作
使能	EN	允许动作	禁止受影响输入动作，置开路和三态输出为外部高阻抗状态，置无源下拉输出于高阻抗 L 电平和无源上拉输出于高阻抗 H 电平，置其他输出为 0 状态
与	G	允许动作	置 0 状态
方式	M	允许动作（被选方式）	禁止动作（未选方式）
非	N	求反状态	无作用
复位	R	受影响输出呈现 $S=0$、$R=1$ 时的状态	无作用
置位	S	受影响输出呈现 $S=1$、$R=0$ 时的状态	无作用
或	V	置 1 状态	允许动作
传输	X	已建立传输通路	未建立传输通路
互连	Z	置 1 状态	置 0 状态

5. 常用器件符号示例

常用器件符号示例如图 B.7～图 B.15 所示。

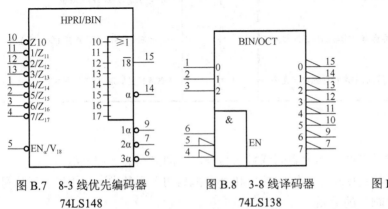

图 B.7　8-3 线优先编码器　　　图 B.8　3-8 线译码器　　　图 B.9　八选一数据选择器
74LS148　　　　　　　　　　　74LS138　　　　　　　　　　　74LS151

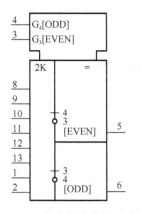

图 B.10 8位奇偶校验器/产生器
74180

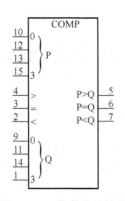

图 B.11 4位数值比较器
74LS85

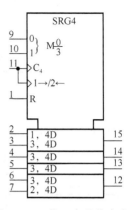

图 B.12 4位双向移位寄存器
74LS194

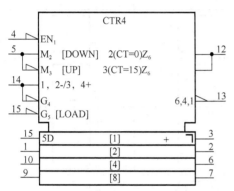

图 B.13 4位同步二进制加/减计数器
74LS191

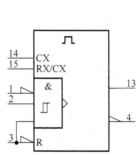

图 B.14 可重复触发的单
稳态触发器 74LS123

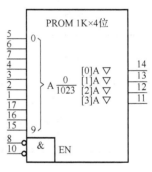

图 B.15 1K×4 位 PROM
INTEL3625

附录 C　常用逻辑符号对照表

常用逻辑符号对照表如表 C.1 所示。

表 C.1　常用逻辑符号对照

名称	国际符号	常用符号	IEEE 符号
传输门	TG	TG	
半加器	Σ / CO	HA	HA
全加器	Σ / CI CO	FA	FA
基本 RS 触发器	S / R	S Q / R Q̄	S Q / R Q̄
同步 RS 触发器	1S / C1 / 1R	S Q / CP / R Q̄	S Q / CK / R Q̄
上升沿触发 D 触发器	S / 1D / >C1 / R	D Q / >CP Q̄	D S_d Q / >CK • / R_d Q̄
下降沿触发 JK 触发器	S / 1J / >C1 / 1K / R	J Q / CP / K Q̄	G S_d Q / >CK / K R_d Q̄
脉冲触发（主从）JK 触发器	S / 1J / C1 / 1K / R	J Q / CP / K Q̄	G S_d Q / CK / K R_d Q̄
带施密特触发特性的与非门	& / ⎍	⎍	⎍